"十二五"国家重点图书出版规划

物联网工程专业规划教材

传感网原理与技术

李士宁 等编著

机械工业出版社

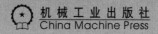

China Machine Press

图书在版编目（CIP）数据

传感网原理与技术 / 李士宁等编著 . —北京：机械工业出版社，2014.4（2018.4 重印）
（物联网工程专业规划教材）

ISBN 978-7-111-45968-2

I. 传…　Ⅱ. 李…　Ⅲ. 无线电通信－传感器－高等学校－教材　Ⅳ. TP212

中国版本图书馆 CIP 数据核字（2014）第 033981 号

　　本书根据《高等院校物联网工程专业发展战略研究报告暨专业规范（试行）》和物联网工程本科专业的教学需要，结合传感网的最新发展及其应用现状编写而成。主要内容包括传感网的概述，通信协议，数据管理技术，拓扑控制、能量管理、时间同步、节点定位等传感网关键技术，应用开发技术和基于 TinyOS 的传感网实验。本书侧重介绍传感网的基本概念和关键技术，力求做到理论联系实际、概念准确、图文并茂。

　　本书主要针对以下读者群体：①普通高等院校学习传感网课程的本科生，涉及物联网工程、计算机、电子、通信和自动化等信息技术类专业；②开设传感网课程的高职高专生；③普通高等院校的硕士生、博士生，可将其作为了解传感网的入门参考；④工程技术开发人员，可将本书作为参考书。

出版发行：机械工业出版社（北京市西城区百万庄大街 22 号　邮政编码：100037）

责任编辑：朱秀英

印　　刷：北京瑞德印刷有限公司　　　　版　　次：2018 年 4 月第 1 版第 3 次印刷

开　　本：185mm×260mm　1/16　　　　印　　张：16

书　　号：ISBN 978-7-111-45968-2　　　定　　价：39.00 元

物联网工程专业规划教材
编 委 会

前　言

物联网被称为继计算机、互联网之后，世界信息产业的第三次浪潮。2012年，国务院将以物联网为代表的新一代信息技术列为重点培育和发展的战略性新兴产业。2013年，教育部将"物联网工程"专业（专业代码：080905）列入了计算机类专业。

"物联网工程"是一个新兴专业，这决定了专业建设没有成熟的、体系化的经验可以借鉴，专业建设极具探索性。为探讨并解决这些问题，在教育部高等学校计算机科学与技术专业教学指导分委员会（以下简称计算机教指委）的指导下，成立了"物联网工程专业教学研究专家组"（以下简称专家组），开始体系化地推进物联网工程专业建设和教学研讨工作，制定了《高等学校物联网工程专业发展战略研究报告暨专业规范（试行）》（以下简称"规范"），由机械工业出版社出版[⊖]。规范定义了该专业核心课程的教学大纲及涵盖的知识单元。

"传感网原理与技术"是物联网工程专业的核心课程，本书按照"规范"的精神编写，便于在教学中与其他核心课程衔接。传感器网络（以下简称传感网）具有明显的多学科交叉特征，因此，原来从事计算机、通信、自动控制等专业领域研究的工作者纷纷从不同角度切入该领域，从不同技术层面开展传感网的研究工作。国内外研究者投入了大量精力，积极开展传感网标准、技术和应用方面的研究和开发工作。我国把传感网列入长期发展规划之中，特别是2010年远景规划和"十五"计划中已将无线传感网列为重点发展的产业之一。作者所在课题组从2003年开始从事传感网的研究，先后承担了与传感网相关的国家自然科学基金、国家重大专项、物联网专项、国家863计划等多项相关课题，在传感网研究与应用方面有较为深厚的技术积累，其中一项传感网应用成果入选国家"十一五"重大科技成就展。我们希望将传感网理论研究和工程实践方面的研究成果与大家共享，这

　⊖　该书已由机械工业出版社于2012年出版，书号为978-7-111-36803-8。——编辑注

正是编写此书的初衷。

本书系统地介绍了传感网的基本概念、基本理论和关键技术。全书共分 6 章。第 1 章主要介绍传感网的历史发展、基本概念和体系结构。第 2 章根据通信协议分层结构阐述了传感网各层协议的设计目标和典型的协议标准，特别对 6LoWPAN标准进行了详细介绍，该标准允许在传感网中传输 IPv6 数据包。第 3 章介绍传感网的数据管理技术，特别介绍了加州大学伯克利分校研发的传感网数据管理系统 TinyDB。第 4 章介绍了传感网的关键技术，包括拓扑控制、能量管理、时间同步、节点定位技术等，是传感网的重要内容。第 5 章以几个典型应用为案例，介绍了传感网应用设计的基本原理，应用开发、部署与维护阶段的关键技术。第 6章介绍了适用于传感网的操作系统 TinyOS，以几个案例为基础阐述了如何利用TinyOS 对传感网的应用进行实验或仿真。各章最后附有参考文献，以供读者进一步学习研究。

本书是西北工业大学计算机学院传感网课题组共同努力的结果，李志刚、杨丽娜、张羽、马峻岩、裘莹、李君伟、张振海、夏先进、段嘉奇、詹东昀、罗国佳等老师与同学参与了编写，感谢他们对本书付出的辛勤劳动。书中引用了其他同行的研究成果，在此表示感谢。最后要特别感谢机械工业出版社华章公司在组织出版和编辑工作中所给予的支持，感谢他们为本书出版付出的辛勤劳动。

由于作者水平有限，书中难免存在疏误之处，希望得到广大读者的指正。在吸取大家意见和建议的基础上，我们会不断修正和完善本书内容，为推动传感网基础理论和技术的进步略尽微薄之力。

李士宁

教学建议

"传感网原理与技术"是物联网工程专业的核心课程，也是计算机、电子、通信和自动化等信息技术类专业的专业课程。本书根据《高等学校物联网工程专业发展战略研究报告暨专业规范（试行）》中对"传感网原理与技术"课程的建议而编写，便于在教学中与其他专业课程的内容相衔接，可作为普通高等院校物联网工程专业以及相关专业本科生的教材，也可作为高职高专学校相关专业的教材。

对于同一本教材，教学对象不同，教学内容也会有所不同。针对不同类型的院校，建议列入教学计划的内容见下表，这些内容可根据实际课时加以调整。

章节 / 教学对象		普通高校物联网工程专业本科生	普通高校相关专业本科生	高职高专生
第1章 绪 论		★	★	★
第2章 传感网通信协议	2.1～2.4节	★	★	★
	2.5、2.6节	◆	◆	◆
第3章 传感网数据管理	3.1、3.2节	★	★	
	3.3节	◆	◆	
第4章 传感网关键技术	4.1、4.2和4.4节	★	★	★
	4.3节	◆		
	4.5节	★		
第5章 传感网应用	5.1～5.3节	★	★	★
	5.4～5.7节	◎	◎	◎
	5.8节	◆	◆	
第6章 基于TinyOS的传感网应用开发	6.1节	◆	◆	☆
	6.2～6.3节	★	★	★
	6.5～6.7节	◎	◎	◎
	6.4、6.8节	◆	◆	◆

注：★表示必讲；◎表示任选其中的几节介绍；◆表示自学。

目 录

前言

教学建议

第1章 绪论 /1

1.1 传感网的起源与发展 /1

1.2 传感网的体系结构 /3

1.2.1 传感器节点体系结构 /3

1.2.2 传感网的网络结构 /4

1.3 传感网的核心技术 /5

1.4 传感网的主要特点 /7

1.5 传感网的应用 /8

1.5.1 军事应用 /8

1.5.2 环境监测 /10

1.5.3 医疗卫生 /12

1.5.4 智能家居 /12

1.5.5 其他方面 /13

1.6 传感网与物联网的关系 /13

1.7 本章小结与进一步阅读的
文献 /14

习题1 /14

参考文献 /14

第2章 传感网通信协议 /16

2.1 物理层的协议设计 /16

2.1.1 IEEE 802.15.4 物理层标准 /17

2.1.2 868/915 MHz 频段物理层 /18

2.1.3 2.4 GHz 物理层描述 /19

2.1.4 各频段通用规范 /20

2.2 MAC 层协议 /21

2.2.1 传感网 MAC 协议设计
原则 /21

2.2.2 IEEE 802.15.4 MAC /21

2.2.3 S-MAC /22

2.2.4 B-MAC /24

2.2.5 RI-MAC /25

2.2.6 实例：TinyOS MAC 层协议
分析 /26

2.3 路由协议 /29

2.3.1 路由协议简介 /29

2.3.2 分发协议 /30

2.3.3 汇聚协议 /32

2.4 传输层 /42

2.4.1 传输层的挑战 /43

2.4.2 可靠多段传输协议
（RMST） /44

2.4.3 慢存入快取出协议（PSFQ） /45

2.4.4 拥塞检测和避免协议
（CODA） /48

2.4.5 可靠的事件传输协议
（ESRT）/50
2.5 6LoWPAN 标准 /52
2.5.1 6LoWPAN 简介 /52
2.5.2 6LoWPAN 协议栈体系
结构 /53
2.5.3 6LoWPAN 适配层 /54
2.5.4 6LoWPAN 路由协议 /55
2.5.5 6LoWPAN 传输层 /55
2.6 ZigBee 标准 /56
2.7 本章小结与进一步阅读的
文献 /58
习题 2 /58
参考文献 /59

第3章 传感网数据管理 /60
3.1 概述 /60
3.1.1 传感网数据管理系统的体系
结构 /61
3.1.2 传感网数据管理系统的数据
模型 /63
3.2 数据管理技术 /64
3.2.1 数据查询 /64
3.2.2 数据索引 /68
3.2.3 网络数据聚合 /72
3.3 实例：TinyDB 系统 /77
3.3.1 TinyDB 系统简介 /77
3.3.2 TinyDB 的系统结构 /78
3.3.3 TinyDB 系统组成 /78
3.3.4 查询语言 /80
3.3.5 TinyDB 系统仿真 /80
3.4 本章小结与进一步阅读的
文献 /84
习题 3 /85

参考文献 /85

第4章 传感网关键技术 /87
4.1 命名与寻址 /87
4.1.1 基本原理 /87
4.1.2 地址管理 /88
4.1.3 地址分配 /89
4.1.4 基于内容和地理位置寻址 /90
4.2 拓扑控制 /90
4.2.1 概述 /91
4.2.2 功率控制 /92
4.2.3 层次拓扑 /96
4.3 能量管理 /101
4.3.1 概述 /101
4.3.2 能耗优化策略 /102
4.4 时间同步 /107
4.4.1 概述 /108
4.4.2 事件同步 /113
4.4.3 局部同步 /115
4.4.4 全网同步 /118
4.5 节点定位 /121
4.5.1 概述 /121
4.5.2 节点位置的基本计算方法 /124
4.5.3 测距定位 /125
4.5.4 非测距定位 /132
4.6 本章小结与进一步阅读的
文献 /136
习题 4 /139
参考文献 /140

第5章 传感网应用 /144
5.1 概述 /144
5.2 传感网应用设计基本原理 /144
5.2.1 设计因素 /145

5.2.2 架构设计 /146

5.2.3 硬件设计 /147

5.2.4 软件设计 /150

5.3 应用开发、部署与维护技术 /150

5.3.1 开发技术 /151

5.3.2 部署技术 /156

5.3.3 维护技术 /156

5.4 环境监测类案例：精准农业
应用 /158

5.4.1 概述 /158

5.4.2 系统架构 /158

5.4.3 软硬件介绍 /159

5.5 事件检测类案例：反狙击
系统 /162

5.5.1 概述 /162

5.5.2 系统架构 /163

5.5.3 软硬件介绍 /163

5.6 目标追踪类案例：警戒网 /165

5.6.1 概述 /165

5.6.2 系统架构 /166

5.6.3 软硬件介绍 /166

5.7 案例分析：金门大桥震动
监测 /168

5.7.1 应用需求 /168

5.7.2 系统架构 /168

5.7.3 硬件设计 /169

5.7.4 软件设计 /171

5.8 光纤传感技术 /173

5.8.1 光纤传感器 /173

5.8.2 光纤传感系统组成 /174

5.8.3 光纤传感技术的应用 /175

5.9 本章小结与进一步阅读的
文献 /175

习题 5 /176

参考文献 /177

第6章 基于 TinyOS 的传感网应用
开发 /180

6.1 典型的无线传感网开发套件 /180

6.1.1 MICA 系列节点 /180

6.1.2 MICA 系列处理器/
射频板 /183

6.1.3 MICA 系列传感器板 /185

6.1.4 编程调试接口板 /186

6.1.5 国内外其他典型的无线传感网
节点 /187

6.2 nesC 语言基础 /188

6.2.1 简介 /188

6.2.2 术语 /190

6.2.3 接口（interface）/192

6.2.4 组件（component）/194

6.2.5 模块（module）/197

6.2.6 配件（configuration）/202

6.2.7 应用程序样例 /207

6.3 TinyOS 操作系统 /210

6.3.1 组件模型 /211

6.3.2 事件驱动的并发执行模型 /211

6.3.3 通信模型 /212

6.4 TinyOS 开发环境搭建 /214

6.4.1 创建 Ubuntu 虚拟机 /215

6.4.2 安装 Java 编译运行环境 /216

6.4.3 安装必备工具 /217

6.4.4 下载并编译安装 nesC
编译器 /217

6.4.5 下载并安装 TinyOS /218

6.4.6 下载并安装 AVR 交叉编译
工具链 /218

X

6.4.7 测试 TinyOS 开发环境 /218

6.5 简单无线传输 /221

6.5.1 BlinkToRadio 依赖的其他
组件 /222

6.5.2 BlinkToRadio 的执行过程 /224

6.5.3 内存所有权 /226

6.6 简单数据分发 /227

6.6.1 数据分发依赖的组件 /227

6.6.2 数据分发例程 /228

6.7 简单数据汇聚 /230

6.7.1 数据汇聚依赖的组件 /231

6.7.2 数据汇聚例程 /232

6.8 TinyOS 仿真平台——

TOSSIM /235

6.8.1 TOSSIM 简介 /236

6.8.2 仿真库的编译 /236

6.8.3 仿真脚本的编写 /236

6.8.4 仿真例子 /238

6.8.5 高级功能简介 /240

6.9 本章小结与进一步阅读的
文献 /241

习题 6 /241

参考文献 /242

**附录 《传感网原理与技术》实践教学
大纲 /243**

第1章 绪 论

20 世纪计算机科学的一项伟大成果是计算机网络技术，以互联网为代表的计算机网络技术是人类通信技术的一次革命。互联网发展迅速，早已超越了当初 ARPANET（阿帕网）的军事和技术目的，已经渗透到人们工作、生活的方方面面，并对企业发展和社会进步产生了巨大影响。2012 年 7 月，中国互联网络信息中心（CNNIC）发布了《第 30 次中国互联网络发展状况统计报告》，该报告指出：截至 2012 年 6 月底，中国网民数量达到 5.38 亿，互联网普及率为 39.9%[1]。但是，互联网这种虚拟的网络世界与人们所生活的现实世界还是有极大区别的，在网络世界中，很难感知现实世界，时代在呼唤着新网络技术的出现。进入 21 世纪以来，随着感知识别技术的快速发展，以传感器和智能识别终端为代表的信息自动生成设备可以实时地对物理世界感知、测量和监控[2]。微电子技术、计算机技术和无线通信技术的发展推动了低功耗、多功能传感器的快速发展，现已研制出了具有感知能力、计算能力和通信能力的微型传感器。物理世界的联网需求和信息世界的扩展需求催生出一类新型网络——传感器网络（简称传感网）。

传感网集成了传感器、嵌入式计算、微机电、现代网络与无线通信、信息处理等技术，跨越了计算机、半导体、嵌入式、网络、通信、光学、微机械、化学、生物、航天、医学、农业等众多领域，可以使人们在任何时间、地点和任何环境下获取大量翔实可靠的信息，从而真正实现无处不在的计算理念。传感网是一种新型的信息获取和处理技术，它改变了人类与自然界的交互方式，扩大了人类认知世界的能力。美国《商业周刊》认为传感网是全球未来四大高新技术产业之一，是 21 世纪最具有影响力的 21 项技术之一。2003 年，麻省理工学院的《技术评论》杂志在预测未来技术发展的报告中，将传感网列为对人类未来生活产生深远影响的十大新兴技术之首[3]。

1.1 传感网的起源与发展

传感网的概念起源于 1978 年美国国防部高级研究计划局（Defense Advanced Research Projects Agency，DARPA）资助卡内基梅隆大学（Carnegie Mellon University，CMU）进行分布式传感

网的研究项目，主要研究由若干具有无线通信能力的传感器节点自组织构成的网络。这被看成是无线传感网的雏形。1980 年，DARPA 的分布式传感网项目开启了传感网研究的先河；20 世纪 80 ～ 90 年代，研究主要在军事领域，成为网络中心战的关键技术，拉开了无线传感网研究的序幕；从 20 世纪 90 年代中期开始，美国和欧洲等发达国家和地区先后开始了大量的关于无线传感网的研究工作。

进入 21 世纪，随着无线通信、微芯片制造等技术的进步，无线传感网的研究取得了重大进展，并引起了军方、学术界以及工业界的极大关注。美国军方投入了大量经费进行了在战场环境应用无线传感网的研究。工业化国家和部分新兴的经济体都对传感网表现出了极大的兴趣。美国国家科学基金会（NSF）也设立了大量与其相关的项目，2003 年制定了无线传感网研究计划，并在加州大学洛杉矶分校成立了传感网研究中心；2005 年对网络技术和系统的研究计划中，主要研究下一代高可靠、安全可扩展、可编程的无线网络及传感器系统的网络特性。此外，美国交通部、能源部、美国国家航空航天局也相继启动了相关的研究项目。

目前，美国许多著名大学都设有专门从事无线传感网研究的课题研究小组，如麻省理工学院、加州大学伯克利分校等。

欧洲、大洋洲和亚洲的一些工业化国家（如加拿大、英国、德国、芬兰、日本、意大利等）的高等院校、研究机构和企业也积极进行无线传感网的相关研究。欧盟第六个框架计划将"信息社会技术"作为优先发展的领域之一，其中多处涉及对无线传感网的研究。日本总务省在 2004 年 3 月成立了"泛在传感器网络"调查研究会。

同时，许多大型企业也投入巨资进行无线传感网的产业化开发。目前，已经开发出一些实际可用的传感器节点平台和面向无线传感网的操作系统及数据库系统。比较有代表性的产品包括加州大学伯克利分校和 Crossbow 公司联合开发的 MICA 系列传感器节点，加州大学伯克利分校开发的 TinyOS 操作系统和 TinyDB 数据管理系统。

我国对无线传感网的研究起步较晚，1999 年中国科学院《知识创新工程点领域方向研究》的"信息与自动化领域研究报告"的推出标志着无线传感网研究的启动，也是该领域的五大重点项目之一。2001 年，中国科学院依托上海微系统与信息技术研究所成立微系统研究与发展中心，主要从事无线传感网的相关研究工作。国家自然科学基金已经审批了与无线传感网相关的多项课题。2004 年，将一项无线传感网项目"面向传感器网络的分布自治系统关键技术及协调控制理论"列为重点研究项目。2005 年，将网络传感器中的基础理论和关键技术列入计划。2006 年，将水下移动传感网的关键技术列为重点研究项目。国家发展和改革委员会下一代互联网 (CNGI) 示范工程中，也部署了无线传感器网络相关的课题。2006 年年初发布的《国家中长期科学与技术发展规划纲要》为信息技术定义了三个前沿方向，其中的两个方向（即智能感知技术和自组织网络技术）都与无线传感网的研究直接相关。我国 2010 年远景规划和"十五"计划中，也将无线传感器网络列为重点发展的产业之一。

总之，技术的成熟和硬件成本的降低推动着传感网向大规模、低功耗方向发展。传感网的发展跨越了 4 个阶段 [4]。

第 1 阶段：冷战时期的军事传感器网络

冷战时期，美国使用昂贵的声传感网（acoustic networks）监视潜艇，同时美国国家海洋和大气管理局也使用其中的一部分传感器监测海洋的地震活动。

第2阶段：国防高级研究计划局的倡议

20世纪80年代初，在美国国防部高级研究计划局（DARPA）资助项目的推动下，传感网的研究取得了显著进步。在假设存在许多低成本空间分布传感器节点的前提下，分布式传感网（DSN）以自组织、合作的方式运作，旨在判定是否可以在传感网中使用新开发的TCP/IP协议和ARPA网（互联网的前身）的方式来通信。

第3阶段：20世纪80年代、90年代的军事应用开发和部署

20世纪80年代和90年代，以DARPA-DSN研究和实验平台为基础，在军事领域采用传感网技术，使其成为网络中心战的关键组成部分。传感网可以通过多种观察、扩展检测范围以及加快响应时间等方式，提高检测和跟踪性能。

第4阶段：现今的传感网研究

20世纪90年代末和21世纪初，计算与通信的发展推动传感网新一代技术的产生。标准化是任何技术大规模部署的关键，其中包括无线传感网。随着IEEE 802.11a/b/g的无线网络和其他无线系统（如ZigBee）的发展，可靠连接变得无处不在。低功耗、低价格处理器的出现，使传感器可部署于更多的应用程序之中。

1.2 传感网的体系结构

传感器网络由大量部署在作用区域内的、具有无线通信与计算能力的传感器节点组成，这些节点通过自组织方式构成传感器网络，其目的是协作感知、采集和处理网络覆盖地理区域中的感知对象信息并发布给观察者[5]。本节从节点和网络结构两个方面介绍传感网的体系结构。

1.2.1 传感器节点体系结构

传感器节点是无线传感网的一个基本组成部分。根据应用需求的不同，传感器节点必须满足的具体要求也不同。传感器节点可能是小型的、廉价的或节能的，必须配备合适的传感器，具有必要的计算和存储资源，并且需要足够的通信设施[6,7]。一个典型的传感器节点由感知单元、处理单元（包括处理器和存储器）、通信单元、能量供给单元和其他应用相关单元组成，传感器节点的体系结构如图1-1所示。

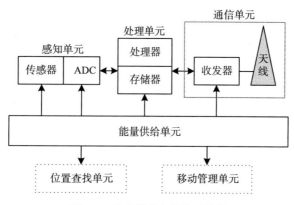

图1-1 传感器节点的体系结构

在图1-1中，感知单元主要用来采集现实世界的各种信息，如温度、湿度、压力、声音等物理信息，并将传感器采集到的模拟信息转换成数字信息，交给处理单元进行处理。处理单元负责整个传感器节点的数据处理和操作，存储本节点的采集数据和其他节点发来的数据。通信单元负责与其他传感器节点进行无线通信、交换控制消息和收发采集数据。能量供给单元提供传感器节点运行所需的能量，是传感器节点最重要的单元之一。另外，为了对节点精确定位以及对移动状态进行管理，传感器节点需要相应的应用支持单元，如位置查找单元和移动管理单元。

传感器节点通常是一个微型嵌入式系统，它的处理能力、存储能力和通信能力是受限的。节点要正常工作，需要软硬件系统的密切配合。硬件系统的组成参照图1-1。软件系统由5个基本的软件模块组成，分别是操作系统（OS）微码、传感器驱动、通信处理、通信驱动和数据处理mini-app软件模块[3]。OS微码控制节点的所有软件模块以支持节点的各种功能。TinyOS就是一种专为嵌入式无线传感网设计的操作系统。传感器驱动模块管理传感器收发器的基本功能；此外，传感器的类型可能是模块或插件式的，根据传感器的不同类型和复杂度，该模块也要支持对传感器进行的相应配置和设置。通信处理模块管理通信功能，包括路由、数据包缓冲和转发、拓扑维护、介质访问控制、加密和前向纠错等。通信驱动模块管理无线电信道传输链路，包括时钟和同步、信号编码、比特计数和恢复、信号分级和调制。数据处理mini-app模块支持节点的数据处理，包括信号值的存储与操作或其他的基本应用。

1.2.2 传感网的网络结构

传感网由大量的传感器节点组成，节点之间通过无线传输方式通信。一个典型的传感网的体系结构如图1-2所示，通常包括传感器节点、汇聚节点和任务管理节点。传感器节点分散在监测区域内，这些节点能够采集数据、分析数据并且把数据路由到一个指定的汇聚节点。传感器节点之间通过自组织方式构成网络，可以根据需要智能地采用不同的网络拓扑结构。传感器节点的监测数据可能被多个节点处理，通常以多跳的方式沿着其他节点逐跳传输，经过路由到其他中间节点进行数据融合和转发后到达汇聚节点，最后通过互联网或者卫星到达用户可以操作的任务管理节点，任务管理节点可以对传感网进行配置和管理。

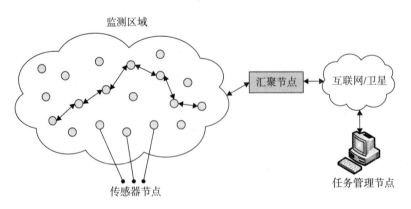

图1-2　传感网的体系结构

传感器节点的计算能力、存储能力较弱，通信带宽窄，由自身携带的电池供电，因此能量有限。传感器节点不仅要对本地信息进行数据处理，还要对其他节点转发的数据进行存储、管理、融合和转发。汇聚节点的处理能力、存储能力和通信能力相对较强，主要负责发送任务管理节点的监测任务，收集数据并转发到互联网等外部网络上，实现传感网和外部网络之间的通信。汇聚节点可以是一个具有增强功能的传感器节点，具有较多的内存、计算资源和能量供给，也可以是一个仅带有无线通信接口的特殊网关设备。

传感网通常部署在无人照料的恶劣环境中或身体遥不可及的地区，因此网络需要具有自维护[8]的特性。当网络的部分节点因入侵、故障或电池耗竭而失效时，不能影响数据传输和网络监控[9]等主要任务。

1.3　传感网的核心技术

传感网是当今信息领域新的研究热点，是微机电系统、计算机、通信、自动控制、人工智能等多学科交叉的综合性技术。目前的研究涉及通信、组网、管理、分布式信息处理等多个方面。具体而言，传感网的关键技术包括路由协议、MAC 协议、拓扑控制、定位、时间同步、数据管理等。

1. 路由协议

路由协议负责将数据分组从源节点通过网络转发到目的节点，协议的主要功能是寻找源节点和目的节点间的优化路径，将数据分组沿着优化路径正确转发。在根据传感网的具体应用设计路由机制时，要满足下面的要求：

1）能量高效。传感网路由协议不仅要选择能量消耗小的消息传输路径，而且要从整个网络的角度考虑，选择使整个网络能量均衡消耗的路由。由于传感器节点的资源是有限的，因而传感网的路由机制要能够简单而且高效地实现信息传输。

2）可扩展性。在传感网中，检测区域范围或节点密度不同，网络规模会有所不同；节点失败、新节点加入以及节点移动等，也会使得网络拓扑结构动态地发生变化，这就要求路由机制具有可扩展性，能够适应网络结构的变化。

3）鲁棒性。能量耗尽或环境因素造成的传感器节点失效，周围环境影响无线链路的通信质量以及无线链路本身的缺点等，这些传感网的不可靠特性要求路由机制具有一定的容错能力。

4）快速收敛性。传感网的拓扑结构动态变化，节点能量和通信带宽等资源有限，因此要求路由机制能够快速收敛，以适应网络拓扑的动态变化，减少通信协议开销，提高消息传输的效率。

2. MAC 协议

在传感网中，介质访问控制 (MAC) 协议决定无线信道的使用方式，在传感器节点之间分配有限的无线通信资源，用来构建传感网系统的底层基础结构。MAC 协议处于传感网协议的底层部分，对传感网的性能有较大影响，是保证传感网高效通信的关键网络协议之一。传感器节点的能量、存储、计算和通信带宽等资源有限，单个节点的功能比较弱，而传感网的强大功能是由众多节点协作实现的。多点通信在局部范围需要 MAC 协议协调无线信道分配，在整个网络范围内需要路由协议选择通信路径。在设计传感网的 MAC 协议时，需要着重考虑以下几个方面。

1）节省能量。传感器节点一般是由电池提供能量，而且电池能量通常难以进行补充，为了长时间保证传感器网络的有效工作，MAC 协议在满足应用要求的前提下，应尽量节省节点的能量。

2）可扩展性。由于传感器节点数目、节点分布密度等在传感网生存过程中不断发生变化，节点位置也可能移动，还有新节点加入网络的问题，因此传感网的拓扑结构具有动态性。MAC 协议也应具有可扩展性，以适应这种动态变化的拓扑结构。

3）网络效率。网络效率包括网络的公平性、实时性、网络吞吐量以及带宽利用率等。

3. 拓扑控制

传感网拓扑控制主要研究的问题是在满足网络覆盖度和连通度的前提下，通过功率控制和骨干网节点选择，剔除节点之间不必要的通信链路，形成一个数据转发的优化网络结构。具体地讲，传感网中的拓扑控制按照研究方向可以分为两类：节点功率控制和层次型拓扑控制。功率控制机制调节网络中每个节点的发射功率，在满足网络连通度的前提下，均衡节点的单跳可达邻居数目。层次型拓扑控制利用分簇机制，让一些节点作为簇头节点，由簇头节点形成一个处理并转发数据的骨干网，其他非骨干网节点可以暂时关闭通信模块，进入休眠状态以节省能量。

4. 定位

对于大多数应用，不知道传感器位置而感知的数据是没有意义的。传感器节点必须明确自身位置才能详细说明"在什么位置或区域发生了特定事件"，实现对外部目标的定位和追踪；另一方面，了解传感器节点位置信息还可以提高路由效率，为网络提供命名空间，向部署者报告网络的覆盖质量，实现网络的负载均衡以及网络拓扑的自配置。而人工部署和为所有网络节点安装 GPS 接收器都会受到成本、功耗、扩展性等问题的限制，甚至在某些场合可能根本无法实现，因此必须采用一定的机制与算法实现传感网的自身定位。

5. 时间同步

在传感网中，单个节点的能力非常有限，整个系统所要实现的功能需要网络内所有节点相互配合共同完成。很多传感网的应用都要求节点的时钟保持同步。

在传感网的应用中，传感器节点将感知到的目标位置、时间等信息发送到网络中的汇聚节点，汇聚节点对不同传感器发送来的数据进行处理后便可获得目标的移动方向、速度等信息。为了能够正确地监测事件发生的顺序，要求传感器节点之间必须实现时间同步。在一些事件监测的应用中，事件自身的发生时间是相当重要的参数，这要求每个节点维持唯一的全局时间以实现整个网络的时间同步。

时间同步是传感网的一个研究热点，在传感网中起着非常重要的作用，国内外的研究者已经提出了多种传感网时间同步算法。

6. 数据管理

传感网本质上是一个以数据为中心的网络，它处理的数据为传感器采集的连续不断的数据流。由于传感网能量、通信和计算能力有限，因此传感网数据管理系统通常不会把数据都发送到汇聚节点进行处理，而是尽可能在传感网中进行处理，这样可以最大限度地降低传感网的能量消耗和通信开销，延长传感网的生命周期。现有的数据管理技术把传感网看作来自物理世界的连续数据流组成的分布式感知数据库[10]，可以借鉴成熟的传统分布式数据库技术对传感网中的数据进行管理。由于传感器节点的计算能力、存储容量、通信能力以及电池能量有限，再加上 Flash 存储器以及数据流本身的特性，给传感网数据管理带来了不同于传统分布式数据库系统的一些新挑战。

传感网数据管理技术包括数据的存储、查询、分析、挖掘以及基于感知数据决策和行为的理论和技术[11]。传感网的各种实现技术必须与这些数据管理技术密切结合，才能够设计实现高效率的以数据为中心的传感网系统。到目前为止，数据管理技术的研究还不多，还有大量的问题需要解决。

1.4　传感网的主要特点

与传统的网络相比，传感网具有资源和设计方面的限制。在传感器节点中，资源约束包括能源受限、通信距离短、带宽低、处理和存储能力不足等。设计约束则依赖于应用程序和所监控的环境。

传感网除了具有无线网络的移动性等共同特征之外，还具有其他鲜明的特点。

1．大规模

传感网一般都由大量的传感器节点组成，节点的数量可能达到成千上万，甚至更多。一方面，传感器节点分布在很大的地理区域内；另一方面，传感器节点部署很密集，在一个面积不是很大的空间内，密集部署了大量的传感器节点[12]。

2．自组织

传感器节点的位置不需要设计或预先确定，这使得传感器节点可以随机部署在人迹罕至的地形或救灾行动中。这就要求传感器节点必须具有自组织能力。在一个传感器节点部署完成之后，首先，必须检测它的邻居并建立通信，其次必须了解相互连接的节点的部署、节点的拓扑结构，以及建立自组织多跳的通信信道[13]。

3．动态性

传感网具有很强的动态性，它的拓扑结构可能因为下列因素[8]而改变。

1）环境因素或电能耗尽所造成的传感器节点出现故障或失效；

2）环境条件变化可能造成无线通信链路带宽变化，甚至时断时通；

3）传感网的传感器、感知对象和观察者这三个要素都可以具有移动性；

4）新节点的加入。

4．容错性

根据不同的应用场景，传感器节点有可能部署在环境相当恶劣的地区，一些传感器节点可能会因为电力不足、有物理损坏或外部环境的干扰而不能工作或者处于阻塞状态，此时要确保传感器节点的故障不能影响到整个传感网的正常工作[14]，也就是说，传感网不能因为传感器节点故障而产生任何中断。

5．资源受限

一个传感网实际上是由大量的体积非常小、低成本、低功耗、多功能的传感器节点密集部署而形成的网络，这些节点只能在短距离内自由通信。一般来讲，传感器节点不会作为移动设备，而是在部署之后静止不动，在有些情况下对其补充能量是不现实的。由于节点体积微小、资源受限等特征使得其在能量和计算上都存在着很大的限制[15]。总体来说，节点的资源制约因素主要包括有限的能量、短的通信范围、低带宽、有限的处理和存储能力。

6．应用相关

与其他网络相比，传感网在设计和面对的挑战上有很多不同，传感网的解决方案是与

应用紧密结合的 [16]。根据应用要求的不同，传感网也将检测不同的物理量，获取不同的信息，因而传感网的设计在很大程度上依赖于其所处的监控环境。在确定网络规模、部署计划以及网络的拓扑结构时，应用环境都起着关键作用。而网络规模又会随着所监测环境的变化而变化。对于室内环境有限的空间，需要较少的节点组成网络，而在室外环境中可能需要更多的节点以覆盖较大的面积。当应用环境是人类不可访问的，或由数百到数千节点组成的网络时，临时部署要优于预先计划的部署。而环境中的障碍物也可以限制节点之间的通信，这反过来又会影响网络连接（或拓扑）[17]。

1.5 传感网的应用

传感网的应用领域非常广阔，它能应用于军事、环境监测和预报、精准农业、健康护理、智能家居、建筑物状态监控、复杂机械监控、城市智能交通、空间探索等领域。传感网具有巨大的军事、工业和民用价值，引起了世界各国军事部门、工业界和学术界的广泛关注。随着传感网的深入研究和广泛应用，传感网将会逐渐深入人类生活的各个领域。

1.5.1 军事应用

传感网具有可快速部署、可自组织、隐蔽性强和高容错性的特点，因此它非常适合在军事领域应用。传感网能实现对敌军兵力和装备的监控、战场实时监视、目标定位、战场评估、核攻击和生物化学攻击的监测和搜索等功能。通过飞机或炮弹将传感器节点播撒到敌方阵地内部，或在公共隔离地带部署传感网，能非常隐蔽和近距离地准确收集战场信息，迅速地获取有利于作战的信息。传感网由大量的、随机分布的传感器节点组成，即使一部分传感器节点被敌方破坏，剩下的节点依然能自组织地形成网络。利用生物和化学传感器，可以准确探测生化武器的成分并及时提供信息，有利于正确防范和实施有效的打击。传感网已成为军事系统必不可少的部分，并且受到各国军方的普遍重视。

1. 战场侦察与监视

在敌方阵地附近关键地区部署各种类型的传感器，可了解敌方动向以及武器装备的部署情况。分布式传感器在军事领域的应用已有几十年的历史。20 世纪 60 年代，美军就已经在战场上部署了称为"热带树"的无人值守传感网。所谓"热带树"实际上是由震动传感器和声响传感器组成的系统，它由飞机投放，落地后插入泥土中，仅露出伪装成树枝的无线电天线。当人员、车辆等目标在其附近行进时，"热带树"便探测到目标产生的震动和声响信息，并立即将这些信息通过无线电通信发送到指挥管理中心。指挥管理中心对信息数据进行处理后，得到行进人员、车辆等目标的地点位置、规模和行进方向等信息，据此进行指挥决策。"热带树"在战场上的成功应用，促使许多国家纷纷开始研制和装备各种无人值守的地面传感器系统 (Unattended Ground Sensors, UGS)。

美国国防部较早开始启动无线传感网的研究，将其定位为指挥、控制、通信、计算机、打击、情报、监视、侦查（C4KISR）系统不可缺少的一部分。2000 年，美国国防部把 Smart Sensor Web（SSW）定为国防部科学技术五个尖端研究领域之一。SSW 的基本思想是在整个作战空间中放置大量的传感器节点来收集、传递信息，然后将数据汇集到数据控制中心融合成一张立体的战场图片，当作战组织需要时就可以把该图片及时地发送给他们，使其及时了解战场动态，并据此及时调整作战计划。SSW 具有为军队提供大覆盖面、及时、高分辨率信息的能力。

美国陆军在 2001 年提出了"灵巧传感器网络通信"计划。该计划的目标是建设一个通用通信基础设施，支援前方部署，将无人值守式弹药、传感器和未来战斗系统所用的机器人系统连成网络，成倍地提高单一传感器的能力，使作战指挥员能更好、更快地做出决策，从而改进未来战斗系统的生存能力。

美国陆军还确立了"战场环境侦察与监视系统"项目。该系统是一个智能化传感网，可以更为详尽、准确地探测到精确信息（如一些特殊的地形地域信息，登陆作战中敌方岸滩的翔实地理特征信息，丛林地带地面的坚硬度等），为更准确地制定战斗行动方案提供情报依据。该系统由撒布型微传感器网络系统、机载和车载型侦察与探测设备等构成，通过"数字化路标"作为传输工具，为各作战平台与单位提供"各取所需"的情报服务，使情报侦察与获取能力产生质的飞跃。

2. 战场态势感知

现代战争被人们喻为"感知者的胜利"，在新的军事竞争背景下，掌控"透明战场"既是军事信息技术发展的必然结果，也是当今各军事强国的建设重点。美国空军已经在战略计划制定部门组建了态势感知特别工作组，以提高部队的传感器分析和数据整合能力，并先后研制了快速攻击识别、探测和报告系统、战场感知广域视界传感器等感知系统。美军的未来战斗系统可以为士兵提供全天候识别目标的功能。

2005 年，美军提出了"无人值守地面传感器群"项目，其主要目标是使基层部队人员可以按需部署传感器。部署的方式依赖于需要执行的任务，指挥员可以将多种传感器进行最适宜的组合来满足任务需求。该计划的一部分就是研究哪种组合是最优组合，从而更有效地部署并满足任务需求。

美国海军确立了"传感器组网系统"研究项目。传感器组网系统的核心是一套实时数据库管理系统。该系统利用现有的通信机制对传感器信息进行管理，而管理工作只需通过一台专用的商用便携机即可。系统以现有的带宽进行通信并可协调来自地面、空中监视传感器以及太空监视设备的信息。

美国近年来强调的"网络中心战"、"行动中心战"和"传感器到射手"等作战模式，都特别突出传感器组网来提高态势感知能力，将传感技术探测获得的目标信息通过网络系统传输给武器装备，为武器装备射击提供及时有效的信息。例如，美军研制的"战场感知与数据分发"系统就是用来演示和实践新型作战模式的。

3. 战场目标追踪

无线传感网具有微型化终端探测功能以及自组网的特点，因而在目标跟踪应用中的优势越来越明显。其中，跟踪更精细、密集部署的微型化传感器节点可以对移动目标进行精确探测、位置跟踪和控制，从而可以详细显示出移动目标的运动情况。由于无线传感网的自治、自组织和高密度部署，当节点失效或者新节点加入时，可以在恶劣的环境中自动配置，使得无线传感网在跟踪目标时具有较高的可靠性、容错性和鲁棒性。多种传感器的同步监控，使得移动目标的发现更及时，也更容易实现分布式数据处理、多种异构传感器节点相互之间协同工作，使得目标的跟踪过程更加全面。由于传感器节点体积小，无线传输功率小，不易被敌方发现，因而可以对目标实现更隐蔽的跟踪，同时也方便部署应用。

美国海军建立的 CEC（Cooperative Engagement Capability）系统是一项革命性的技术。

CEC 是一个无线网络，其感知数据是原始的雷达数据。该系统适用于舰船或飞机战斗群携带计算机进行感知数据的处理。每艘战船不但依赖于自己的雷达，还依靠其他战船或者装载 CEC 的战机来获取感知数据。空中传感器负责侦察更大范围的低空目标，这些传感器也是网络中重要的一部分。利用这些数据合成图片具有很高的精度。由于 CEC 可以从多方面探测目标，极大地提高了测量精度。因而利用 CEC 数据可以准确地击中目标。CEC 还可以快速而准确地跟踪混乱战争环境中的敌机和导弹，使战船可以击中多个地平线或地平线以上近海面飞行的超声波目标。

4. 核、生、化监测

借助于生物和化学传感器，可以及早发现己方阵地上的生物和化学污染，可以较为安全地获取一些核、生、化爆炸现场的详细数据，为己方组织防护提供快速反应时间从而减少损失。2002 年 5 月，美国 Sandia 国家实验室与美国能源部合作，共同研究能够尽早发现以地铁、车站等场所为目标的生化武器袭击，并及时采取防范对策的系统。该研究属于美国能源部恐怖对策项目的重要一环，融检测有毒气体的化学传感器和网络技术于一体。安装在车站的传感器一旦检测到某种有害物质，就会自动向管理中心通报，自动进行引导旅客避难的广播并封锁有关入口等。系统除了能够在专用管理中心进行监视之外，还可以通过 WWW 进行远程监视。

1.5.2 环境监测

人们对环境的关注度日益提高，环境科学所涉及的范围越来越广泛，通过传统方式采集原始数据是一项困难的工作。传感网为环境数据的获取提供了方便。传感网可用于监视农作物灌溉情况、土壤空气情况、家畜和家禽的环境和迁移状况、无线土壤生态学、大面积的地表监测等，也可用于行星探测、气象和地理研究、洪水监测等。还可以通过跟踪鸟类、小型动物和昆虫进行种群复杂度的研究等。

美国国家生态观测网络 [18] (NEON) 是一个研究从区域到大陆的重要环境问题的国家网络，是由美国国家科学基金会于 2000 年提出建立的。NEON 的目标是通过网络式的观测、试验、研究和综合分析，了解环境变化的原因，预测环境变化的趋势并提出相应对策。

NEON 的研究人员将美国划分为 20 个不同的区域，每个区域代表一个特定的生态系统类型，如图 1-3 所示，以长期观测生物圈对土地利用和气候变化的响应以及土壤圈、水圈和大气圈的相互反馈机制 [16, 19]。在每个区域中都配备有三套传感器。一套固定安装在核心位点进行至少 30 年的连续监测，核心位点的环境条件不受干扰而且可能维持下去。其他两套可进行移动，在一个地方进行 3 ～ 5 年的观测后移动到其他地方，这些"浮动"的位点用于同区域内的比较。不管是核心位点还是浮动位点，都有一座布满传感器的观测塔，这座塔比现有的植被冠层高 10 米。在围绕这座塔方圆几十平方公里的区域内，研究者将更多的传感器布设于土壤和溪流中，测量温度、二氧化碳和营养水平，以及根生长速率和微生物活动。为了配合这些地面测量，研究人员还将在每个核心站点进行一年一次的空中调查，观察诸如叶化学特征和森林冠层的健康问题，也可用于与卫星观测数据进行比较。此外，NEON 的研究人员还部署了一个特殊装备的飞机，其上配备了激光雷达、光谱仪和高分辨率的相机，用于评估自然灾害，如洪水、野火和害虫爆发的影响。

现在多数城市安装了空气质量监测装置，但一般架设在测量站点或已知的污染热点地段，数量不变，在广大的农村地区没有监测设施。实际上，高污染地段会随时间变化。一一般只能提供逐日平均空气质量状况。由于空气污染时空分布的监测受到监测站点少而且固定、布点不合理、不能在线处理等的限制,近些年,人们不断尝试设计廉价的、无处不在的传感网,将它们用于大范围、实时、全面的城市环境监测。此外,人们特别关注发展可移动的便携式空气质量监测与定位装置[20]。Ma[21]等人在 2008 年设计了一种空气污染监测系统,该系统可以固定于城市街道或架设到公交车上进行移动和定点空气质量集成测量。该系统的一个重要组成部分是 MoDisNet 分层分布式监测网络。在该网络中,移动式的监测仪器可以对原始采集数据做初步处理,然后利用无线通信方式发送到最近的路边定点监测节点,最后传回到数据采集中心。

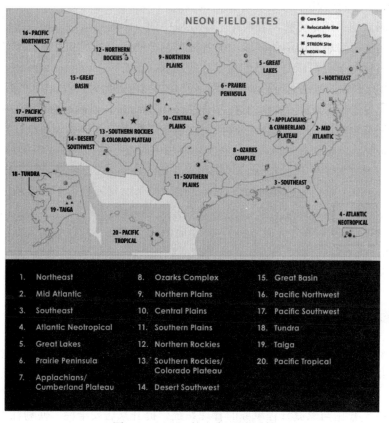

图 1-3　NEON 的生态观测区域

精准农业(precision agriculture)是近年来国际上科学研究的热点领域。它将现代化的高新技术带入农业生产中,使得农业生产更加自动化、智能化。传感网对精准农业的实现提供了很好的技术支持,可以利用传感网来监控农作物的生长环境。在农作物生长环境中部署少量的传感器节点,就可以采集足够的土壤温湿度、光照、二氧化碳浓度以及空气温湿度等信息,从而方便对农作物的管理。这样不仅可以实现灾害预防,还能提前采取防护措施,大大提高了农产品的产量和质量。

西北工业大学的国家科技支撑计划项目"西部优势农产品生产精准管理关键技术研究与示范"是传感网在精准农业中的一个典型应用。该项目在温室、果园或中草药大田中部署传感器节点,通过传感器节点采集部署区域的大气温度、湿度、光照、二氧化碳(温室需要)以及土壤参数(土壤温度及水分)等环境信息,把采集信息通过传感网传送到服务器，由服务器对数据进行解析并存储。决策支持系统（DSS）从数据库中读取数据，并对数据进行分析与处理，在必要情况下将一些生产指导信息如灌溉、病虫害管理以及灾害天气预警等通知所属区域农户。此外，DSS 还可以对连接到节点的灌溉系统和温室控制柜实施相关的控制。而且，农业专家还可下载历史数据，对农作物生长模型进行分析与优化。

1.5.3　医疗卫生

传感网在医疗卫生领域的应用较早，它具有低费用、简便、快速、实时无创地采集患者的各种生理参数等优点，在医疗研究、医院病房或者家庭日常监护等领域有很大的发展潜力，是目前研究的热点。

远程健康监测系统是传感网在医疗卫生领域中的一个典型应用。该系统通过在患者家中部署传感网来覆盖患者的活动区域。患者根据自己的病情状况和身体健康状况佩戴传感器节点，通过这些节点可以对自己的重要生理指标（如心率、呼吸、血压等）进行实时监测。随后把节点获取的数据通过移动通信网络或互联网传送到为患者提供健康监测服务的医院，医院的远程监测系统对接收到的这些生理指标进行分析，以诊断患者的健康状况，并根据诊断结果采取治疗措施。利用传感网长期收集被观察者的人体生理数据，对了解人体健康状况以及研究人体疾病都很有帮助，在实际应用中对慢性病和老年患者群体尤为重要。

美国韦恩州立大学发起了 Smart Sensors and Integrated Microsystems (SSIM) [22] 项目。在该项目中，100 个微型传感器被植入病人的眼中，帮助盲人获得了一定程度的视觉。科学家还创建了一个"智能医疗之家"，在这里使用传感网络测量居住者的重要生命体征（如血压、脉搏和呼吸）、睡觉姿势以及每天 24 小时的活动状况，所搜集的数据被用于开展相应的医疗研究。

此外，传感网在医院药品管理、血液管理、医患人员的跟踪定位等方面也有其独特的应用。

1.5.4　智能家居

随着近年来科学技术的迅速发展和普及，人们的工作生活趋向智能化，智能家居已成为家庭信息化和智能化的一种表现。智能家居 [23] 是以住宅为平台，利用综合布线技术、网络通信技术、安全防范技术、自动控制技术、音视频技术将家居生活有关的设施集成起来，构建高效的住宅设施与家庭日程事务的管理系统，提升家居安全性、便利性、舒适性、艺术性，并实现环保节能的居住环境。

嵌入家具和家电中的传感器与执行单元组成的无线网络与互联网连接在一起，能够为人们提供更加舒适、方便和更具人性化的智能家居环境。用户可以方便地对家电进行远程监控，如在下班前遥控家里的电饭锅、微波炉、电话、录像机、计算机等家电，按照自己的意愿完成相应的煮饭、烧菜、查收电话留言、选择电视节目以及下载网络资料等工作。

在家居环境控制方面，将传感器节点放在家里不同的房间，可以对各个房间的环境温度进行局部控制。此外，利用传感网还可以监测幼儿的早期教育环境，跟踪儿童的活动范围，让研究人员、父母或是老师可以全面了解和指导儿童的学习过程。

传感网在智能家居方面的一个典型应用是海尔的 U-home。U-home 是以 U-home 智能家电系统为载体，通过无线网络，实现 3C 产品、智能家居系统的互联和管理，以及数字媒体信息共享的系统。

1.5.5 其他方面

1. 在空间探索中的应用

用航天器在外星体上撒播一些传感器节点，可以对该星球表面进行长期监测。这种方式成本低，节点之间可以通信，也可以和地面站通信。美国国家航空航天局下属的喷气推进实验室推进的 Sensor Webs[24, 25] 项目就是为火星探测进行技术准备。该系统已在佛罗里达宇航中心周围的环境监测项目中进行测试和完善。

2. 在特殊环境中的应用

传感网适合应用在一些人不可达的特殊环境中。石油管道通常要经过大片荒无人烟的地区，对管道进行监控一直是个难题。利用传统的人力巡查来完成监控几乎是不可能的事情，而现有的监控产品往往复杂且昂贵。将传感网布置在管道上可以实时监控管道情况，以便控制中心能够实时了解管道状况。

1.6 传感网与物联网的关系

目前有不少人认为传感网就是物联网，这种认知会混淆传感网、物联网的概念。

传感网是由大量部署在作用区域内的、具有无线通信与计算能力的传感器节点组成，这些节点通过自组织方式构成传感网，其目的是协作感知、采集和处理网络覆盖地理区域中的感知对象信息并发布给观察者。

物联网（Internet of Things，IoT）的概念最早在 1999 年由美国麻省理工学院提出，早期的物联网是指依托射频识别（Radio Frequency Identification，RFID）技术和设备，按约定的通信协议与互联网相结合，使物品信息实现智能化识别和管理，实现物品信息互联而形成的网络。随着技术和应用的发展，物联网内涵不断扩展。国际电信联盟（ITU）发布的 ITU 互联网报告对物联网做了如下定义：通过二维码识读设备、射频识别装置、红外感应器、全球定位系统和激光扫描器等信息传感设备，按约定的协议，把任何物品与互联网相连接，进行信息交换和通信，以实现智能化识别、定位、跟踪、监控和管理的一种网络。根据 ITU 的定义，物联网主要解决物品与物品（Thing to Thing, T2T）、人与物品（Human to Thing，H2T）、人与人（Human to Human，H2H）之间的互连。但是与传统互联网不同的是，H2T 是指人利用通用装置与物品之间的连接，使得物品连接更加简化，而 H2H 是指人之间不依赖于个人计算机（PC）而进行的互连。因为互联网没有考虑到任何物品之间的连接问题，所以使用物联网来解决这个传统意义上的问题。我国工业和信息化部电信研究院 2011 年发布的物联网白皮书中对物联网做了如下定义：物联网是通信网和互联网的拓展应用和网络延伸，它利用感知技术与智能装置对物理世界进行感知识别，通过网络传输互联，进行计算、处理和知识挖掘，实现人与物、物与物之间的信息交互和无缝链接，达到对物理世界实时控制、精确管理和科学决策的目的。

从概念上看，物联网的核心和基础仍然是互联网，是在互联网基础上的延伸和扩展。传感网主要采用"传感器 + 无线通信"的方式，不包含互联网。物联网的概念比传感网大一些，这主要是因为人感知物、标识物的手段，除了有传感网，还可以有二维码、RFID 等。比如，用二维码标识物品之后，可以形成物联网，但二维码并不在传感网的范畴之内。传感网技术可以认为是物联网实现感知功能的关键技术。

从物联网的网络架构来看，物联网由感知层、网络层和应用层组成。感知层包括二维码、RFID、全球定位系统（GPS）、摄像头、传感器、终端、传感网等，主要实现对物理世界的智能感知识别、信息采集处理，并通过通信模块将物理实体连接到网络层和应用层。网络层主要实现信息的传递、路由和控制，包括延伸网、接入网和核心网，网络层可依托公众电信网和互联网，也可以依托行业专用通信网络。应用层包括应用基础设施 / 中间件和各种物联网应用。应用基础设施 / 中间件为物联网应用提供信息处理、计算等通用基础服务设施、能力及资源调用接口，以此为基础实现物联网在众多领域中的各种应用。

可见，在物联网的整个网络架构当中包含传感网，传感网主要用于信息采集和近距离的信息传递。要真正实现物联网，做到物物相连，离不开传感网，但是不能把传感网看作物联网，因为它不是物联网的全部。

当前，传感网已经得到广泛应用，而物联网应用还处于起步阶段。目前的物联网应用主要以 RFID、传感器等应用项目体现，大部分是试验性或小规模部署的，处于探索和尝试阶段，覆盖国家或区域性的大规模应用较少。

1.7 本章小结与进一步阅读的文献

本章首先介绍了传感网的起源和发展历史，然后从节点和网络结构两个方面描述了传感网的体系结构，介绍了传感网的关键技术，接着提炼了传感网的主要特点，通过一些具体实例介绍了传感网的主要应用领域，最后分析了传感网与物联网的关系。

除了本章列出的参考文献以外，希望对传感网做进一步深入了解的读者还可进一步阅读 ACM/IEEE 重要国际会议中关于传感网的一些综述性论文。

习题 1

1. 什么是传感网？传感网的主要功能是什么？
2. 传感器节点的组成及其功能是什么？
3. 在传感网中，传感器节点的特点和限制条件是什么？
4. 一个典型的传感网的网络结构包括哪些部分？各部分的功能是什么？
5. 简述传感网系统的工作过程。
6. 传感网的关键技术有哪些？
7. 为什么传感网需要时间同步？
8. 为什么传感网需要节点定位？
9. 传感网的主要特点有哪些？
10. 目前传感网主要应用在哪些领域？试描述其应用前景。

参考文献

[1] 中国互联网络发展状况统计报告 . 中国互联网络信息中心，2012.7.

[2] 刘云浩 . 物联网导论 [M]. 北京：科学出版社，2010.

[3] Wade R，Mitchell W M，Petter F. Ten emerging technologies that will change the world. Technology Review，2003，106(1): 22-49.

[4] Kazem Sohraby，Daniel Minoli，Taieb Znati. Wireless sensor networks: technology，protocols，and

applications. John Wiley & Sons，2007:13-31.

[5] I F Akyildiz，W Su，Y Sankarasubramaniam，et al. Wireless sensor networks: a survey. Computer Networks，2002，38(4): 393–422.

[6] H Karl，A Willig. Protocols and Architectures for Wireless Sensor Networks. Wiley. Com, 2007 (Chapter 3).

[7] Mengjie Yu，Hala Mokhtar，Madjid Merabti. A survey of network management architecture in wireless sensor network. The 6th Annual PostGraduate Symposium on The Convergence of Telecommunications，Networking and Broadcasting，2006.

[8] Pradnya Gajbhiye，Anjali Mahajan. A survey of architecture and node deployment in wireless sensor network. Applications of Digital Information and Web Technologies(ICADIW)，2008.

[9] 王良民，廖闻剑 . 无线传感器网络可生存理论与技术研究 [M]. 北京：人民邮电出版社，2011:1-9.

[10] 张少平，汪英华，李国徽 . 无线传感器网络数据管理技术研究进展 [J]. 计算机科学，2010，37 (6):11-16.

[11] 李建中，李金宝，石胜飞 . 传感器网络及其数据管理的概念、问题与进展 [J]. 软件学报，2003，14(10):1717-1726.

[12] 孙利民，李建中，陈渝，等 . 无线传感器网络 [M]. 北京：清华大学出版社，2008.

[13] Hermann Kopetz. Real-Time Systems: Design Principles for Distributed Embedded Applications.German，Springer，2011.

[14] I F Akyildiz, W Su, Y Sankarasubramaniam, et al. A survey on sensor networks. IEEE Communications magazine, 2002, 40(8): 102-114.

[15] N A Pantazis，D D Vergados. A survey on power control issues in wireless sensor networks. IEEE Communications Surveys andTutorials，2007，9 (4):86-107.

[16] Garcia-Hernandez，C F，Ibarguengoytia-Gonzalez，et al. Wireless Sensor Networks and Applications: A Survey. International Journal of Computer Science and Network Security，2007,7(3):264-273.

[17] J Yick，B Mukherjee，D Ghosal. Wireless sensor network survey. Computer Networks，2008，52(12):2292-2330.

[18] http://neoninc.org.

[19] 宫鹏 . 无线传感器网络技术环境应用进展 [J]. 遥感学报，2010，14(2):387-395.

[20] Wallace J，Corr D，Deluca P，et al. Mobile monitoring of air pollution in cities: the case of Hamilton，Ontario，Canada. Journal of Environmental Monitoring，2009，11 (5): 998-1003.

[21] Ma Y J，Richards M，Ghanem M，et al. Air pollution monitoring and mining based on sensor grid in London. Sensors，2008，8:3601-3623.

[22] http://www.ssim.eng.wayne.edu/.

[23] http://baike.baidu.com/view/37089.htm.

[24] Sensor Webs. http://sensorwebs.jp1.nasa.gov.

[25] 任丰原，黄海宁，林闯 . 无线传感器网络 [J]. 软件学报，2003，14(07):1282-1291.

第 2 章 传感网通信协议

从字面上看，无线传感器网络可以分为三部分：无线、传感器和网络。"无线"确定了传感网的传输媒介是无线介质，"传感器"说明传感网的作用是通过传感器采集数据，然而这两者本身并不是传感网关注的重点，研究如何通过无线将传感器连接起来形成网络才是传感网的首要任务，也是本章将要深入解析的内容。

现今提到"网络"这一术语时，相信不再有人会感到陌生。互联网已无处不在，成为了我们生活中不可或缺的部分。最为熟悉的莫过于有线宽带网络、无线局域网络和移动网络。传感网的应用场景虽然与这些网络有较大的区别，但仍具有类似的网络分层架构，如表 2-1 所示，传感网也可分为物理层、MAC 层、网络层、传输层和应用层。

表 2-1　OSI、TCP/IP、传感网网络分层架构

OSI 七层网络模型	TCP/IP	传感网
应用层	应用层 (HTTP, FTP, DNS)	应用层 (CoAP, TinyDB)
表示层		
会话层		
传输层	传输层 (UDP, TCP)	传输层 (RMST,PSFQ,CODA)
网络层	网络层 (IP, IPv6)	网络层 (洪泛，分发，汇聚)
数据链路层	数据链路层 (Ethernet, IEEE 802.11)	MAC 层 (S-MAC, B-MAC)
物理层		物理层 (IEEE 802.15.4)

虽然传感网协议分层与传统网络类似，但由于传感网自身具有的特点，如节点的计算、存储、通信能力有限，使得传统网络的通信协议不能直接应用于传感网，需针对传感网的特点对其进行重新设计。

本章将依照传感网通信协议分层结构自底向上地对物理层、MAC 层、网络层和传输层做详细介绍，阐述各层协议的设计目标和工作原理，并结合实例分析几种典型的网络协议。

2.1　物理层的协议设计

在无线传感器网络中，物理层负责将比特流信息转换成最适于在无线信道上传输的信号。具体来说，物理层负责传输频率选择、载波频率生成、信号检测、调制以及信息加密。物理层的协议设计是无线传感器网络协议性能的决定因素。

物理层的协议设计主要考虑以下一些问题：频率分配、调制与解调、信号传播效应与噪声、信道模型、扩频通信、分组传输与同步、无线信道的质量测量等。

本书不对这些问题进行详细介绍，如有需要的读者请参阅给出的相关参考文献。本节将从实用性的角度出发，以 IEEE 802.15.4 标准为主要对象来对无线传感器网络的物理层协议做具体分析。

2.1.1 IEEE 802.15.4 物理层标准

IEEE 802.15.4 技术 [1] 为移动的简单通信设备提供了一种低速率的通信连接服务。这些简单通信设备以带有冲突避免的载波监听多路访问（CSMA/CA）为信道接入方式。

根据不同国家和地区的规定，IEEE 802.15.4 工作在 3 个不同的非授权频带上。但是直接序列扩频（Direct Sequence Spread Spectrum，DSSS）技术在各频带上均被采用，用来降低共享频带所带来的干扰水平。

物理层提供了物理媒体的接口，主要负责无线收发机的开启和关闭、能量检测、链路质量检测、空闲信道评估、信道选择和发送 / 接收数据包。另外，物理层还负责建立两个设备间的射频连接、信息调制和解调、发射 / 接收机之间的时间同步以及数据包的同步。

IEEE 802.15.4 标准在 3 个不同的频带上总共指定了 27 个半双工信道。这些信道的具体分布如图 2-1 所示。

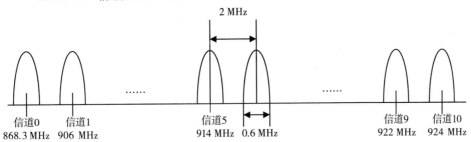

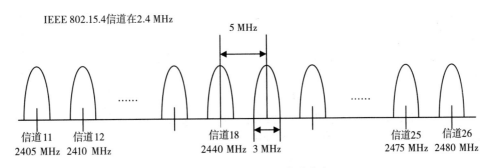

图 2-1　IEEE 802.15.4 信道分布

在欧洲地区，IEEE 802.15.4 可用 868 MHz 频段，范围从 868.0 ～ 868.6 MHz。采用二进制相移键控（Binary Phase Shift Keying，BPSK）调制方式，同时采用码片速率为 300 kchip/s 的直接序列扩频（15 个伪随机序列码在符号周期为 25 μs 的周期内发送）。在该频段只有一个信息传输速率为 20 kbit/s 的信道可用，且射频接收机的灵敏度要求为 −92 dBm。该频段的理想传输距离为 1 km（不考虑电磁波的反射、折射和散射）。

在北美和太平洋地区，IEEE 802.15.4 可用 915 MHz 频段，范围从 902 ~ 928 MHz。采用二进制相移键控（BPSK）调制方式，同时采用码片速率为 600 kchip/s 的直接序列扩频（15 个伪随机序列码在符号周期为 50 μs 的周期内发送）。在该频段有 10 个信息传输速率为 40 kbit/s 信道可用，射频接收机的灵敏度要求为 −92 dBm。该频段的理想传输距离约为 1 km。

在全世界范围，IEEE 802.15.4 可用 2.4 GHz 工业、科学和医学（ISM）公用频段，范围从 2400 ~ 2483.5 MHz。采用半正弦偏移四相相移键控（O-QPSK）调制方式，同时采用码片速率为 2 Mchip/s 的直接序列扩频（32 个伪随机序列码在符号周期为 16 μs 的周期内发送）。在该频段有 16 个信息传输速率为 250 kbit/s 的信道可用，射频接收机的灵敏度要求为 −85 dBm。该频段的理想传输距离约为 200 m。

理想传输距离的计算是根据以下标准完成的：在所有合法的设备的发射都被允许的情况下，IEEE 802.15.4 设备仍能够以 −3 dBm 的灵敏度正常发射。然而在实际通信中由于受到现实环境传输损耗的影响，IEEE 802.15.4 设备的实际传输距离大多远小于理想值。

2.1.2 868/915 MHz 频段物理层

868/915 MHz 物理层的码片调制方式采用带有二进制相移键控（BPSK）的直接序列扩频技术，符号数据的编码采用微分编码方式。868/915 MHz 物理层的信息调制参考模型如图 2-2 所示。物理层数据的每个比特，按照字节的顺序依次经过微分编码、比特 – 码片映射和调制模块。在每个字节中，最低有效比特位最先处理，最高有效位最后处理。

图 2-2　868/915 MHz 物理层信息调制参考模型

微分编码是指将原始数据比特位与前一微分编码比特进行模二加运算，这一过程由发射机来完成，用如下公式进行描述：

$$E_n = R_n \oplus E_{n-1} \tag{2-1}$$

其中，R_n 为编码的原始数据；E_n 为与 R_n 对应的微分编码比特位；E_{n-1} 是 E_n 的前一个微分编码比特位。

对于每个数据包的发送，R_1 为第一位所编码的原始数据，同时假设 E_0 为 0。反之，译码过程由接收机来完成，用如下公式进行描述：

$$R_n = E_n \oplus E_{n-1} \tag{2-2}$$

对于每个接收的数据包，E_1 为第一位所译码的比特位，假设 E_0 为 0。

每一个输入的比特位都映射成 15 位的 PN 序列，如表 2-2 所示。

表 2-2　比特 – 码片的映射

输入比特	码片 ($c_0 c_1 \cdots c_{14}$)	输入比特	码片 ($c_0 c_1 \cdots c_{14}$)
0	111101011001000	1	000010100110111

码片序列通过采用 BPSK 调制方法，将其调制到载波信号上。每个基带码片用升余弦脉冲来描述，表达式如下：

$$p(t) = \frac{\sin(\pi t / T_c)}{\pi t / T_c} \frac{\cos(\pi t / T_c)}{1 - (4t^2 / T_c^2)} \qquad (2\text{-}3)$$

2.1.3 2.4 GHz 物理层描述

在 2.4 GHz 物理层，二进制数据需要进行转换处理后才能进行信息调制。每 4 位信息比特组成一个符号数据，根据该数据，从 16 个几乎正交的伪随机序列（PN 序列）中，选取其中一个序列作为传送序列。根据信息数据的顺序将所选出的 PN 序列串接起来，并使用 O-QPSK 的调制方法，将这些集合在一起的序列调制到载波上进行传输。

图 2-3 给出了 2.4 GHz 物理层信息调制的参考模型。从图中可以看出，在对物理层协议数据进行调制前，必须对其二进制数据进行转换处理，将比特数据转换成符号数据。

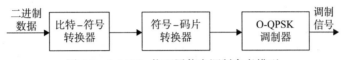

图 2-3 2.4 GHz 物理层信息调制参考模型

物理层协议数据单元的每个字节都要逐个进行处理，将每字节按 4 比特位进行分解，将低 4 位、高 4 位分别转换成一个符号数据。在转换过程中先处理低 4 位，后处理高 4 位。

将处理得到的符号数据进行扩展，每个符号数据映射成一个 32 位的伪随机序列（PN 序列），如表 2-3 所示。

表 2-3 符号 – 码片的映射

符号数据 （十进制）	符号数据（二进制） （$b_0 b_1 b_2 b_3$）	码片 （$c_0 c_1 \cdots c_{30} c_{31}$）
0	0000	11011001110000110101001000101110
1	1000	11101101100111000011010100100010
2	0100	00101110110110011100001101010010
3	1100	00100010111011011001110000110101
4	0010	01010010001011101101100111000011
5	1010	00110101001000101110110110011100
6	0110	11000011010100100010111011011001
7	1110	10011100001101010010001011101101
8	0001	10001100100101100000011101111011
9	1001	10111000110010010110000001110111
10	0101	01111011100011001001011000000111
11	1101	01110111101110001100100101100000
12	0011	00000111011110111000110010010110
13	1011	01100000011101111011100011001001
14	0111	10010110000001110111101110001100
15	1111	11001001011000000111011110111000

经过扩展的码元序列通过采用半正弦脉冲形式的 O-QPSK 调制，将符号数据信息调制到载波上。其中，编码为偶数的码元调制到 I 相位的载波上，编码为奇数的码元调制到 Q 相位的载波上。每个符号数据由 32 位码元序列来表示，即码元速率是符号速率的 32 倍。为了使 I 相和 Q 相的码元调制存在偏移，Q 相的码元相对于 I 相的码元要延迟 T_c 秒发送，T_c 是码元速率的倒数，如图 2-4 所示。

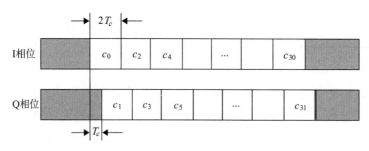

图 2-4　O-QPSK 码元相位偏移

2.1.4　各频段通用规范

1. 发射状态到接收状态转换时间

根据 IEEE 802.15.4 协议规定，节点从发射状态到接收状态的转换时间应小于 aTurnaroundTime 值，通常该值为 12 个符号周期。对于不同的芯片，实际的转换时间可能不同。

2. 接收信号的中心频率误差

在 IEEE 802.15.4 协议标准中，接收信号的中心频率误差最大为 ± 40 ppm。

3. 发射功率和接收机最大输入电平

IEEE 802.15.4 标准兼容设备的发射机最小发射功率为 -3 dBm，为了减少对其他设备和系统的干扰和影响，在保证设备能够正常工作的条件下，每个设备的发射功率应尽可能的小。

在设备的接收输入端，为保证设备的正常接收，接收端的有用信号不能太大，否则，将造成接收输入端堵塞，不能进行正常的接收工作。通常接收端的有用信号的最大输入电平就是有用信号的最大功率值，在 IEEE 802.15.4 标准下，要求接收机的最大输入电平应大于或等于 -20 dBm。

4. 接收机的能量检测

在 IEEE 802.15.4 协议标准中，接收机的能量检测是信道选择算法中的一个重要组成部分。在规定信道带宽之内，对所接收到的信号功率进行估计。通常能量检测的时间为 8 个符号周期。能量检测的结果为 0x00 到 0xFF 的 8 比特整数。

5. 链路质量信息

链路质量信息表示了所接收的数据包信号的强度和质量。该信息的检测利用接收机的能量检测结果、信噪比估计等方法实现。

在 IEEE 802.15.4 标准中，每个接收到的数据包都要进行链路质量测量，结果为一个从 0x00 到 0xFF 的 8 比特整数，其值分别对应可被接收机所识别的最低和最高质量。

6. 空闲信道评估

在 IEEE 802.15.4 物理层标准协议中，采用以下 3 种模式来进行空闲信道评估（Clear Channel Assessment，CCA）。

模式 1：超出能量检测门限。当检测到一个超出能量检测门限的信号时，给出一个信道忙的信息。

模式 2：载波判断。当检测到一个具有 IEEE 802.15.4 标准特征的扩频调制信号时，给出一个信道忙的信息。

模式 3：超出能量检测门限的载波判断。当检测到一个具有 IEEE 802.15.4 标准特征，并且超出能量检测门限的扩频调制信号时，给出一个信道忙的信息。

2.2 MAC 层协议

MAC（Medium Access Control，介质访问控制）协议决定无线传感器网络中无线信道的使用方式，负责为节点分配无线通信资源。MAC 协议是影响无线传感器网络高效通信的关键网络协议，其优劣直接影响网络的吞吐量和节点能耗。

2.2.1 传感网 MAC 协议设计原则

在传感网中，节点能量有限且难以补充。首先，为了保证传感网长期有效地工作，MAC 协议以减少能耗、最大化网络生存时间为首要设计目标；其次，为了适应节点分布和拓扑变化，MAC 协议需要具备良好的可扩展性，传统无线网络关注的实时性、吞吐量及带宽利用率等性能指标成为次要目标。此外，传感网节点一般属于同一利益实体，可为系统优化作出一定的牺牲，因此，能量效率以外的公平性一般不作为设计目标，除非多用途传感网重叠部署。

传感网中的能量消耗主要包括通信能耗、感知能耗和计算能耗。其中，通信能耗所占比重最大。因此，减少通信能耗是延长网络生存时间的有效手段。大量研究表明，通信过程中主要能量浪费存在于冲突导致重传和等待重传、非目的节点接收并处理数据形成串音、发射/接收不同步导致分组空传、控制分组本身开销、无通信任务节点对信道的空闲侦听等。此外，无线发射装置频繁进行发送/接收状态切换也会造成能量迅速消耗。

基于上述原因，传感网 MAC 协议通常采用"侦听/休眠"交替的信道访问策略，节点无通信任务则进入低功耗睡眠状态，以减少冲突、串音和空闲侦听；通过协调节点间的侦听/休眠周期以及节点发送/接收数据的时机，避免分组空传和减少过度侦听；通过限制控制分组长度和数量减少控制开销；尽量延长节点休眠时间，减少状态切换次数。同时，为了避免 MAC 协议本身开销过大，消耗过多的能量，MAC 协议尽量做到简单、高效。

当然，影响传统无线网络 MAC 协议设计的一些基本问题，如隐藏终端和暴露终端问题、无线信道衰减和无规律冲突 (interference irregularity) 问题等，在传感网 MAC 协议中依然存在，亟待解决。

2.2.2 IEEE 802.15.4 MAC

2.1 节提到的 IEEE 802.15.4 标准描述了一种低速率无线个人局域网的物理层和 MAC 子层协议，它消耗的能量低且允许不需要基础设施的通信，因此是最适用于传感网的无线通信标准。IEEE 802.15.4 的 MAC 子层规范精心定义了 MAC 层的帧结构，以保证用最低复杂度实现在多噪声无线信道环境下的可靠数据传输，其帧格式如图 2-5 所示。

2 字节	1	0/2	0/2/8	0/2	0/2/8	可变长度	2
帧控制信息	帧序列号	目的 PAN 标识码	目的地址	源 PAN 标识码	源地址	帧有效载荷	帧校验序列 FCS
			地址信息				
MAC 帧头（MHR）						MAC 负载	MAC 帧尾（MFR）

图 2-5 MAC 子层数据帧格式

每个 MAC 子层的帧都由帧头、负载和帧尾三部分组成。帧头由帧控制信息、帧序列号和地址信息组成。MAC 子层负载具有可变长度，具体内容由帧类型决定。帧尾是帧头和负载数据的 16 位 CRC 校验序列。在 MAC 子层中，设备地址有两种格式：16 位短地址和 64 位扩展地址。16 位短地址是设备与 PAN 网络协调器关联时，由协调器分配的网内局部地址。64 位扩展地址是全球唯一地址，在设备进入网络之前就已分配。16 位短地址只能保证在 PAN 网络内部是唯一的，所以在使用 16 位短地址通信时需要结合 16 位的 PAN 网络标识符才有意义。两种地址类型的地址信息长度是不同的，从而导致 MAC 帧头的长度是可变的。一个数据帧使用哪种地址类型由帧控制字段的内容指示。在帧结构中没有表示帧长度的字段，这是因为在物理层的帧里面有表示 MAC 帧长度的字段。MAC 负载长度可以通过物理层帧长和 MAC 帧头的长度计算出来。

IEEE 802.15.4 通过控制字段中的帧类型域来区分 4 种不同类型的帧：0x0000——信标帧；0x0001——数据帧；0x0010——确认帧；0x0011——命令帧。

信标帧在使用超帧结构的网络中负责描述超帧结构、划分 GTS（Guaranteed Time Slot，保证时隙）、为上层协议提供数据传输接口等，在不使用超帧结构的网络中则仅负责辅助协调器向设备传输数据。

数据帧用来传输上层传到 MAC 子层的数据，上层数据作为 MAC 层负载，首尾附加上帧头信息和帧尾信息构成 MAC 帧。MAC 帧传送至物理层后，作为物理层的负载，首部附加同步信息和帧长度字段后进行传输。同步信息包括用于同步的 4 字节前导码和 1 字节的 SFD（Start-of-Frame Delimiter，帧起始定界符）。帧长度字段由 1 字节的低 7 位标识，因此 MAC 帧的长度不会超过 127 字节。

确认帧用于向数据发送者进行反馈，前提是设备收到的这个数据的确是发送给自己的，并且确认请求位被置 1。确认帧紧接着被确认帧发送，不需要使用 CSMA-CA 机制竞争信道。命令帧用于组建个域网、传输同步数据等。

在实际应用中，为了有效地实现传感网专用的低功耗 MAC 协议以最大限度地节省能量并减少内存空间的占用，往往只使用 IEEE 802.15.4 物理层的功能以及 MAC 子层的部分功能，而不使用完整的 IEEE 802.15.4 中定义的 MAC 子层。

2.2.3 S-MAC

S-MAC（Sensor-MAC）[2] 是传感网研究早期提出的一种 MAC 协议。它采用了周期性侦听和睡眠的方式来节省能量。如图 2-6 所示，网络中所有的节点都经过同步使用相同的睡眠和唤醒方式，网络中的通信都只在所有节点醒来时发生。睡眠时节点会关闭射频收发器以节省能量。

直观地说，S-MAC 就是让所有的节点一块儿醒过来，交流通信一段时间，接着再回去睡眠。它采用的这种方式显著地减小了空闲侦听。让我们先来明确空闲侦听的概念：射频收发器在没有其他节点向它发送数据时处于监听状态，这就称为空闲监听。在这种状态下的能耗要比睡眠状态大得多（空闲监听状态的电流约 10 mA，而睡眠状态的电流为 nA 级）。如果在传感网中不使用 S-MAC，那么射频收发器将长期处于空闲监听状态，能量的消耗相当大，在实际中大约几天内电池就会耗尽。

使用 S-MAC 后，网络的生存时间就取决于它所用的占空比。占空比是 S-MAC 的一个可调参数，表示一个周期中醒来的时间所占的比重。睡眠周期是监听的时间加上睡眠的时间，这两者合起来就是一个周期。例如，假设醒来的时间是 100 ms，睡眠的时间为 900 ms，一个周期就为 1 s，因此占空比为 100 ms / 1 s = 10%，能量消耗减少为原来的 1/10，而平均延时约为 0.5 s。这里就可以看出使用 S-MAC 时需要在延时和能量之间权衡利弊，如果要减少延时，那么就应当增大占空比，让射频收发器处于唤醒状态的时间增长，但是能量的消耗也相应增加。如果要节约能量，那么就应该降低占空比，但是这样就会使延时增加。仍然使用前面的例子，若将占空比增加到 50%，那么唤醒和休眠的时间一样都为 0.5 s，而平均延时减小为 0.5 s/2=0.25 s，相比之下延时明显减少，但付出的代价是能耗显著增加。

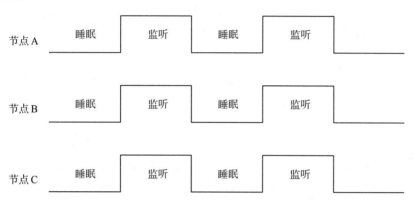

图 2-6　S-MAC 同步周期性睡眠、唤醒

读者或许对延时的产生仍然有些迷惑。在这里需要注意的是，应当把微控制器的睡眠和射频收发器的睡眠区分开，这两者是互不相关的。微控制器可以一直不睡眠地运行程序，程序运行过程中往往会产生发送数据的请求。但不幸的是，此时射频收发器经过 S-MAC 的调度恰好处于关闭状态，数据就没有办法发出，只能等到收发器被唤醒时才能发送。这就是 S-MAC 中延迟产生的原因。

让我们来对比 CSMA 和 S-MAC。如图 2-7 所示为 CSMA 的 MAC 协议工作方式。图中上下两个矩形代表两个节点的无线射频芯片状态。浅灰色表示节点处于监听状态，黑色表示发送状态。在 CSMA 中只要信道空闲，没有其他节点在发送数据，那么节点随时可以发送数据。图中两个节点顺畅地互相收发数据，因为发出去的数据对方随时都能收到。然而也可以发现，CSMA 中浅灰色的部分较多，也就是空闲监听的问题较为严重。

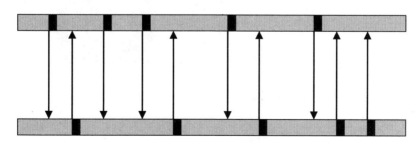

图 2-7　采用 CSMA 的 MAC 协议工作方式

那么 S-MAC 是如何减少空闲监听的呢？如图 2-8 所示为 S-MAC 的 MAC 协议工作方式。白色的表示无线射频芯片在睡眠。可以发现两个节点的睡眠、唤醒是完全同步的，在

节点醒着的时候，和 CSMA 一样，只要发送数据不产生冲突，随时都可以收发。图中用双向箭头标出来的部分是空闲监听，这说明即使采用了 S-MAC，也和 CSMA 一样存在空闲监听问题，并不是十全十美的 MAC 协议。

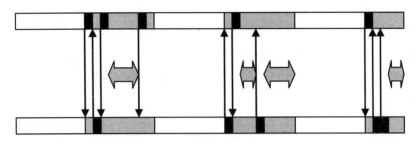

图 2-8　采用 S-MAC 的 MAC 协议工作方式

至此，我们不禁要问，理想的 MAC 应当怎样设计？假如两个节点心有灵犀，接收者能知道发送者何时发送数据，并且它恰好在发送者发送数据的那个时刻醒来，那么这就是最理想的 MAC，它完全不存在空闲监听的问题。

然而理想往往与现实存在差距，理想 MAC 只能尽可能地逼近却无法达到。接下来，我们将试图来逐步接近理想 MAC。S-MAC 的弱点在于周期性交换睡眠 / 侦听调度开销过大。那节点是否可以不交换调度而各自以异步方式进行睡眠与侦听呢？如果可以，那么发送者如何将数据发送给接收者？为了回答这两个问题，异步 MAC 应运而生。

2.2.4　B-MAC

B-MAC[3] 是学术界最早提出的一种异步 MAC。异步 MAC 的工作方式如何，只需对比一下同步 MAC 便可得知。同步 MAC 是同时唤醒、同时睡眠，那么异步 MAC 就是睡眠和唤醒的时间不一致。至此我们会疑惑：睡眠、唤醒时间都已经不一致了，它们之间还如何通信呢？ B-MAC 就成功地解决了这个问题。

B-MAC 及其变种通常又称为低功耗监听，它转变了传感网中 MAC 协议设计的思路。如图 2-9 所示，接收者仍然是在周期性地睡眠、唤醒，但这和 S-MAC 有很大的不同，它唤醒的时间非常短，比如说睡眠是 1 s，而唤醒只需要 5 ms 左右。S-MAC 的唤醒时间不可能这么短，否则就没有足够时间收发数据了。

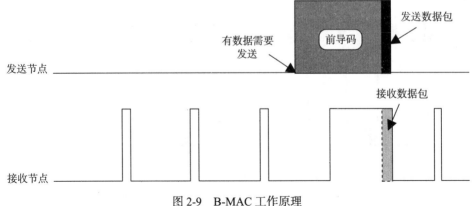

图 2-9　B-MAC 工作原理

B-MAC 中的唤醒时间并不是用来收发数据的，而是用来检查有没有其他节点要向它发送数据，如果没有，就马上回到睡眠状态。这种方式使占空比非常低，在这个例子中为 5 ms/1 s=0.5% 。

B-MAC 中的发送者所做的操作就要稍微复杂一些。如果有数据要发送，那么它就先发送一段较长的前导码，其作用是唤醒接收者。那么前导码应该持续发送多长时间呢？它只需比一个周期稍长即可，保证这段时间里接收者肯定会醒过来一次。这里有个隐含的前提，那就是整个网络用的是相同的调度周期，也就是每个节点醒来和睡眠的时间是一样的。前导码发送完成后，就可以立即发送数据，由于接收者已被唤醒，因此肯定能接收到该数据。

回过来想想我们的目标：理想的 MAC。B-MAC 是否达到了理想的 MAC 的程度呢？显然没有。因为它需要发一个周期的前导码，不仅耗费节点本身的能量，而且会干扰附近的邻居节点，造成串扰。为了设法缩短前导码并减少串扰，X-MAC 用多个短的数据包代替前导码，而 WiseMAC 通过预测接收者的唤醒时间减少前导码的长度，这两种 MAC 的具体细节请感兴趣的读者自行查阅相关论文。

2.2.5　RI-MAC

在并发数据流环境中，B-MAC 的吞吐量因为前导码容易冲突而无法提高。如图 2-10 所示，网络中有多个并发流存在。A、B、C 这 3 个节点在同一个冲突域里，C、D 在同一个冲突域里。在 B-MAC 中，如果 A 要向 B 发送数据，那么 A 会先发送一个周期的前导码，B 在醒来的时刻接收到前导码，等前导码发完后 A 就开始发送数据。问题在于 C 在图中指出的时刻也要发送数据，但是信道已经被 A 完全占用了，C 无法发出前导码，只能等到下个周期再发，这就造成了延时。罪魁祸首就是 A 的前导码完全占用了信道，只要是和 A 在同一个冲突域的节点就没法在这段时间内发送数据。这是所有使用前导码的 MAC 协议都要面对的问题。那么要彻底解决这个问题就必须抛弃前导码的使用。

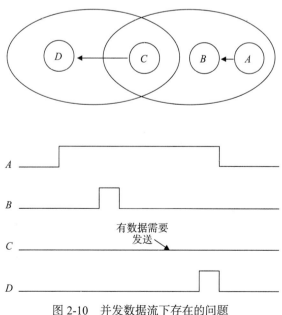

图 2-10　并发数据流下存在的问题

RI-MAC[4]采用了接收者发起的方式成功地解决了这一问题。这是异步 MAC 协议设计思路的一个重大转变。RI-MAC 使用的方法和前导码 MAC 完全相反。接收者原本是周期性地醒来，监听信道以检测是否有其他节点向它发送数据。如图 2-11 所示，RI-MAC 中接收者也是周期性地醒来，但是醒来时，它要发一个信标（图 2-11 中的 B）告诉附近的邻居节点它醒来了。

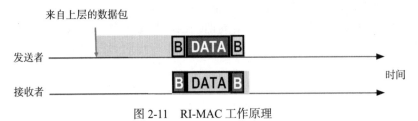

图 2-11　RI-MAC 工作原理

RI-MAC 中发送者所做的操作与前导码 MAC 相比也有显著的变化。当有数据需要发送时，发送者将无线射频芯片切换到监听状态，一旦接收到接收者的信标，立即向接收者发送数据。

RI-MAC 把 B-MAC 中的收发时序完全颠倒过来，B-MAC 中的前导码在 RI-MAC 中变成监听信道，而 B-MAC 中的监听信道变成了主动发送通告。这么做的好处就是解决了前导码占用信道的问题，因为监听并不占用信道，多个节点可以同时监听，该过程如图 2-12 所示。

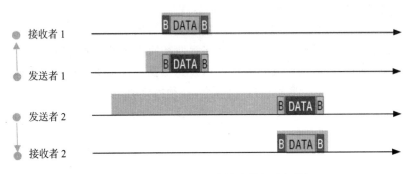

图 2-12　RI-MAC 解决并发数据流问题

2.2.6　实例：TinyOS MAC 层协议分析

TinyOS 是由加州大学伯克利分校研发的开源操作系统，是传感网研究中最常用的操作系统之一。本章分析的网络协议栈实例都来自 TinyOS 2.1.2，其源代码可以从它的官方网站 www.tinyos.net 下载。TinyOS 自带了两种 MAC 层协议，一种是专用于 CC2420 射频芯片的 MAC 协议，另一种是 rfxlink 射频协议栈，可用于 AT86RF230、CC2420、CC2520 等多种射频芯片。下文将详细分析 rfxlink 射频协议栈。

rfxlink 射频协议栈源代码位于 tos/lib/rfxlink 目录下，它由负责消息收发的主线组件和一些辅助收发功能的组件构成，实现了低功耗监听、冲突检测、流量控制等功能，其分层结构如表 2-4 所示。

表 2-4 TinyOS rfxlink 射频协议栈分层结构

分　　层	组　　件
AM/IEEE154 层	ActiveMessageLayerC/Ieee154MessageLayerC
资源分配层	AutoResourceAcquireLayerC
TinyOS 消息格式层	TinyOSNetworkLayerC
唯一编号层	UniqueLayerC
包链路层	PacketLinkLayerC
低功耗监听层	LowPowerListeningDummyC/LowPowerListeningLayerC
消息缓冲层	MessageBufferLayerC
随机 / 分时隙退避层	RandomCollisionLayerC /SlottedCollisionLayerC
软件应答层	SoftwareAckLayerC
载波监听层	CsmaLayerC
流量监控层	TrafficMonitorLayerC
射频驱动层	RF230DriverLayerC /CC2520DriverLayerC /RFA1DriverLayerC

rfxlink 提供了两种不同的 MAC 层协议。一种结合了 B-MAC 和 X-MAC 的优点，利用随机退避来避免冲突，主要在 RandomCollisionLayerC 文件中实现，对应于 IEEE 802.15.4 的 Unslotted CSMA-CA。另一种则通过划分时隙来避免冲突，主要在 SlottedCollisionLayerC 中实现，对应于 IEEE 802.15.4 的 Slotted CSMA-CA。默认情况下，rfxlink 会使用 RandomCollisionLayerC 作为其 MAC 层的实现，然而用户也可以在应用程序的 Makefile 中指定编译选项，选择 SlottedCollisionLayerC 作为 MAC 层的实现。

当上层应用程序需要发送一个数据包时，应用层程序根据自己需要传送的网络环境将要发送的数据包封装成主动消息或者 IEEE 802.15.4 的消息格式，并确定信息发送的目的节点地址。rfxlink 协议栈使用仲裁机制来识别上层封装的消息格式，确定数据包的发送方式。然后发送节点请求共享介质的使用权，只有获得该介质的使用权时才能传送数据。如果可以传输，发送节点要将待发的数据包封装成 TinyOS 定义的帧格式，然后给每个数据包加上一个唯一的序列号以避免接收节点接收到重复的包。用户可以选择是否开启数据包的自动重发功能以及低功耗监听功能。

由于 TinyOS 是基于事件的操作系统，底层组件的执行是异步的。因此上层传来的数据要先放在数据缓存区，等到传送事件被触发时再发送。当数据包将要通过物理链路来发送时，要进行链路的冲突检测，并实现软件的 ACK 机制。然后对传送介质进行载波监听，只有当介质空闲时才能访问。使用射频收发器传送数据包的具体操作由射频驱动层组件来确定。根据使用的射频收发器的不同，实现的方法也不同。

rfxlink 协议栈里位于收发路径中的组件如下：

1）流量监控层 TrafficMonitorLayerC：该层负责对信道流量进行监控，在该层统计接收 / 发送消息时数据包的个数以及传输的字节数、无线射频模块开启的次数以及开启的时间。此外，还对无线射频模块的开关进行控制。

2）载波监听层 CsmaLayerC：该层负责进行载波监听，控制什么时候访问介质，只有当介质空闲时才能访问。当发送一个数据包时，如果需要进行软件 CCA（Clear Channel Assessment，空闲信道评估），则发送一个 CCA 请求，当介质空闲时才可以发送消息。一般射频收发器都会自带硬件 CCA 机制，实现起来要比软件 CCA 更快、更可靠。

3）软件应答层 SoftwareAckLayerC：该层负责软件实现 ACK 确认机制。当发送者发送一个消息时，会在该消息包内标志是否需要返回一个 ACK 应答。当接收者接收到的数据包需要返回 ACK 应答时，它必须在规定的时间范围内返回一个 ACK 应答给发送者，否则视为超时，这时会报告发送错误，并重发若干次。现在大多数的射频收发器都自带硬件 ACK 机制，不仅效率高而且还不需要代码开销，因此一般我们都直接采用硬件 ACK 来代替软件 ACK。例如，在 AT86RF230 射频芯片中，就用了 RF230DriverHwAckC 组件来实现硬件 ACK。

4）随机 / 分时隙退避层 RandomCollisionLayerC：该层负责实现冲突检测以及进行相应的退避算法。对于每一个发送者而言，一旦它检测到有冲突，就应当放弃它当前的传送任务。如果发送双方都检测到信道是空闲的，并且同时开始传送数据，则它们几乎立刻就会检测到有冲突发生。这时不应该再继续传送它们的帧，因为这样只会产生垃圾而已；相反，一旦检测到冲突之后，它们应该立即停止传送数据。因为尽快终止被损坏的帧可以节省时间和带宽。在 RandomCollisionLayerC 中，保留射频收发器的状态。当需要发送一个数据包时，检测当前射频收发器的状态，如果收发器处于准备状态，则可以立即发送，否则即视为检测到一次冲突，然后将此次发送操作挂起，等待一个随机时间再重发。如果第二次重发失败，则第二次挂起，再等待一个随机时间重发。如果之后还检测到冲突，则发送失败。

5）消息缓冲层 MessageBufferLayerC：该组件是同步 / 异步接口的分界线。从前面的讨论可以看出，底层协议提供的 RadioReceive/RadioSend 接口都是由事件驱动的异步接口。而我们在应用程序中往往希望使用的是同步的接口，它不仅能够提高传输速率，而且相对异步传输而言，同步传输开销更小，更适用于高速设备。在 TinyOS 中要实现异步转同步，必须通过抛出任务来完成，无法传送参数。因此我们需要一个缓冲区来将消息写到任务里。MessageBufferLayerC 组件中通过两个变量 receiveQueueHead 和 receiveQueueSize 来控制对接收队列的操作。receiveQueueHead 用来指示队列的头，receiveQueueSize 则用来指示队列中待抛送的消息的数量。当接收到一个底层传上来的数据包时，将其存入接收队列中，同时队列长度加 1，然后抛出任务，在任务中利用 for 循环，每隔一定时间向上层声明接收到了一个包，从而实现异步转同步的操作。

6）低功耗监听层 LowPowerListeningDummyC/LowPowerListeningLayerC：在没有开启低功耗监听时，采用 LowPowerListeningDummyC 组件来占位，只是为了使消息包的数据域对齐，并无任何实际的功能。而开启低功耗监听时，则采用 LowPowerListeningLayerC 来实现低功耗的 MAC 层，尽量在不使用无线射频收发器时关闭它。LowPowerListeningLayerC 使用了 BoXMAC2 协议，结合了 B-MAC 和 X-MAC 的优点。

7）包链路层 PacketLinkLayerC：在无线网络中，数据包经常会在端到端的传输中因为无线电波的干扰或者射频收发器的射程等问题而被丢弃。要纠正这种丢失现象，首先需要发送者确定发送出去的数据包没有得到 ACK 应答，然后重新传送这个包。但重传包也会带来一系列的问题，如在 ACK 丢失的情况下，接收端将接收到重复的包。如果发送端在接收到 ACK 应答之前始终自动重发，而接收端能够识别这些重复发送的包，那么数据链路层就可以进行端到端的可靠传输。该层提供了自动重发功能，当发送者监听不到接收者发送出的 ACK 应答时，该层负责重新发送数据包。当想要使用该层功能时，需要提前定义 Packet Link 这个宏。它允许用户自己定义重传时间和重传次数，这样可以兼容到不同网络的时序特点。为了检测重复包，必须由该层或者该层之上的协议来设置一个包序列号，底层的协议栈不可以改变这个序列号。某些平台的射频芯片自带硬件 ACK 机制。当射频芯片接收到一个数据包并发送出去一个 ACK 应答时，微控制器却因为某些错误没有得到这个信息，并自动发出一个失败的 ACK 应答。此时，发送者认为数据包已经成功发送，但接收者则认为没有接收到包。通过软件开启 ACK 应答机制则可以避免这个问题。因此使用该层使得数据包的传输更加可靠。

8）唯一编号层 UniqueLayerC：该层负责为数据包生成一个唯一的 DSN（Data Sequence Number，数据序列号）。接收者可以通过比较当前接收到的包的序列号与之前收到数据包的序列号，来识别重复接收到的数据包。

9）TinyOS 消息格式层 TinyOSNetworkLayerC：该层负责解析 TinyOS 自己定义的消息格式，允许 TinyOS 2.x 无线射频协议栈与其他 6LoWPAN 之间进行通信。TinyOS 中支持两种帧格式，一种是用于孤立的 TinyOS 网络的 T-Frame，另一种则是用于 6LoWPAN 网络的 I-Frame。这两种帧格式如图 2-13 和图 2-14 所示。

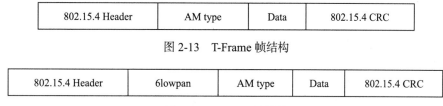

| 802.15.4 Header | AM type | Data | 802.15.4 CRC |

图 2-13　T-Frame 帧结构

| 802.15.4 Header | 6lowpan | AM type | Data | 802.15.4 CRC |

图 2-14　I-Frame 帧结构

其中，AM type 字段用于表示载荷的 AM 号，6lowpan 字段用于标识 TinyOS 数据包的 NALP 代码，TinyOS 默认使用 63。这样任何 TinyOS 程序都不能将其要发送的数据包的 AM type 字段设置为 63。

10）资源分配层 AutoResourceAcquireLayerC：该层负责对共享介质资源进行仲裁，当需要发送消息时发出一个请求，当获得该介质的使用权时才可以进行数据包的传输，发送完毕后要立即释放该资源。

11）AM/IEEE154 层 ActiveMessageLayerC/Ieee154MessageLayerC：这两个组件是位于 rfxlink 协议栈最高层的并列组件。通过一个仲裁组件来确定是使用主动消息还是 Ieee154 消息来进行传输。该层负责将数据包发送到给定地址的节点处。当使用 ActiveMessageLayerC 时，还要根据 AM 号的不同将消息派发给不同的组件。

上面所讲的几个组件完成了数据包传输时的主线功能，除此之外，TinyOS 还定义了一些辅助组件来帮助这些主线组件更可靠、更有效地完成数据包的收发。

1）DummyLayerC：当上述主线组件中的某几个没有被应用程序选用时，在数据包的传输过程中仍需要封装进去一些空位来对齐数据包的数据域，该组件就用来完成该功能。

2）Ieee154PacketLayerC：该层负责封装 / 解析传输的 IEEE 802.15.4 数据包的包头，包括 FCF（Frame Control Field，帧控制字段）、ACK 以及源（目的）地址等。

2.3　路由协议

2.3.1　路由协议简介

传感网具有与传统网络不同的特点，传感网节点的存储容量和处理能力一般非常有限，难以存储大量的路由信息和使用复杂的路由算法，因此传统网络中常用的路由协议，如 OSPF 和 RIP 协议，在传感网中是不适用的。此外，传感网与应用高度相关，导致传统路由协议不能有效地用于无线传感器网络。因而人们研究了众多的传感网路由协议。本节将专注于介绍传感网中最常用的分发和汇聚这两种数据传输方式所使用的路由协议。

传感网中最简单的路由协议是洪泛协议。该协议的工作原理非常简单，任意一个节点 A 只要收到了其他节点发送的数据包，并且这个数据包的目的地址不是 A 自身，那么 A 就将这个数据包广播出去。然而洪泛协议存在的最严重的缺陷就是数据包的转发没有目的性，导致所消耗的能量较高。因此，出现了分发协议，它改进了洪泛协议的缺陷，使之更适用于能量有限的传感网。

2.3.2　分发协议

数据分发协议通常是传感网通信协议栈提供的一种服务，主要用于实现基于共享变量的网络一致性。网络中的每个节点都有该变量的一个副本，当该变量值改变的时候，数据分发协议会通知节点上层应用，同时通过广播通知其他节点以达到整个网络的一致性。在任意给定时刻，也许会有若干节点的共享变量值不一致，但是随着时间的流逝，不一致的节点数会越来越少，最终整个网络将完全统一成相同的变量值。这种机制最常见的使用场景包括网络参数重配置和网络重编程。数据分发协议对于传感网应用而言是重要的组成部分。它允许管理员向网络中插入小段程序、命令或配置参数。例如，实际应用于可能需要改变全网的数据采样周期，周期的值可以作为分发协议所维护的共享变量，这个变量在网络中的一致性就由分发协议保证，一旦改变了这个变量值，就可以保证全网所有节点上的该变量都会改变为最新的值。

分发协议与洪泛协议在功能上比较类似，都是将数据传送到全网的所有节点，但是这两种协议还是存在着显著的差别。洪泛协议所做的主要是离散性的工作（节点与节点之间不受某一变量值的约束），它可能被终止而不再达成网络的一致性。然而数据分发机制确保网络内部在有可靠连接的情况下能够达到某个变量值的一致性。使用分发协议达到的网络高度一致性可以有效避免临时性的链接失效以及高丢包率所造成的问题，这是洪泛协议所不具备的功能。

网络一致性并不意味着每一个节点都能够接收到变量值，这种一致性仅仅表示网络最终会对某个变量值保持最新这个问题上达成一致。如果有一个节点从网络中断开，并且在此网络经过 8 次更新后才得到共享变量，那么当该节点重新加入网络后，它所接收到的变量值只会是最后一次更新所得到的变量值。

数据分发协议会因为所需要分发的数据大小的不同而不同。分发二字节的变量值与分发几十 KB 的二进制数据流所需要的协议是不同的，因为它们要解决各自特定的问题。但是，深入研究一下，会发现二者其实具有一定的相同点。它们都可以分为两个部分，控制流部分和数据流部分。其中数据流协议依赖于数据项的大小，而控制流协议大致相同。例如，用于网络重编程的 Deluge[5] 协议使用二进制形式分发元数据，当网络中的节点发现收到的元数据与自身的元数据不同时，它们就会意识到自身的二进制信息已经失效了，需要一个新的二进制信息。

实例：TinyOS Drip 协议

Drip[6] 协议是 TinyOS 2.x 中自带的分发协议之一。它适用于分发小数据，如采样间隔和睡眠周期之类的配置参数。下文将详细阐述 Drip 协议的总体架构、涉及的基本概念和工作流程。

Drip 协议的核心是 Trickle 算法，它的基本思想是节点间通过周期性地广播元数据来监听网络参数的一致性。元数据可以用来唯一标识节点当前程序的版本。当某节点监听到网络中有新版本的参数时，它通过"文明的流言"策略来通知其邻居节点，并保证自己的邻居都更新到新版本的参数。如果网络中存在某一参数的多个版本，消息分发协议将保证只更新最新版本的参数。为了防止广播元数据可能造成的洪泛，消息分发协议通过定义"逻辑组"来抑制包的传输范围。

Trickle 算法要求在一个时间片内节点向邻居周期性地广播代码概要，如果它们近期听到过类似的代码概要，则保持沉默。若节点听到的概要比其自身的要旧，它就发起一个更新广播：

1）当一个节点发现其邻居的代码版本较旧时，它将向自己所有的邻居广播包含需要更新的代码片段的消息；

2）当一个节点发现自己的代码版本较旧时，它将向自己的邻居广播自己的元数据；

3）由于第 2 步中节点广播的元数据较旧，将触发第 1 步，新版本的节点将需要更新的代码片段广播出去。

下面主要研究基于 TinyOS 的消息分发协议实现过程，分析其调用的组件、接口和调用组件、接口的过程。

Drip 协议调用的组件如表 2-5 所示。

表 2-5　Drip 协议调用的组件

组　　件	说　　明
DisseminationC	分发协议的最高层组件，实现分发协议
DisseminatorC	同步变量值，保持其唯一性
DisseminationEngineImplP.nc	分发协议的具体实现
DisseminationEngineP.nc	从 DisseminatorP 组件中获取数据并通过无线射频芯片分发获取的数据
DisseminationTimerP.nc	维护一组 Trickle Timers
DisseminatorP.nc	保持并同步变量值的唯一性

消息分发协议的接口如表 2-6 所示。

表 2-6　消息分发协议的接口

接　　口	说　　明
StdControl	TinyOS 标准控制接口
DisseminatorCache	连接 DisseminatorC 组件与 DisseminationEngineC 组件，提供数据通道
DisseminatorValue	获取网络中共享（需要保持唯一性）的值，并在该值发生变化时被告知
DisseminatorUpdate	更新全网络共享（network shared）的值，其他组件可以调用该接口来获取这些全网络共享的值

在 TinyOS 中，节点应用程序是由组件和接口构成的，高层组件调用下层组件，通过接口连接，完成特定功能。图 2-15 所示的分发协议组件调用关系描述了消息分发协议的大致过程。

最高层组件 DisseminationC 通过 StdControl 接口调用 DisseminationEngineP.nc 组件，同时 DisseminationEngineP.nc 组件从 DisseminatorP 组件中获取来自汇聚节点的更新数据，并将

这些调用 DisseminationEngineImplP.nc 实现具体的数据分发，即将更新数据分发出去。

在无线传感器网络实际运行过程中，实现数据分发、更新传感器节点程序版本信息，并不像上面所描述的那么简单，需要考虑到整个网络的协调一致，特别是要保证严格的时间同步，图 2-16 描述了一个实际的调用关系。

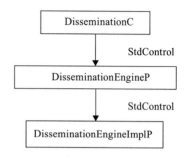

图 2-15　分发协议组件调用关系概要

应用层发出消息分发命令，最高层组件通过 DisseminatorValue 接口获取网络中唯一的共享程序参数，并且能够在该参数改变时被通知，同时 DisseminatorUpdate 为高层组件提供更新这一网络唯一共享程序参数的能力，其他组件可通过该接口获得高层组件发出的更新信息。DisseminatorP.nc 组件负责保持并同步从 DisseminatorC 获得的更新信息的唯一性，它与 Leds 组件之间通过 Leds 接口来连接。DisseminationEngineP.nc 组件通过 DisseminatorP.nc 组件获取唯一的更新信息，并在网络中实现这个唯一更新信息的分发。DisseminationTimerP.nc 控制整个分发过程时间同步。

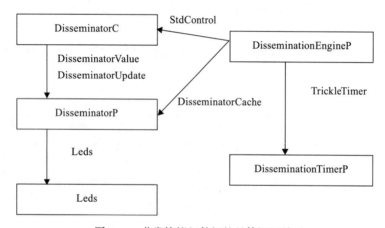

图 2-16　分发协议组件间的具体调用关系

2.3.3　汇聚协议

汇聚数据到基站是传感网应用程序的常见需求。常用的方法是建立至少一棵汇聚树，树根节点作为基站。当节点产生的数据要汇聚到根节点时，它沿着汇聚树往上发，当节点收到数据时，则将它转发给其他节点。有时汇聚协议需要根据汇聚数据的形式检查过往的数据包，以便获取统计信息，计算聚合度并抑制重复的传输。

汇聚协议的数据流与一对多的分发协议相反，它提供了一种多对一、尽力、多跳将数据包发送到根节点的方法。

当网络中具有不止一个根节点时，就形成了一片森林。汇聚协议通过选择父节点隐式地让节点加入其中一棵汇聚树中。汇聚协议提供了到根节点的尽力、多跳传输，它是一个任意播协议，意味着这个协议会将消息尽力传输到任意节点中的至少一个。但是这个传输并不保证必定是成功的，另外还有传到多个根节点的问题，而且数据包到达的顺序也没有保证。

由于节点的存储空间有限并且建树的算法要求是分布式的，因此汇聚协议的实现将遇到许多挑战，主要包括以下几点。

1）路由环路检测：检测节点是否选择了子孙节点作为父节点。

2）重复抑制：检测并处理网络中重复的包，避免浪费带宽。

3）链路估计：估计单跳的链路质量。

4）自干扰：防止转发的包干扰自己产生的包的发送。

实例：TinyOS CTP 协议

CTP（Collection Tree Protocol，汇聚树协议）[7] 是 TinyOS 2.x 中自带的汇聚协议，也是实际应用中最常用的汇聚协议之一。下文将详细阐述 CTP 的总体架构、涉及的基本概念和工作流程。

CTP 可以分为三个部分：链路估计器、路由引擎和转发引擎。这三个部分的关系如图 2-17 所示。其中链路估计器位于最底层，负责估计两个相邻节点间的通信质量。路由引擎位于中间层，使用链路估计器提供的信息选择到根节点传输代价最小的节点作为父节点。转发引擎维护本地包和转发包的发送队列，选择适当的时机把队头的包发送给父节点。

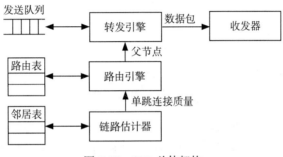

图 2-17　CTP 总体架构

链路估计器主要用于估计节点间的链路质量，以供路由引擎计算路由。TinyOS 2.x 中实现的链路估计器结合了广播 LEEP 帧的收发成功率和单播数据包的发送成功率来计算单跳双向链路质量。

链路估计交换协议（Link Estimation Exchange Protocol，LEEP）用于在节点间交换链路估计信息，定义了交换信息使用的 LEEP 帧的详细格式。

入站链路质量如图 2-18a 所示，有节点对 (A,B)，以 B 作为参考节点，A 向 B 发送的总帧数为 $total_{in}$，其中 B 成功接收到的帧数为 $success_{in}$，从而有：

$$入站链路质量 = \frac{success_{in}}{total_{in}}$$

$total_{in}$ 的值可以通过 A 节点广播的 LEEP 帧中的顺序号间接计算而得。LEEP 帧中设有顺序号字段，节点 A 每广播一次 LEEP 帧，会将该字段加 1，B 节点只需要计算连续收到的 LEEP 帧顺序号的差值就可以得到 A 总共发送的 LEEP 帧数。

入站链路质量也可以通过其他途径得到，比如 LQI 或 RSSI 之类的链路质量指示器，不过这需要无线模块支持这类功能。

出站链路质量如图 2-18b 所示，节点对 (A,B)，以 B 作为参考点，B 向 A 发送帧数为 $total_{out}$，其中 A 成功接收到帧数为 $success_{out}$，从而有：

$$出站链路质量 = \frac{success_{out}}{total_{out}}$$

由于 LEEP 帧是通过广播方式发送的，节点 *B* 无法得知节点 *A* 是否收到，从而无法计算 $success_{out}$。但 *B* 到 *A* 的出站链路质量即 *A* 到 *B* 的入站链路质量是可以得到的，要解决该问题，只有让 *A* 把它与 *B* 间的入站链路质量回馈给 *B*，这其实就是 LEEP 帧的主要功能之一。

TinyOS 2.x 中用 8 位无符号整数表示出站或入站链路质量。为了减少精度损失和充分利用 8 位的空间，TinyOS 2.x 在实际存储该值时对它扩大 255 倍。

双向链路质量如图 2-18c 所示，对于有向节点对 *(A,B)*，双向链路质量定义如下：

$$双向链路质量 = 入站链路质量 × 出站链路质量$$

本地干扰或噪声可以引起 *(A,B)* 和 *(B,A)* 链路质量不同，定义双向链路质量就是为了将这种情况考虑在内。

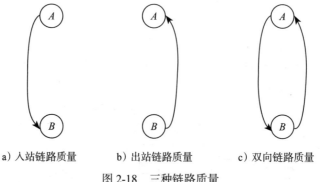

a）入站链路质量　　　b）出站链路质量　　　c）双向链路质量

图 2-18　三种链路质量

TinyOS 2.x 中使用 EETX（Extra Expected number of Transmission）值表示双向链路质量的估计值。在 LEEP 中使用的有两种 EETX 值：窗口 EETX 和累积 EETX。窗口 EETX 是接收到的 LEEP 帧数或发送的数据包数达到一个固定的窗口大小时，根据窗口中的收发成功率计算出的 EETX。而累积 EETX 则是本次窗口 EETX 和上次累积 EETX 加权相加得到的。根据指数移动平均的原理让旧值的权重逐渐减少，以适应链路质量的变化，是比较符合实际的统计方法。

LEEP 对数据链路层有以下 3 个要求：1）有单跳源地址；2）提供广播地址；3）提供 LEEP 帧长度。其中，有单跳源地址的要求是为了让收到广播 LEEP 帧的节点确定更新邻居表中哪一项的出站链路质量。现有节点的数据链路层一般都可以满足这 3 个要求。

根据以上分析可以得知 LEEP 帧至少应具备一个顺序号和与邻居节点间的入站链路质量。TinyOS 2.x 中实现的 LEEP 帧结构如图 2-19 所示。

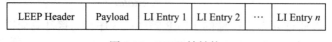

图 2-19　LEEP 帧结构

其中 LEEP 帧头结构如图 2-20 所示。

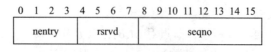

图 2-20　LEEP 帧头结构

各字段定义如下：

❑ nentry：尾部的 LI 项个数。

❑ seqno：LEEP 帧顺序号。

❑ rsrvd：保留字段必须设为 0。

链路信息项格式如图 2-21 所示。

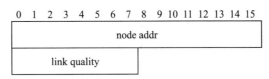

0 1 2 3 4 5 6 7 8 9 10 11 12 13 14 15

node addr

link quality

图 2-21　链路信息项格式

各字段定义如下：

❑ node addr：邻居节点的链路层地址。

❑ link quality：从与 node id 对应的节点到本节点的入站链路质量。

TinyOS 中可选的链路估计器有两种：标准 LE 估计器和 4 位链路估计器。可以通过更改应用程序 Makefile 中对应的路径选择使用哪一个链路估计器。标准 LE 估计器的实现在 tos/lib/net/le 目录下。LinkEstimator.h 头文件包含了邻居表大小、邻居表项结构、LEEP 帧头尾结构以及 LEEP 协议中用到的常数的定义。LinkEstimator.nc 包含了其他组件可以从 LinkEstimator 中调用的方法。由图 2-22 中的代码所示，这些方法可以分 3 类：一类用于获取链路质量，一类用于操作邻居表，还有一类用于数据包估计。

```
1   interface LinkEstimator {
2       command uint16_t getLinkQuality(uint16_t neighbor);
3       command uint16_t getReverseQuality(uint16_t neighbor);
4       command uint16_t getForwardQuality(uint16_t neighbor);
5
6       command error_t insertNeighbor(am_addr_t neighbor);
7       command error_t pinNeighbor(am_addr_t neighbor);
8       command error_t unpinNeighbor(am_addr_t neighbor);
9
10      command error_t txAck(am_addr_t neighbor);
11      command error_t txNoAck(am_addr_t neighbor);
12      command error_t clearDLQ(am_addr_t neighbor);
13
14      event void evicted(am_addr_t neighbor);
15  }
```

图 2-22　LinkEstimator 接口定义

LinkEstimatorC.nc 配件用于说明链路估计器提供 LinkEstimator 接口。LinkEstimatorP.nc 模块是 LEEP 的具体实现。LEEP 的目的是得到本节点到邻居节点间的双向链路质量。在 LEEP 的实现中使用两种策略相结合来计算估计值，两者间的关系如图 2-23 所示。

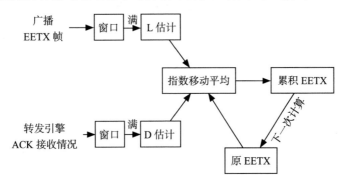

图 2-23　链路估计值计算

根据 LEEP 帧的估计称为 L 估计。它通过 LEEP 帧的信息来估计 EETX 值。LEEP 帧的发送使用 Send.send() 方法，它调用 addLinkEstHeaderAndFooter() 函数添加 LEEP 的帧头和帧尾。尾部存放的是本节点到邻居节点的链路质量表，如果 LEEP 帧中一次放不下这个表，则在下次发 LEEP 帧时从首个上次放不下的表项放起，以保证每个表项有平等的发送机会。每发一个包都将帧中的顺序号字段加 1。发送的时机由 LinkEstimator 的使用者决定。

每当收到一个 LEEP 帧，会触发 SubReceive.receive() 事件。处理程序根据 LEEP 的帧头和帧尾信息更新邻居表。这些操作集中在函数 processReceiveMessage() 中进行，该函数找到这个 LEEP 帧发送者对应的邻居表项，调用 updateNeighborEntryIdx() 函数更新收到包数计数值和丢包数计数值。其中的丢包数就是本次与上次 LEEP 帧中顺序号字段的差值。

当收到的包数达到一个固定窗口的大小时，调用 updateNeighborTableEst() 函数计算该窗口中的入站链路质量 $inquality_{win}$：

$$inquality_{win} = 255 \times \frac{接收到 LEEP 帧数}{总帧数}$$

根据加权移动平均原理更新入站链路质量：

$$inquality = \frac{\alpha \times inquality_{orig} + (10-\alpha) \times inquality_{win}}{10}$$

TinyOS 2.x 中设衰减系数 α 为 9，因此每次更新时，旧值占 9/10 的权重，而新值占 1/10 的权重。

入站链路质量发生了变化，因此需要相应地计算双向链路质量。首先计算窗口 EETX 值 $EETX_{win}$：

$$EETX_{win} = \left(\frac{255^2}{inquality \times outquality} - 1 \right) \times 10$$

为了提高存储精度，EETX 值都是扩大 10 倍存储。接着更新累积 EETX 值：

$$EETX = \frac{\alpha \times EETX_{orig} + (10-\alpha) \times EETX_{win}}{10}$$

根据数据包的估计称为 D 估计。D 估计通过发送数据包的成功率来估计 EETX 值。LinkEstimator 并不能得知上层的数据包是否发送成功。因此它提供两个命令 txAck() 和 txNoAck() 让上层组件调用。txAck() 用于告知链路估计器数据包发送成功，它将对应通信邻居的成功传输数据包计数值和总传输包计数值加 1。当总传输包数达到一个固定窗口的大小时，调用 updateDEETX() 函数计算窗口 EETX 值 $DEETX_{win}$：

$$DEETX_{win} = \left(\frac{总包数}{成功包数} - 1 \right) \times 10$$

接着更新累积 EETX 值：

$$EETX = \frac{\alpha \times EETX_{orig} + (10-\alpha) \times DEETX_{win}}{10}$$

路由引擎的责任是选择传输的下一跳。一个理想的路由引擎应当可以选择到根节点跳数尽量少而连接质量尽量好的传输路径，这样可以减少转发次数和丢包率，从而降低传感器网络的能量消耗，延长网络的生存期。但由于节点的存储容量和处理能力一般都非常有限，难以存储大量的路由信息和使用复杂的路由算法，故而有线网络中常用的路由协议，如 TCP/IP 中的 OSPF 和 RIP 协议，在这里是不适用的。传感器网络的路由设计注重简单有效，使用有限的资源达到最好的效果。TinyOS 2.x 中 CTP 实现的路由引擎可以较好地实现这个目标。它用于建立到根节点的汇聚树，利用链路质量估计器提供的信息合理地选择下一跳节点，使采样节点到根节点的传输次数尽可能的少。

首先需要明确 CTP 中所用的路由度量，称为路径 ETX(Expected number of Transmission)，它是父节点到根节点的 ETX 与本节点和父节点间的单跳 ETX 之和，如图 2-24 所示。单跳 ETX 与链路估计器提供的 EETX 值关系为 ETX= EETX+1。路径 ETX 的大小可以反映出到根节点的跳数。在一般情况下，路径 ETX 越小说明离根节点越近，路由引擎正是根据这一事实选择 ETX 最小的邻居作为父节点，以期获得根节点的最少传输次数。

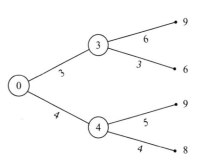

图 2-24　路径 ETX 值计算

路由表是路由引擎的核心数据结构。CTP 中使用的路由表结构如图 2-25 所示，它存储了邻居节点信息，主要是邻居的路径 ETX 值。路由表的大小取决于链路估计器邻居表的大小，因为不在链路估计器邻居表的节点无法作为邻居节点进入路由表。

邻居节点地址	路由信息		
	父节点地址	ETX	拥塞
0			
1			
2	…	…	…

图 2-25　路由表结构

路由引擎用广播的形式发送 CTP 路由帧（又称信标帧），以便在节点间交换路由信息。路由帧格式如图 2-26 所示。

```
 0  1  2  3  4  5  6  7  8  9 10 11 12 13 14 15
┌──┬──┬──────────────────┬────────────────────┐
│P │C │     reserved     │       parent       │
├──┴──┴───────────┬──────┴────────────────────┤
│     parent      │            ETX            │
├─────────────────┴─────────┐                  
│            ETX            │                  
└───────────────────────────┘                  
```

图 2-26　CTP 路由帧格式

各字段意义如下：

❏ P：取路由位。如果节点收到一个 P 位置位的包，它应当尽快传输一个路由帧。

❏ C：拥塞标识。如果节点丢弃了一个 CTP 数据帧，则必须将下一个传输路由帧的 C 位置位。

❏ parent：节点的当前父节点。

❏ ETX：节点的当前 ETX 值。

当节点接收到一个路由帧时，它必须更新路由表相应地址的 ETX 值。如果节点的 ETX 值变动很大，那么 CTP 必须传输一个广播帧以通知其他节点更新它们的路由。与 CTP 数据帧相比，路由帧用父节点地址代替了源节点地址。父节点可能发现子节点的 ETX

值远低于自己的 ETX 值的情况，这时它需要准备尽快传输一个路由帧。当前路由信息表中记录了当前使用的父节点的信息。如它的父节点地址、路径 ETX 等。

TinyOS 中路由引擎的实现在 tos/lib/net/ctp 目录的下列文件中：CtpRoutingEngineP.nc 模块，它是路由引擎的具体实现；TreeLouting.h，它定义了路由引擎中使用的一些结构和常数；Ctp.h，它定义了路由帧的结构。

从图 2-27 所示的源码中可以看到，CtpRoutingEngineP 是一个通用组件，可以通过参数设定路由表大小、信标帧发送的最小和最大间隔。它使用了链路估计器、两个定时器和一些包收发处理接口；提供的接口主要是 Routing 路由接口，它包含了一个最重要的命令 nexthop() 用于为上层组件提供下一跳的信息。

```
1   generic module CtpRoutingEngineP(uint8_t routingTableSize,
2                   uint32_t minInterval, uint32_t maxInterval) {
3       provides {
4           interface UnicastNameFreeRouting as Routing;
5           interface RootControl;
6           interface CtpInfo;
7           interface StdControl;
8           interface CtpRoutingPacket;
9           interface Init;
10      }
11      uses {
12          interface AMSend as BeaconSend;
13          interface Receive as BeaconReceive;
14          interface LinkEstimator;
15          interface AMPacket;
16          interface SplitControl as RadioControl;
17          interface Timer<TMilli> as BeaconTimer;
18          interface Timer<TMilli> as RouteTimer;
19          interface Random;
20          interface CollectionDebug;
21          interface CtpCongestion;
22
23          interface CompareBit;
24      }
25  }
```

图 2-27　CtpRoutingEngineP 组件

信标帧定时器（BeaconTimer）用于周期性地发送信标帧。发送间隔是指数级增长的。初始的间隔是一个常数 minInterval（其值为 128），在每更新一次路由信息后，将间隔加倍。因此随着网络的逐渐稳定，将很少看到节点广播信标帧。定时器间隔在使用指数级增长的基础上还加上随机数，以错开发送信标帧的时机，避免节点同时发送信标帧导致信道冲突。此外，定时器可以重置为初始值，这主要用于处理一些特殊情况，比如节点收到一个 P 位置位的包要求尽快发信标帧，或者提供给上层使用者重置间隔的功能。

路由定时器（RouteTimer）用于周期性地启动更新路由任务。更新间隔固定为一个常数 BEACON_INTERVAL，其值为 8192。该定时器触发后将启动更新路由选择任务。

发送信标帧任务由信标帧定时器触发。以广播的方式告知其他节点本节点的 ETX 值、当前父节点和拥塞信息。更新路由选择任务一般由路由定时器触发，但也可以在其他条件下触发，如信标帧定时器到期、重新计算路由、剔除了某个邻居等需要更新路由选择的情况下触发。更新路由选择任务通过遍历路由表找出路径 ETX 值最小的节点作为父节点，并且该节点不能是拥塞的或是本节点的父节点。

信标帧接收事件，即 BeaconReceive.receive() 事件会在收到其他节点的信标帧时触发。它将根据信标帧的发送者和 ETX 值更新相应的路由表项。如果收到的是根节点的信标帧，则调用链路估计器将它固定在邻居表中。如果信标帧的 P 位置位，则重设信标帧定时器，以便尽快广播本节点的信标帧让请求者收到。

路由引擎工作流程如图 2-28 所示。节点启动时将初始化路由引擎。路由引擎通过将 Init 接口接到 MainC 的 SoftwareInit 接口来实现节点启动时自动初始化路由引擎。初始化的工作有：初始化当前路由信息、初始化路由表为空、初始化路由帧消息缓冲区以及一些状态变量等。

应用程序通过 StdControl 接口的 start() 方法正式启动路由引擎，这将启动两个定时器 RouteTimer 和 BeaconTimer。其中 RouteTimer 的时间间隔设为 BEACON INTERVAL（8192），BeaconTimer 的下一次发送时间初始值设为 minInterval（128）。

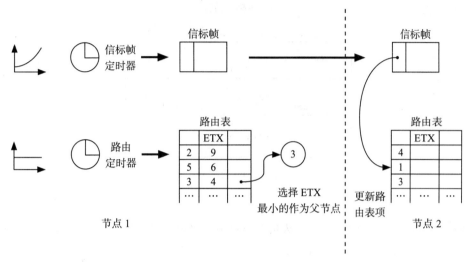

图 2-28 路由引擎工作流程

由于 BeaconTimer 的触发时间间隔值设置的比 RouteTimer 的触发时间间隔小得多，因此 BeaconTimer 将率先触发，并投递 updateRouteTask() 以更新路由选择，接着投递 sendBeaconTask() 任务发送信标帧。此后，RouteTimer 以恒定的时间间隔触发并投递 updateRouteTask()，而 BeaconTimer 触发后会将下次触发的时间间隔加倍。

除了定时器在不断地触发以投递任务外，路由引擎还需要处理其他节点的信标帧。当接收到一个广播的信标帧时，会触发 BeaconReceive.receive() 事件，并根据信标帧中的发送者和它的 ETX 值更新相应的路由表项。

另外，如果链路估计器剔除了一个候选邻居，则路由引擎也要相应地从路由表把该邻居移除，并更新路由选择，从而保证了路由表和邻居表的一致性。

转发引擎主要负责以下 5 种工作：

1）向下一跳传递包，在需要时重传，同时根据是否收到 ACK 向链路估计器传递相应信息。

2）决定何时向下一跳传递包。

3）检测路由中的不一致性，并通知路由引擎。

4）维护需要传输的包队列，它混杂了本地产生的包和需要转发的包。

5）检测由于丢失 ACK 引起的单跳重复传输。

路由环路是指某个节点将数据包转发给下一跳，而下一跳节点是它的子孙节点或者它本身，从而造成了数据包在该环路中不断循环传递，如图 2-29 所示，由于节点 E 在某个时刻错误地选择了 H 节点作为父节点，从而造成了路

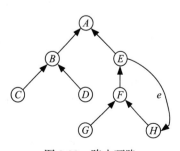

图 2-29 路由环路

由环路。

包重复是指节点多次收到具有相同内容的包。这主要是由于包重传引起的。比如发送者发送了一个数据包，接收者成功地收到了该数据包并回复 ACK，但 ACK 在中途丢失，因此发送者会将该包再一次发送，从而在接收者处造成了包重复现象。

CTP 数据帧是转发引擎在发送本地数据包时所使用的格式。它在数据包头增加一些字段用于抑制包重复和路由循环。CTP 数据帧格式如图 2-30 所示。

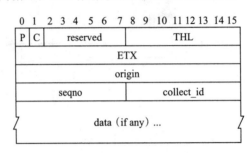

图 2-30　CTP 数据帧格式

各字段定义如下：

❑ P：取路由位。P 位允许节点从其他节点请求路由信息。如果节点收到一个 P 位置位的包，它应当传输一个路由帧。

❑ C：拥塞标志位。如果节点丢弃了一个 CTP 数据帧，它必须在下一个传输的数据帧中置 C 位。

❑ THL：（Time Have Lived，已存活时间），它主要用于解决路由循环问题。当节点产生一个 CTP 数据帧时，它必须设 THL 为 0。当节点接收到一个 CTP 数据帧时，它必须增加 THL 值。如果节点接收到的数据包 THL 为 255，则将它回绕为 0。该字段主要用于解决数据包在环路中停留太久的问题，但在当前版本的 CTP 中暂时还没有实现这一功能。

❑ ETX：单跳发送者存储的有关单跳接收者的一个 ETX 值。当节点发送一个 CTP 数据帧时，它必须将自己存储的到单跳目的地的路由 ETX 值填入 ETX 字段。如果单跳目的节点接收到的 ETX 值比自己的小，则它必须准备发送一个路由帧。

❑ origin：包的源地址。转发的节点不可修改这个字段。

❑ seqno：源顺序号。源节点设置了这个字段，转发节点不可修改它。

❑ collect_id：高层协议标识。源节点设置了这个字段，转发节点不可修改它。

❑ data：数据负载。0 个或多个字节。转发节点不可修改这个字段。

origin、seqno、collect_id 合起来标识了一个唯一的源数据包，而 origin、seqno、collect_id、THL 合起来标识了网络中唯一一个数据包实例。两者的区别在路由循环中的重复抑制是很重要的。如果节点抑制源数据包，则它可能丢弃路由循环中的包；如果它抑制包实例，则它允许转发处于短暂的路由循环中的包，除非 THL 凑巧回绕到与上次转发时相同的状况。

消息发送队列结构是转发引擎的核心结构。它存放了队列项的指针，队头元素指向的队列项中的消息将被优先发送。队列项（queue entry）中存放了对应消息的指针、对应的发送者和可重传次数。本地包与转发包的队列项分配方法有所不同：转发包的队列项是通过缓冲池分配的，而本地包的队列项是编译期间静态分配的。

缓冲池是操作系统中用于统一管理缓冲区分配的一个设施。应用程序可以使用缓冲池提供的接口方便地获取和释放缓冲区。对于不能动态分配存储空间的 TinyOS 来说，这一点非常有价值，因为它可以重复利用一段静态存储空间。

转发引擎中使用了两个缓冲池：队列项缓冲池（QEntryPool）和消息缓冲池（MessagePool）。队列项缓冲池用于为队列项分配空间，如图 2-31 所示，当转发引擎收到一个需要转发的消息时，它会从队列项缓冲区中取出一个空闲的队列项，作相应的初始之后把队列项的指针放入消息队列队尾。在成功地发送了一个消息并收到 ACK 或消息重发次数过多被丢弃时，转发引擎会从队列项缓冲池中释放这个消息对应的队列项，使它变为空闲，因此队列缓冲池就可以把这块空间分配给后续的消息。

消息缓冲池的工作原理与队列项缓冲池类似，只不过它存的是消息结构。在 TinyOS 2.x 中，消息缓冲池的初始大小设定为一个常数 FORWARD_COUNT（值为 12）。队列项缓冲池的初始大小为 CLIENT_COUNT + FORWARD_COUNT，其中 CLIENT_COUNT 是 CollectionSenderC 使用者的个数，加上它是考虑到了本地产生的包也会进入发送队列，而本地包的最大个数正是 CollectionSenderC 使用者的个数，这样就保证了发送队列不会因为本地发送者太多而不断产生溢出。如果不考虑这个因素，则在本地发送者很多的情况下节点可能产生拥塞的假象。

缓冲区交换是转发过程中一个比较微妙的环节。如图 2-32 所示，从缓冲池中获得的消息结构并不是直接用于存储当前接收到的消息，而是用于存储下一次接收到的消息。由于当前接收到的消息必定已经有了它自己的存储空间，因此只要让相应的队列项指向它就可以找到这个消息的实体。但是下一个接收到的消息就不应该存储在这一块空间，而缓冲区交换正是用于为下一次收到的消息分配另外一块空闲的存储空间。传统的做法通常是设置一个消息结构用于接收消息，每当收到一个消息后将它整个复制到空闲存储空间中。相比之下，缓冲区交换可以省去一次复制的开销。

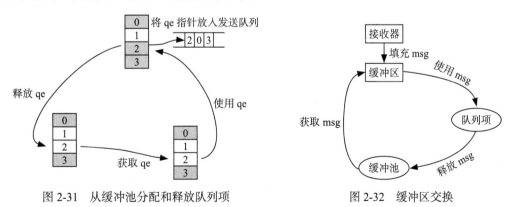

图 2-31　从缓冲池分配和释放队列项　　　　图 2-32　缓冲区交换

组件 tos/lib/net/ctp/CtpForwardingEngineP.nc 实现了转发引擎。从下列源码中可以看到，CtpForwardingEngine 使用了路由引擎提供的接口 UnicastNameFreeRouting 用于得到下一跳信息，使用了系统提供的 Queue、Pool、SendCache 接口分别实现消息发送队列、队列项缓冲池、消息缓冲池和发送消息缓存，同时也使用了 LinkEstimator 用于向链路估计器反馈数据包发送成功与否的信息。

CtpForwardingEngine 提供的接口分别为网络中的 4 种扮演不同角色的节点服务。为发送者提供 Send 接口，为侦听者提供 Snoop 接口，为网络处理者提供 Intercept 接口，为接收者提供 Receive 接口。

转发引擎的 4 个关键函数为包接收 SubReceive.receive()，包转发 forward()，包传输 SendTask() 和包传完之后的善后工作 SubSend.sendDone()。

receive() 函数决定节点是否转发一个包。它有一个缓冲区缓存了最近收到的包，通过检查这个缓冲区可以确定它是否是重复的。如果不是，则调用 forward() 函数进行转发。

forward() 函数格式化需要转发的包。它检查收到的包是否有路由循环，使用的方法是判断包头中的 ETX 值是否比本节点的路径 ETX 小。接着检查发送队列中是否有足够的空间，如果没有，则丢弃该包并置 C 位。如果传输队列为空，则投递 SendTask 任务准备发送。

SendTask 任务检查位于发送队列队头的包，请求路由引擎的路由信息，为到下一跳的传输做好准备，并将消息提交到 AM 层。

当发送结束时，sendDone 事件处理程序会检查发送的结果。如果包被确认，则将包从传输队列中取出。如果包是本地产生的，则将 sendDone 信号向上传。如果包是转发的，则将该消息结构释放到消息缓冲池。如果队列中还有剩余的包（比如没有被确认的），它启动一个随机定时器以重新投递这个任务。该定时器实质上用于限制 CTP 的传输速率，不让它尽快地发包，这是为了防止在通路上自我冲突。

当转发引擎收到一个转发包时，它会检查该数据包是否在缓存或发送队列中，这主要是为了抑制包重复。如果不是重复包，则调用 forward() 进行转发。forward() 函数为该消息在消息池中分配队列项和消息结构，然后把队列项指针放入发送队列。如果此时投递发送消息任务的定时器没有运行，则立即投递发送消息任务，以选取发送队列队头的数据包进行发送。发送成功之后将触发 sendDone 事件做一些善后工作，比如检查刚发送的包是否收到链路层 ACK，如果收到，则从队列中删除这个包的队列项，并释放相关资源。如果没有收到 ACK，则启动重传定时器，再一次投递发送消息任务进行重传。若重传次数超过 CLIENT-COUNT 次，则丢弃该包。

转发引擎也负责本地数据包的发送。应用程序通过使用 CollectionSenderC 组件发送本地包。nesC 编译器会根据 CollectionSenderC 组件使用者的个数为每个使用者静态地分配一个队列项，并用一个指针数组指向各自的队列项。如果某个使用者需要发送数据包，则先检查它对应的指针是否为空。若为空，则说明该使用者发送的前一个数据尚未处理完毕，返回发送失败；若不为空，则说明它指向的队列项可用，用数据包的内容填充队列项并把它放入发送队列等待发送。

2.4 传输层

在感知节点与根节点之间进行可靠的数据传输是许多传感网应用所共有的需求。然而，在无线多跳、节点资源受限的条件下实现数据的可靠传输是具有挑战性的。前几节已经论述了物理层、数据链路层和网络层如何提供可靠的无线信号调制机制、介质访问机制、链路纠错机制和路由机制[8]。本节将详细讲述传感网的传输层所面临的挑战及其解决方法。

传感网传输层协议主要解决以下 3 个问题：

1）拥塞控制：如果数据流量超过了转发节点的存储和转发能力，那么就会产生拥塞造成数据包丢失。因此，拥塞控制机制将调整源节点的数据包发送速率，以减轻或避免网络拥塞，从而提高可靠性。

2）可靠数据传输：部分应用需要保证数据传输的可靠性，例如二进制代码、重要命令或请求等必须被可靠地传输，不能发生丝毫差错。传感网传输层就负责提供这一部分功能。

3）复用与解复用：传输层协议需要能够承载多种上层应用，这些应用的数据包可以在同一条通路上传输，因此传输层需要标记每个数据包属于哪个应用，并在数据包到达对端时递交给相应的应用。

目前已存在多种无线网络传输层协议可以解决这些问题，但是这些方法不一定适用于传感网环境，因为它们更多的关注于新的方法是否会造成拥塞的误判、是否符合了 TCP 的语义、能否适应接入点的变化等状况。另外，传统的方法一般采用应答和重传机制来保证端到端的可靠性，由于传感网中的节点通常具有十分有限的存储空间以及较低的处理能力，若使用该机制会造成较大的开销，因此是否在传感网中采用这种机制至今仍然存在争议。传感网中的数据之间往往存在相关性，从能量有效性角度考虑，没有必要对每个数据包都采用严格的端到端可靠性保证机制。此外，已发出的数据包在收到应答前必须留在缓冲区中以备重传，这对内存受限的传感网节点来说也是一笔不小的开销。

2.4.1　传输层的挑战

传感网节点所固有的能量、处理能力和硬件资源的限制使传输协议的设计具有挑战性。在考虑这些限制的同时，还需要兼顾特定的应用需求。传输层的主要设计目标和面临的挑战将在下文讲述。

1. 端到端的可靠性保证

传统的传输层协议（如 TCP）通常采用端到端的重传机制以解决数据包丢失的问题，采用 AIMD 拥塞控制机制避免拥塞。这些机制的操作都是在源端和目的端完成的，并不需要网络中间节点的参与，并且每个数据流都是自主控制，并不会互相干扰。然而传统传输协议中使用的端到端控制机制在传感网中会造成不必要的资源浪费，因为传感网通常需要从成组的传感网节点中采集数据。然而，传感网中通常需要在每个节点中使用可靠性保证和拥塞控制机制，以提高传输层的能量有效性。另外，当从多个传感器中收集相同的数据时，没有必要保证每个数据包的可靠性，只需要控制这组传感器数据的可靠性。

2. 应用相关

除了资源受限以外，传感网的另一特征是特定于应用。例如，传感网可用于采集温湿度等环境数据，也可以用于事件检测和识别以及感知的定位等。各种应用对可靠性的需求不同，监测类应用中可靠性是最主要的指标，而事件检测类应用最关键的指标是实时性，因此，传感网传输层协议需要可以根据应用需求的不同进行调整和裁剪。

3. 能耗

传感网软硬件设计中最重要的是能量有效性，传输层的设计也将能量有效性作为主要目标。例如，纠错和拥塞控制机制。

4. 数据流的方向

传感网的部署方式通常是将大量资源受限的传感器节点连接到资源充足的汇聚节点上。由于传感器节点处理能力较低且存储空间十分有限，导致复杂的算法无法在节点上运行。因此，传输层的大部分功能应当在汇聚节点上运行，并尽量减少传感器节点的工作。

此外，传感网中数据流的特性也因流向的不同而不同。从传感器到汇聚节点的数据流往往要求实时性并且允许一定程度的丢包，而从汇聚节点到传感器的数据流则需要保证较高的投递率。因此，传输层协议的设计需要考虑不同方向数据流的特性。

5. 受限于路由和编址方式

与 TCP 不同，传感网节点不一定具有唯一的地址，因此传感网传输层协议设计时不能假设节点存在唯一的端到端全局地址。当传感网使用基于属性的命名方式或以数据为中心的路由时，传输层就无法使用端到端地址，而需要设计另外的机制以保证传输的可靠性。

目前已出现了多种传感网传输协议以解决上述问题。下文将详细分析可靠多段传输（Reliable Multi-Segment Transport，RMST）协议、慢存入快取出（Pump Slowly, Fetch Quickly，PSFQ）协议、拥塞检测和避免（Congestion Detection and Avoidance，CODA）协议、可靠的事件传输（Reliable Transport，ESRT）协议。

2.4.2 可靠多段传输协议（RMST）

RMST 协议 [9] 是传感网中最早开发的传输层协议。RMST 协议的主要目标是提供端到端的可靠性。RMST 协议建于定向扩散（directed diffusion）协议的基础上，用到了该协议的一些功能。RMST 协议被设计成为定向扩散协议的一个过滤器以便附加到定向扩散协议上。

RMST 协议提供了传输层协议三种功能中的两种：可靠传输和多路复用。数据包的复用和解复用分别在源节点和汇聚节点中进行。RMST 同时也提供了整条通路上的错误处理机制。另外，RMST 采用网内缓存，并对事件流所产生的数据包保证传输的可靠性。

RMST 依赖于定向扩散路由机制提供的源到目的路径。因此，这里有一个隐含的假设就是同一个数据流的数据包使用相同路径，除非该路径中的节点出现了故障。当路径中节点出现故障时，定向扩散协议会重新路由数据包。在这个假设下，RMST 有以下两种操作模式。

1. 无缓冲模式

该模式与传统的传输层协议十分相似，只有源节点和目的节点在保证可靠性中起作用。数据包是否丢失由汇聚节点检测，如果发现丢失，则汇聚节点向源节点发送端到端的 NACK 以再次请求丢失的数据包。这种模式的优点是它不需要多跳网络中间节点的参与。

2. 缓冲模式

该模式中，位于已固定的路径中的中间节点会缓存数据包以减少端到端的重传开销。

每个数据流中的数据包都用唯一的顺序号标记，因此，当接收到的数据包顺序号不连续时，就说明有数据包丢失了。当检测到数据包丢失时，汇聚节点通过反向路径向源节点发送 NACK 以请求重传。反向路径在无缓冲模式和缓冲模式中有所不同，下面举例说明这个问题。

例 1　无缓冲模式下的错误恢复如图 2-33 所示，左上角的节点试图通过某条多跳路径向汇聚节点发送一系列数据包。汇聚节点最后收到的数据包顺序号已经在图中标出。无缓存模式下，使用端到端的重传保证数据传输的可靠性。数据包 4 在到达汇聚节点前丢失了（图 2-33a），而汇聚节点在收到数据包 5 的时候才意识到数据包 4 已丢失（图 2-33b）。此时，汇聚节点给源节点发送 NACK 请求重传数据包 4，最终源节点重传数据包 4 并到达汇聚节点（图 2-33d）。

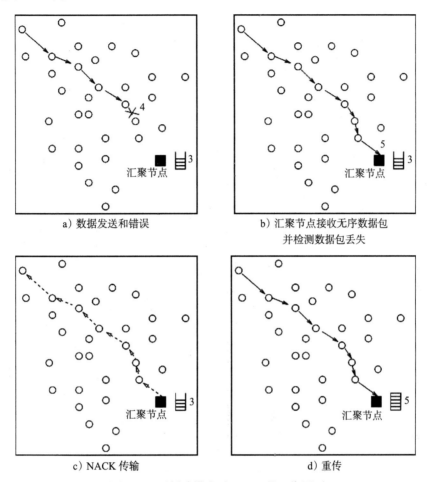

a）数据发送和错误   b）汇聚节点接收无序数据包
并检测数据包丢失

c）NACK 传输   d）重传

图 2-33 无缓冲模式下 RMST 的工作原理

例 2 缓冲模式中，固定路径上的某些传感器节点标记为缓存节点。该模式下的错误恢复如图 2-34 所示，图中的黑色圆点标识缓存节点。在该模式中，缓存节点也参与丢包检测。如图 2-34a 和图 2-34b 所示，数据包 3 丢失时可以被最近的缓存节点检测到，该缓存节点就会向源节点发送 NACK 以请求重传数据包 3（如图 2-34c 所示），然而，该 NACK 并不用发送到源节点，只要反向路径上缓存了数据包 3 的节点收到该 NACK，就会重传数据包 3。

缓冲模式中，RMST 本质上是保证了两个最近的缓存节点间通信的可靠性，重传也只需在它们之间进行而不必在整条路径上重传，从而将重传的开销降到最低。然而，这种机制在缓存节点中引入了额外的处理和存储开销，这有可能增加网络的整体复杂性和能耗。大多数事件检测和跟踪应用并不需要 100% 的可靠性，因为每个数据流的数据是相关的，并且允许一定程度的丢包，但 RMST 将它们作为多个流处理，这很可能导致传感网资源的浪费，并造成拥塞和丢包。

2.4.3 慢存入快取出协议（PSFQ）

PSFQ 协议 [10] 用于处理从汇聚节点到传感器节点的路径。由于该路径常用于网络管理任务以及节点的重编程，因此保证它的可靠性也是十分有必要的。PSFQ 协议提供以下 3 种功能。

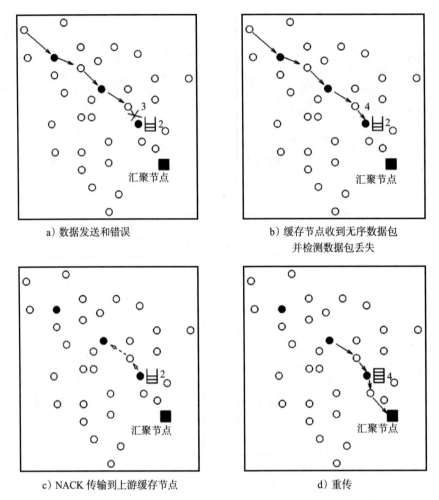

a）数据发送和错误

b）缓存节点收到无序数据包
并检测数据包丢失

c）NACK 传输到上游缓存节点

d）重传

图 2-34　缓冲模式下 RMST 的工作原理

1．存入操作

汇聚节点到传感器节点之间的路径上，数据的可靠性往往比实时性重要，因此 PSFQ 采用了慢存入机制。路径上的每个节点在转发数据包前都会等待一段时间。存入操作是 PSFQ 中用于从汇聚节点向传感器节点分发信息的默认策略。

2．取出操作

为了防止数据包丢失，每个节点都使用逐步恢复的方法从邻居节点获取丢失的数据包。

3．状态报告

PSFQ 提供状态报告功能以建立在传感器节点和汇聚节点之间的闭环通信。汇聚节点通过该功能可以收集到与存入和取出操作有关的信息。

例 1　PSFQ 的存入操作如图 2-35 所示，某传感器节点将数据包传给邻居 A，接着邻居 A 再将数据包转发给 B 节点。数据包从汇聚节点传到传感器节点的过程中，需要用到两

个定时器 $T_{\min}$ 和 $T_{\max}$ 这两个定时器用于调度节点的传输时间。传感器节点每隔 $T_{\min}$ 广播数据包。当邻居节点收到该数据包时，会在 $T_{\min}$ 和 $T_{\max}$ 之间随机等待一段时间后再转发该数据包。因此，节点的两次传输之间至少等待 $T_{\min}$，在这段时间内允许节点恢复丢失的数据包。另外，随机的延时有利于减少同一数据包重复广播的次数。如果数据包已被某个节点转发，其他节点就会停止发送该数据包。

传感器节点将待传输的消息用多个具有连续顺序号的数据包发送。当传输路径上的节点检测到数据包的顺序号不连续时，就会进行取出操作。在取出操作中，节点发送 NACK 以便通过邻居节点快速恢复丢失的数据包，如例 2 所示。

例 2 取出操作如图 2-36 所示，当节点 A 检测到数据包丢失时，它会广播一个 NACK。如果发送 NACK 后在 T_r（$T_r<T_{\max}$）时间内没有收到回应，那么它会每隔 T_r 持续发送 NACK。如果 A 的某个邻居 C 的缓存中拥有 NACK 所请求的数据包，那么它会在 $1/4T_r$ 和 $1/2T_r$ 的时间间隔内发送该数据包。

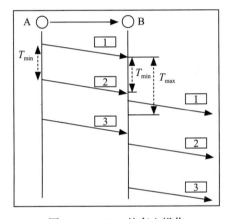

图 2-35 PSFQ 的存入操作

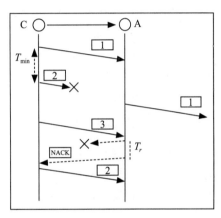

图 2-36 PSFQ 的取出操作

取出操作通过在数据包传输间隔中持续发送 NACK 来进行错误恢复。然而，为了避免消息内爆，NACK 消息只向一跳邻居传输。

PSFQ 的丢包检测机制依赖于数据流中的数据包的顺序号，当数据包丢失时，该机制可以有效地检测出丢包。然而，当数据流中的最后一个数据包丢失或者所有数据包全部丢失时，就无法检测丢包了。为此，PSFQ 引入了前摄取出操作，在这种操作中，接收者使用基于定时器的取出操作。

例 3 如图 2-37 所示，如果节点在 T_{pro} 的时间内没有接收到数据包，那么它向邻居发送 NACK。等待的时间 T_{pro} 与最后收到的顺序号 S_{last} 和最大的顺序号 S_{max} 之差成比例关系，即 $T_{pro}=\alpha\left(S_{max}-S_{last}\right)T_{max}$，此处 $\alpha \geqslant 1$。然后，该节点在消息即将发送结束之前主动发送 NACK。如果缓冲区的大小是有限的，那么等待时间 $T_{pro}=\alpha nT_{max}$，此处 n 是缓冲区的长度。

PSFQ 协议的另一个部分是状态报告操作，它允许汇聚节点向传感器节点请求回馈。状态报告操作由汇聚节点

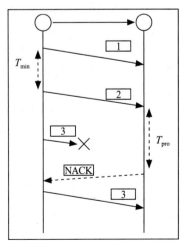

图 2-37 PSFQ 的前摄取出操作

发起，设置数据包头的 report 位。然后，该数据包通过网络发送到指定的节点。当传感器节点收到这个报告请求时，它会立即回复一个状态报告消息。当这个消息向汇聚节点传输时，沿途的节点会在这个消息中捎带上自己的状态信息。如果上游的节点在 T_{report} 的时间内没有收到报告回应，那么它会自己创建报告数据包并发送给汇聚节点。

状态报告操作同样用于单个数据包的传输。如果汇聚节点将要发送的消息可以在一个数据包中装下，那么它会设置这个数据包的 report 位。当目的节点收到这个数据包时，它会回复一个状态报告数据包。这就意味着 PSFQ 具有对单个数据包进行端到端错误控制的方法。

PSFQ 使用的几种操作并不需要端到端可靠性保证，因此它可以很好地适应网络规模的变化。另外，汇聚节点到传感器节点方向的数据流的特征与传感器节点到汇聚节点的数据流不大相同，而 PSFQ 能够以分布式的方法保证该方向传输的可靠性。

PSFQ 的慢存入操作可以有效避免拥塞的产生。但是随着网络中数据源的增加，发生拥塞的可能性还是存在的。PSFQ 只处理无线网络受干扰所造成的丢包，而对拥塞丢包没有作处理。与保证端到端的可靠性不同，PSFQ 保证的是逐跳的可靠性。但是即使逐跳的可靠性得到了保证，也无法保证端到端的可靠性。另外，慢存入操作也会在每跳中引入不必要的延时。随着网络规模的增大，延时也会不断累积。当数据包丢失时，接收节点会在接收到重传的数据包前一直保留非顺序到达的数据包，增加了节点存储空间的消耗。

2.4.4 拥塞检测和避免协议（CODA）

CODA 协议 [11] 的目标是检测和避免拥塞。首先考虑一下发生拥塞的几种场景。第一种场景是源节点以较快的速率发送数据，由于多个节点竞争信道，就有可能在源节点附近发生拥塞。第二种场景是单个数据流并不大，但在多个数据流交汇的地方可能临时性地发生拥塞。

为了处理不同的场景所造成的拥塞，CODA 提供了 3 种机制：基于接收者的拥塞检测、开环逐跳回压信号向源节点报告拥塞以及闭环多源调节以避免大规模和长期的拥塞。

由于拥塞控制机制往往会引入额外的处理和通信开销，因此需要准确地检测拥塞以减少这种开销。拥塞产生的原因是缓冲区被完全占用从而后续的数据包只能被丢弃。因此，缓冲区使用的程度可以作为衡量拥塞的标准。然而在多节点环境中，无线信道中可能发生数据包传输出错和冲突从而使缓冲区使用程度并不能准确地反映拥塞程度。网络中某个区域拥塞程度增加时，这个区域节点的缓冲区占用程度并不一定受影响。因此，CODA 综合缓冲区的占用程度和信道的负载判断当前的拥塞状况。此外，拥塞一般在接收节点处发生，为此 CODA 设计了一种基于接收者的拥塞检测机制。

基于接收者的拥塞检测机制依赖于缓冲区占用程度和信道负载。信道负载通过监听信道中是否有节点在发数据包来确定。当信道负载高于阈值时，CODA 就认为接收者处发生了拥塞。

例 图 2-38 解释了 CODA 抑制拥塞的机制，某个传感器节点试图穿过拥塞区域向汇聚节点发送数据包。当拥塞区域中的一个节点检测到拥塞时，它会沿着反向路径向源节点广播后压消息。后压消息用于通知上游节点此处发生了拥塞。当上游节点接收到该消息时，它会降低发送速率并丢弃部分数据包以减轻这条路径上的拥塞。后压消息会一直广播，直到有未拥塞的节点接收到该消息为止。这种类型的拥塞控制称为开环逐跳回压。后压消息即使不能到达源节点，也可以减轻局部区域的拥塞。如果使用跨层路由，则可以根据拥塞状况重新计算路由以避开拥塞区域。

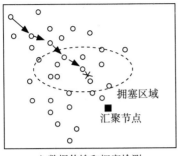

a）数据传输和拥塞检测

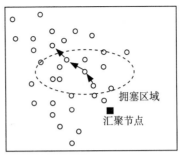

b）后压消息传输

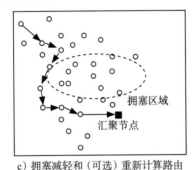

c）拥塞减轻和（可选）重新计算路由

图 2-38　CODA 拥塞抑制机制

　　网络的动态变化可能会导致局部拥塞，而源节点发送速度过快会导致全网拥塞。如果源节点产生的数据流超出了整个网络的处理能力，那么局部拥塞控制机制就无法减轻这种拥塞。因此，CODA 使用闭环多源调节机制，如图 2-39 所示，该机制类似于传统的端到端拥塞控制机制。每个源节点会检测自己的发送速率 r，如果源速率超出了阈值，$r \geq vS_{max}$，源节点就会进入闭环控制状态。在这种状况下，数据包头中会设置一个调节位以便告知汇聚节点。接着汇聚节点每接收到 n 个数据包都会发送 ACK 消息。如果源节点没有接收到 ACK 消息，那么它就认为网络产生了拥塞，从而调低数据包发送速率。

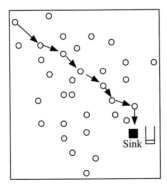

a) Sensor enters closed-loop control if its rate exceeds $r \geq v S_{max}$

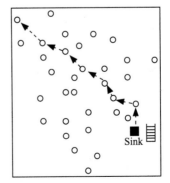

b) Sink replies with ACK for each n packets received

图 2-39　CODA 闭环多源调节机制

传感网中进行精确拥塞控制的关键是准确地检测拥塞。CODA 综合了缓冲区的占用程度和信道的负载情况进行拥塞检测。CODA 对局部拥塞和端到端的拥塞这两种情况都进行了处理，提供了完整的拥塞控制机制。

虽然 CODA 协议通过避免拥塞提高了网络的性能，然而它并没有保证可靠性，这是它固有的缺陷。另外，闭环多源调节机制在网络数据流较大时会引入较大的延时。

2.4.5 可靠的事件传输协议（ESRT）

ESRT 协议[12]与保证端到端可靠性的传统传输层协议不同，它保证的是事件到汇聚节点的可靠性，提供可靠的事件检测，并且不需要中间节点作缓存。ESRT 同时处理传感网的可靠性和拥塞问题。

传感网信息处理的显著特性是以数据为中心。对于某些用户来说，从多个传感器中获得信息并检测出发生的事件比从单个节点中获取孤立的信息更有意义。因此，从源到目的流的概念不再适用，取而代之应使用事件到汇聚节点的事件信息流，它是由一组与同一事件相关的传感器节点的数据流所组成的。ESRT 为事件信息流提供了可靠性保证和拥塞控制机制。此外，ESRT 主要在汇聚节点上运行，从而降低了对传感器节点的资源占用。ESRT 的事件信息流基于这种事实：时空上相近的传感器所采集到的数据往往具有相关性。

ESRT 让汇聚节点每隔 τ 的时间间隔测量可靠性，这段时间称为决定间隔。可靠性用所有节点产生的与某事件有关的数据的总个数来度量。为此，需要作以下定义：

1）观测事件可靠性 r_i：第 i 个决定间隔内汇聚节点所接收到的数据包个数。

2）期望事件可靠性 r：可靠事件检测所需的数据包数，它由应用确定。

ESRT 的目标是得到源节点合适的上报速率 f，以便在汇聚节点处保证事件检测的可靠性。

例 图 2-40 中将传感网的可靠性认为是上报速率 f 的一个函数。可以看到，可靠性 R 随着上报速率 f 的增大线性增长（注意横坐标是对数规模），直到 $f=f_{max}$ 时可靠性达到最大值，然后开始下降。这是由于网络无法处理不断增加的数据包，因此一部分数据包会因为拥塞而丢失。当 $f>f_{max}$ 时，可靠性曲线波动较大并且一直低于 $f=f_{max}$ 时的水平。

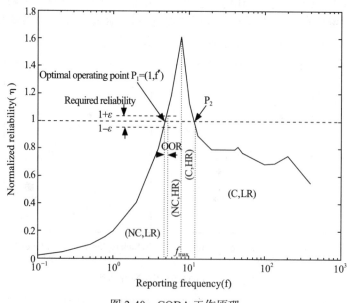

图 2-40　CODA 工作原理

拥塞和可靠性之间的关系可以在上例中清楚地看到。因此，ESRT 定义了 5 种操作区域以达到控制拥塞、保证可靠性的目的。这 5 种操作区域基于表 2-7 中拥塞和可靠性的级别划分。

表 2-7 基于拥塞和可靠性的网络操作区域

状　态	范　围	定　义
(NC,LR)	$f < f_{max}$ 且 $\eta > 1 + \varepsilon$	(无拥塞，低可靠性)
(NC,HR)	$f \leq f_{max}$ 且 $\eta < 1 - \varepsilon$	(无拥塞，高可靠性)
(C,HR)	$f > f_{max}$ 且 $\eta < 1$	(拥塞，高可靠性)
(C,LR)	$f \leq f_{max}$ 且 $\eta \geq 1$	(拥塞，低可靠性)
OOR	$f \leq f_{max}$ 且 $1 - \varepsilon \leq \eta \leq 1 + \varepsilon$	(最优操作区域)

为了控制网络中的拥塞，汇聚节点需要确定网络当前处于何种操作区域。操作区域的确定取决于以下两个因素：网络中是否有拥塞发生以及需要的可靠性是否达到。ESRT 提供了两种机制估计网络的拥塞和可靠性状态。在每个决定间隔 τ 内，汇聚节点根据在这个时间段内收到的数据包数判断网络是在低可靠区域还是高可靠区域。网络中的每个节点都需要进行拥塞检测。接着，汇聚节点就可以确定网络当前所处的操作区域，然后控制传感器节点的上报速率使网络达到最优操作区域 (OOR)。

每个传感器节点根据本地的缓冲区使用程度检测拥塞。假设在两个连续的决定间隔内，上报速率和源节点的数量不会有太大的变化，在每个上报周期结束时缓冲区占用的增量可以认为是一个常量。

设 b_k 和 b_{k-1} 为第 k 个和第 $k-1$ 个上报周期末的缓冲区占用程度，B 为缓冲区的大小。Δb 是每个上报周期末缓冲区长度的增量，即 $\Delta b = b_k - b_{k-1}$。如果第 k 个上报周期中缓冲区的长度与缓冲区增量之和超过了缓冲区大小，即 $b_k + \Delta b > B$ 时，传感器节点认为下个上报周期就会发生拥塞。当传感器节点检测到拥塞时，它会在上报的数据包中捎带拥塞通告。汇聚节点就可以知道下个上报周期网络中会发生拥塞。

每个决定间隔中网络的状态由可靠性检测和拥塞通告确定。汇聚节点通过广播更新所有传感器节点的上报速率。将第 i 个决定间隔的上报速率记为 f_i，可靠性程度记为 η_i，汇聚节点用以下方法确定 f_{i+1}：如果网络处于 (NC,LR) 区域，那么需要增加上报速率以达到更高的可靠性，因此上报速率调整为 $f_{i+1} = f_i / \eta_i$。在 (NC,HR) 区域时，网络已经超出了需要的可靠性，可以降低上报速率以节省网络资源，因此，上报速率调整为 $f_{i+1} = f_i / 2(1 + 1/\eta_i)$。在 (C,HR) 区域时，网络发生了拥塞，此时应降低上报速率以减轻拥塞，因此使用乘法递减策略，$f_{i+1} = f_i / \eta_i$。最后，当网络处于 (C,LR) 区域时，上报速率使用指数递减策略以提高可靠性并减轻拥塞，$f_{i+1} = f_i / (\eta_i / k)$。当网络已处于最优操作区时，上报速率保持不变。

ESRT 引入了事件到汇聚节点可靠性的概念，适用于传感网事件的可靠传输。ESRT 根据这个概念引入了一种新的可靠传输机制，它将拥塞控制和可靠性保证的决策权转移到了资源较丰富的汇聚节点，从而减少了资源受限的传感器节点上需要做的工作，对于节省能耗、延长网络生存时间有较大的意义。

ESRT 的主要目标是使网络尽量接近最优操作状态，此时既保证了可靠性、避免了拥塞，又使能耗尽可能低。通过分布式的更新机制，ESRT 可以在任意初始网络状态下最终达到最优操作状态。

然而，ESRT 依赖于基站到所有传感器节点只有一跳的假设，即汇聚节点的更新广播可以被所有的传感器节点收到。虽然该假设对于一部分应用是成立的，但是随着网络规模的增大，从汇聚节点到传感器节点必须使用多跳的数据传输机制。此外，ESRT 在每个决定间隔末会为每个节点计算相同的上报频率 f，然而当事件由众多节点感知到时，网内节点不一定要使用相同的频率上报数据。

2.5　6LoWPAN 标准

在传感网研究的早期，学术界认为传感网中的设备资源有限，无法使用庞大的 IP 协议架构，只能使用专为应用而设计的协议，从而导致了不同传感网之间、传感网与互联网之间无法便利地交互，往往需要通过网关进行协议转换。然而随着研究的深入，IP 协议已开始逐渐应用于传感网中，大大提高了传感网与其他 IP 网络的互操作性。下一代 IP 协议 IPv6 更是以其地址空间充足等特性十分适合传感网。但是事实上将 IPv6 用于传感网设备，还存在不少需要解决的问题。因此，6LoWPAN 标准应运而生，它允许将 IPv6 数据包在传感网中传输。

2.5.1　6LoWPAN 简介

6LoWPAN 中 LoWPAN（Low Power Wireless Personal Area Network）的本意是指低功耗无线个域网。然而随着近年来研究的深入，LoWPAN 所涵盖的范围已远远超出了个域网的范畴，包括了所有的无线低功耗网络，传感网即是其中最典型的一种 LoWPAN 网络。而 6LoWPAN（IPv6 over LoWPAN）技术是旨在将 LoWPAN 中的微小设备用 IPv6 技术连接起来，形成一个比互联网覆盖范围更广的物联网世界。

传感网本身与传统 IP 网络存在显著的差别。传感网中设备的资源都极其受限。在通信带宽方面，IEEE 802.15.4 的带宽为 250 kbps、40 kpbs、20 kbps（分别对应 2.4 GHz、915 MHz 和 868 MHz 的频段）。在能量供应方面，传感网中的设备一般都使用电池供电，因此使用的网络协议都需要优先考虑能量有效性。设备一般是长期睡眠状态以省电，在这段时间内不能与它通信。

传感网设备的部署数量一般都较大，要求低成本，生命期长，不能像手持设备那样经常充电，而要长期在无人工干预的情况下工作。设备位置是不确定的，可以任意摆放，并且可能会移动。有时候，设备甚至布在人不能轻易到达的地方。设备本身及其工作环境也不稳定，需要考虑有时候设备会因为失效而访问不到，或者因为无线通信的不确定性失去连接，设备电池会漏电，设备本身会被捕获等各种现实中存在的问题。

由于传感网的这些特性，导致了长期以来传感网设备上使用的网络通信协议通常针对应用优先，而没有一个统一的标准。虽然目前绝大多数传感网平台都使用 IEEE 802.15.4 作为物理层和 MAC 层的标准，但是通信协议栈的上层仍然是私有的或是由企业联盟把持，如 Zigbee 和 Z-Wave。各种各样的解决方案导致了传感网间的交互颇为困难。各协议间的区别也使传感网与现存 IP 网络间的无缝整合成为不可能的任务。学术界一度认为 IP 协议太大而不适合内存受限设备。然而近期的研究表明传感网也适合使用 IP 架构。首先，这是因为 IP 网络已存在多年，表现良好，可以沿用这个现成的架构。其次，IP 技术是开放的，其规范是可以自由获取的，与专有的技术相比，IP 更容易被大众所接受。另外，目前已存在不少 IP 网络分析、管理的工具可供使用。IP 架构还可以轻易地与其他 IP 网络无缝连接，不需要中间做协议转换的网关和代理。

目前，将现有 IP 架构沿用到传感网上时还存在一些技术问题。传感网设备众多，需要极大的地址空间，并且对每个设备逐个配置是不现实的，需要网络具有自动配置能力，而 IPv6 已有了这些方面的解决方法，使得它成为了适用于大规模传感网部署的协议。然而，传感网中的数据包大小受限，需要添加适配层以承载长度较大的 IPv6 数据包，并且 IPv6 地址格式需要与 IEEE 802.15.4 地址作一一对应。另外，在传感网中传输的 IPv6 包有大量冗余信息，可以对它进行压缩。传感网设备一般都没有输入和显示设备，所布的位置可能也不容易预测。所以传感网使用的协议应当自配置、自启动，并能在不可靠的环境中自愈合。网络管理协议的通信量应当尽可能少，但要足以控制密集的设备部署。另外，还需要有简单的服务发现协议用于发现、控制和维护设备提供的服务。传感网所有协议设计的共同目标是减少数据包开销、带宽开销、处理开销和能量开销。

为了解决这些问题，IETF（Internet Engineering Task Force, 互联网工程任务组）成立了 6LoWPAN 工作组负责制定相应的标准。目前该工作组已完成了 "6LoWPAN 概述"、"IPv6 在 IEEE 802.15.4 上传输的数据包格式" 和 "IPv6 报头压缩规范" 三个 RFC（Request For Comments, 征求修正意见书）。该工作组今后还将致力于标准化 6LoWPAN 邻居发现的优化、更紧凑的报头压缩方式、6LoWPAN 网络的架构和网络的安全分析等方面。

目前已存在几种 6LoWPAN 协议栈实现，较为常用的是 TinyOS 中的 Blip 和 Contiki 中的 uIPv6。表 2-8 中对比了现有的大部分 6LoWPAN 协议栈实现。

表 2-8　现有 6LoWPAN 协议栈比较

协议	RAM	ROM	OS	路由	许可
Blip	5 KB	16 KB	TinyOS	TinyRPL	BSD
uIPv6	2 KB	11.5 KB	Contiki	ContikiRPL	BSD
ArchRock6	2 KB	10 KB	TinyOS	—	私有
OSIAN	—	—	TinyOS	—	BSD
Msrlab6	4 KB	60 KB	—	MSNRP6	私有
Nanostack	2 KB	10 KB	FreeRTOS	NanoMesh	GPL
TinyV6	6 KB	15 KB	TinyOS	RPL	BSD

Blip 协议是 TinyOS 自带的 6LoWPAN 协议栈，完整地实现了 IPv6 的主要功能以及 RPL 路由。但是 Blip 目前只支持硬件为 MSP430+CC2420 结构的节点。Contiki 操作系统中自带的 uIPv6 协议是由 Cisco、Atmel 和 SICS 共同发布的 6LoWPAN 协议栈，是通过了所有 IPv6 Ready Phase-1 测试的第一个协议栈，也是目前为止最小的 IPv6 Ready 协议栈。

2.5.2　6LoWPAN 协议栈体系结构

6LoWPAN 协议栈结构与传统 IP 协议栈类似，如图 2-41 所示，阴影部分为 6LoWPAN 协议栈需要实现的部分，其中包括：

1）链路接口。传感网中的汇聚节点一般具备多个接口，通常使用串口与上位机进行点对点通信，而 IEEE 802.15.4 接口通过无线信号与传感网中的节点通信。链路接口部分就负责维护各个网络接口的接口类型、收发速率和 MTU 等参数，便于上层协议根据这些参数作相应的优化以提高网络性能。

2）LoWPAN 适配层。IPv6 对链路能传输的最小数据包要求为 1280 字节，而 IEEE 802.15.4 协议单个数据包最大只能发送 127 字节。因此需要 LoWPAN 适配层负责将数据包分片重组，以便让 IPv6 的数据包可以在 IEEE 802.15.4 设备上传输。另外，LoWPAN 层也负责对数据包头进行压缩以减少通信开销。

3）网络层。网络层负责数据包的编址和路由等功能。其中地址配置部分用于管理与配置节点的本地链路地址和全局地址。ICMPv6 用于报告 IPv6 节点数据包处理过程中的错误消息并完成网络诊断功能。邻居发现用于发现同一链路上邻居的存在、配置和解析本地链路地址、寻找默认路由和决定邻居可达性。路由协议负责为收到的数据包寻找下一跳路由。

4）传输层。传输层负责主机间端到端的通信。其中 UDP 用于不可靠的数据报通信，TCP 用于可靠数据流通信。然而，由于资源的限制，传感网节点上无法完整实现流量控制、拥塞控制等功能。

5）Socket 接口。Socket 接口用于为应用程序提供协议栈的网络编程接口，包含建立连接、数据收发和错误检测等功能。

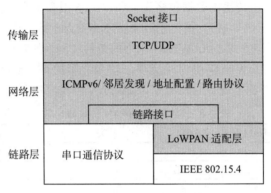

图 2-41 6LoWPAN 协议栈结构

采用了 6LoWPAN 协议栈的传感网系统结构如图 2-42 所示。在这种结构下，互联网主机上的应用层程序只需知道感知节点的 IP 地址即可与它进行端到端的通信，而不需要知道网关和汇聚节点的存在，从而极大地简化了传感网系统的网络编程模型。

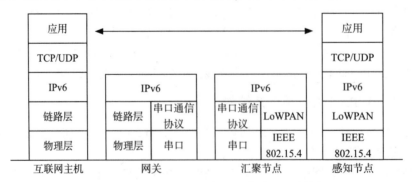

图 2-42 采用 6LoWPAN 协议的传感网系统结构

2.5.3 6LoWPAN 适配层

传感网通常采用能耗极低的 IEEE 802.15.4 协议作为底层通信协议，它的最大负载长度为 127 字节，然而 RFC2460 规定 IPv6 链路的最小 MTU 为 1280 字节。为了在 IEEE

802.15.4 链路上传输 IPv6 数据包，必须在 IP 层以下提供一个分片和重组层。RFC4944 定义的 LoWPAN 适配层指定了分片和重组的方式。

由于 IEEE 802.15.4 物理层最大包长为 127 字节，MAC 层最大帧长为 102 字节，若加上安全机制（如 AES-CCM-128 需占用 21 字节），数据包长度只有 81 字节，再除去 IPv6 包头 40 字节，UDP 的包头 8 字节（TCP 包头 20 字节），因此在最坏的情况下，有效数据只有 33 字节（TCP 为 21 字节）。若再加上分片头，则可携带的实际数据量将更少。由于数据包头中有不少冗余数据，因此 LoWPAN 适配层中定义了一系列包头压缩方式对数据包头进行压缩。

此外，IEEE 802.15.4 支持两种 MAC 地址格式：16 位短地址和 64 位 IEEE EUI 地址。传感网 IPv6 需要能同时支持这两种地址格式，以满足不同应用的需求。LoWPAN 适配层支持这两种地址的无状态地址自动配置方式，以减少通信开销。

2.5.4　6LoWPAN 路由协议

6LoWPAN 协议设计中的一个核心问题是使用 route-over 架构还是 mesh-under 架构。

在 mesh-under 架构中，路由是在网络层以下实现的，网络层中的主机可以认为传感网中的所有节点都可以一跳到达。这种方式将整个传感网认作一个子网以便于网络层协议的实现，但这样的效率并不高，数据包传输的开销较大，并且会导致不必要的冗余。

在 route-over 架构中，路由在网络层实现，因此 IP 协议层中可以知道下层的拓扑结构，从而减少不必要的开销，并且便于使用一些传统调试工具（如 traceroute）调试网络。

现存的支持 IPv6 的路由协议已为数不少，如 OSPFv3、RIPng 和 BGP4+ 等，但这些路由协议都只适用于有线网络。用于无线网络的路由协议，如 AODV 的开销过大，包头就占用了 48 字节，并不适用于设备资源受限的传感网。

传感网路由协议要求数据包大小和开销要尽可能小，最好与跳数无关，控制包应当在一个 IEEE 802.15.4 帧中就能放下。因为设备是资源受限的，路由协议的计算和存储开销要尽量小，所以传感网节点中的路由表的大小有限，不能使用复杂的路由协议。传感网路由协议的设计需要权衡路由协议的开销、网络拓扑的变化、能耗三者。TinyOS 中的 DYMO 和 S4 路由协议可以作为 IPv6 的路由协议，而分发协议 CTP 和汇聚协议 Drip 就不能直接在 IPv6 架构下使用，因为它们是没有地址的。目前专门为 LoWPAN 设计的路由协议（RPL 协议）尚在制定完善中，很有可很成为 6LoWPAN 中使用的标准路由协议。

2.5.5　6LoWPAN 传输层

1. UDP

在传感网中使用 UDP 具有很多优势。首先，UDP 的开销非常小，协议简单，因此数据包发送和接收所消耗的能量较少，并且可以携带更多的应用层数据。协议简单就意味着实现 UDP 所占用的 RAM 空间和代码空间较小，这对资源受限的传感网节点来说是十分有利的。当传感器节点需要周期性发送采集到的数据并且数据包丢失的影响并不大时，十分适合使用 UDP 来传输数据。此外，路由协议和多播通信机制都使用 UDP 实现。

UDP 的缺点是没有丢包检测，没有可靠的恢复机制，因此需要应用层程序保证可靠性。另外，UDP 本身也不会去根据 MTU/MSS 调整单个数据包的大小，当 UDP 下发一个较大的数据包时，就需要 IP 层分片。然而实现 IP 数据包分片在传感网中十分消耗内存资源。上述几个缺点都需要 TCP 来弥补。

2. TCP

TCP 提供了可靠的字节流传输机制，其可靠性由应答和数据包重传机制保证。由于传感网使用无线通信，容易受到干扰而丢失数据包，因此保证数据传输的可靠性是很有必要的。尽管 TCP 在高带宽的无线网络通信中存在着不少效率方面的问题，但是传感网一般不要求太高的吞吐量，只需要保证数据传输的可靠性。为了与现有的互联网不通过网关直接互联，必须在传感网节点上实现 TCP。

尽管 TCP 是个相当复杂的协议，但在资源受限的设备上仍然足以容纳其核心功能。使用 TCP 建立多个连接时需要为每个连接维护当前状态信息，但传感网节点上显然没有足够多的资源保存太多的连接状态，因此 TCP 的连接数量受到了限制。

TCP 原本是为通用计算机设计，采用了众多措施以提高吞吐量。但对于传感网来说，吞吐量通常不是系统设计的主要目标，因此传感网 TCP 的实现需要在内存占用和吞吐量之间作权衡。资源受限设备上通常无法实现 TCP 中的滑动窗口和拥塞控制机制，因为这些机制所需要的缓冲区空间远远超出了一般传感网节点所具有的内存资源。这就意味着在一个 TCP 连接中发送者最多只能一次发送一个数据包。这就导致 TCP 中的延迟 ACK 会降低系统的吞吐量。延迟 ACK 原本用于减少 ACK 包的数量，它在接收到数据包后作适当的延时，并选择合适的时机一次性应答所有未应答的数据。但传感网节点的每个连接中至多只有一个数据包，发送者必须收到前一个数据包的 ACK 才能发送下一个数据包，因此接收方的延迟 ACK 会严重降低网络的吞吐量，所以必须在实现中禁用该机制。

3. 接口 API

接口 API 是协议栈与应用层交互的接口。传统 IP 协议栈最常用的接口 API 是 Berkeley Socket API，它原本在 UNIX 系统中使用，但其他操作系统中的网络编程接口也通常与它类似，如 Windows 中的 WinSock。Socket API 是为多线程编程模型设计的，然而传感网操作系统并不一定支持多线程机制，即使支持也需要消耗更多的存储空间。例如，TinyOS 是事件触发的操作系统，因此 TinyOS 的 IPv6 协议 Blip 使用类似于传统的 Socket API 的事件驱动 API。事件驱动 API 的好处是内存开销小，应用层不需要额外的缓冲区，执行的效率更高，程序能更快地响应和处理发往节点的数据和连接请求。

2.6 ZigBee 标准

ZigBee 协议是由 ZigBee 联盟制定的无线通信标准，该联盟成立于 2001 年 8 月。2002 年下半年，英国 Invensys 公司、日本三菱电气公司、美国摩托罗拉公司以及荷兰飞利浦半导体公司共同宣布加入 ZigBee 联盟，研发了名为 ZigBee 的下一代无线通信标准，这一事件成为该技术发展过程中的里程碑。ZigBee 联盟现有的理事公司包括 BM Group、Ember 公司、飞思卡尔半导体、Honeywell、三菱电机、摩托罗拉、飞利浦、三星电子、西门子及德州仪器。ZigBee 联盟的目的是在全球统一标准上实现简单可靠、价格低廉、功耗低、无线连接的监测和控制产品，并于 2004 年 12 月发布了第一个正式标准。

ZigBee 协议是一套完整的网络协议栈，它使用了 IEEE 802.15.4 标准中的物理层和 MAC 层作为通信基础。在这之上是 ZigBee 标准层，包括网络层、应用层和安全服务提供层。图 2-43 给出了这些组件的层次关系。

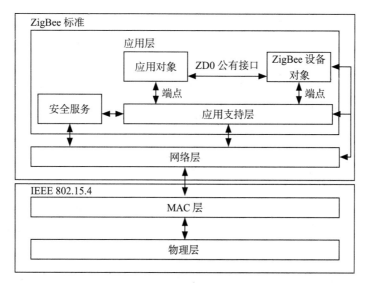

图 2-43　ZigBee 协议栈架构

　　ZigBee 网络层的主要功能是路由，路由算法是它的核心。目前，ZigBee 网络层主要支持两种路由算法：树路由和网状网路由。树路由采用一种特殊的算法，它把整个网络看作是以协调器为根的一棵树，因为整个网络是由协调器所建立的，而协调器的子节点可以是路由器或者是末端节点，路由器的子节点也可以是路由器或者末端节点，而末端节点没有子节点，相当于树的叶子。这种结构与蜂群的组织有许多类似之处，协调器相当于唯一的蜂后，路由器相当于数目不多的雄蜂，而末端节点则相当于数量最多的工蜂。

　　树路由利用了一种特殊的地址分配算法，使用 4 个参数（深度、最大深度、最大子节点数和最大子路由器数）来计算新节点的地址，于是寻址时根据地址就能计算出路径，而路由只有两个方向（向子节点发送或者向父节点发送）。树状路由不需要路由表，节省存储资源，但缺点是不灵活，浪费了大量的地址空间，并且路由效率低。

　　ZigBee 中还有一种路由方法是网状网路由，这种方法实际上是 AODV 路由算法的一个简化版本，非常适合于低成本的无线自组织网络的路由。它可以用于较大规模的网络，需要节点维护一个路由表，耗费一定的存储资源，但往往能达到最优的路由效率，而且使用灵活。

　　除了这两种路由方法，ZigBee 当中还可以根据邻居表进行路由，其实邻居表可以看作是特殊的路由表，只不过只需要一跳就可以发送到目的节点。

　　网络层之上是应用层，包括了应用支持子层（APS）、应用框架（AF）和 Zigbee 设备对象（ZDO）几部分，主要规定了一些和应用相关的功能，包括端点（endpoint）的规定，以及绑定（binding）、服务发现和设备发现等。其中，端点是应用对象存在的地方，ZigBee 允许多个应用同时位于一个节点上，例如一个节点既具有控制灯光的功能，又具有感应温度的功能，还具有收发文本消息的功能，这种设计有利于复杂 ZigBee 设备的出现。绑定是用于把两个"互补的"应用联系在一起，如开关应用和灯的应用。更通俗的理解，"绑定"可以说是通信的一方了解另一方的通信信息的方法，比如开关需要控制"灯"，但它一开始并不知道"灯"这个应用所在的设备地址，也不知道其端点号，于是它可以广播一个消息，当"灯"接收到之后给出响应，于是开关就可以记录下"灯"的通信信息，以后就可以根据记录的通信信息直接发送控制信息了。服务发现和设备发现是应用层需要提供的，ZigBee 定义了几种描述符，对设备以及提供的服务可以进行描述，于是可以通过这些描述符来寻找合适的服务或者设备。

ZigBee 还提供了安全服务，采用了 AES128 的算法对网络层和应用层的数据进行加密保护，另外还规定了信任中心的角色——全网有一个信任中心，用于管理密钥和管理设备，可以执行设置的安全策略。

2.7　本章小结与进一步阅读的文献

本章对传感网的通信协议进行了全面的介绍，包括协议栈的总体架构、每层协议的作用以及 MAC 层和网络层具有代表性的协议实现。另外，本章也对 6LoWPAN 和 ZigBee 这两种业界标准进行了简要的介绍。对传感网网络协议栈设计感兴趣的读者可以进一步阅读 H.Karl 所著的《Protocols and Achitectures for Wireless Sensor Networks》[13] 一书。对 IP 传感网感兴趣的读者可以进一步阅读 Vasseur Jean-Philippe 与 Adam Dunkels 所著的《Interconnecting Smart Objects with IP: The Next Internet》[14]。

习题 2

1．传感网物理层的作用是什么？

2．IEEE 802.15.4 标准的物理层使用哪几个频段？每个频段中有几个信道可用？调制方式是什么？调制速率是多少？

3．CCA 的作用是什么？它的值是如何得到的？

4．传感网 MAC 层协议的作用是什么？

5．IEEE 802.15.4 标准对 MAC 层有何规定？

6．试说明 S-MAC、B-MAC、RI-MAC 的设计思想及优缺点。

7．TinyOS 的 MAC 协议栈 rfxlink 由哪些组件构成？各组件的作用是什么？

8．传感网的路由协议设计可否直接使用传统路由协议？试述原因。

9．Drip 分发协议的作用是什么？与洪泛协议相比，Drip 协议有什么优缺点？

10．试述 Trickle 算法的主要思想和工作流程。

11．汇聚协议的作用是什么？

12．CTP 由哪几个部分组成？每个部分的作用是什么？

13．CTP 中如何解决路由环路问题？

14．传感网传输协议主要解决哪些问题？

15．传感网传输协议与传统网络的传输协议的区别是什么？

16．试述 RMST、PSFQ、CODA、ESRT 这几种传输协议的工作方式及优缺点。

17．试述 6LoWPAN 的意义和作用。

18．试述 6LoWPAN 协议栈的体系结构以及各层的作用。

19．6LoWPAN 协议中的 route-over 架构和 mesh-under 架构各指的是什么？你认为哪种架构更适用于传感网？请说明理由。

20．传统网络使用的 TCP/IP 协议是否适用于传感网？请说明理由。

21．试述 ZigBee 标准与 IEEE 802.15.4 标准的关系。

参考文献

[1] IEEE 802.15.4, Wireless medium access control (MAC) and physical layer (PHY) specifications for low rate wireless personal area networks (LR-WPANS), IEEE, Standard, 2006.

[2] W Ye, J Heidemann, D Estrin. An energy-efficient MAC protocol for wireless sensor networks (SMAC). Twenty-First Annual Joint Conference of the IEEE Computer and Communications Societies (INFOCOM), 3:1567–1576, June 2002.

[3] J Polastre J Hill, D Culler. Versatile low power media access for wireless sensor networks. The Second ACM Conference on Embedded Networked Sensor Systems, pages 95–107, Nov 2004.

[4] Y Sun, O Gurewitz, D B Johnson. RI-MAC: A receiver initiated asynchronous duty cycle MAC protocol for dynamic traffic loads in wireless sensor networks. In SenSys' 08: Proceedings of the 6th ACM Conference on Embedded Networked Sensor Systems, 2008.

[5] J W Hui, D Culler. The dynamic behavior of a data dissemination protocol for network programming at scale. In SenSys '04: Proceedings of the 2nd international conference on Embedded networked sensor systems, pages 81–94, 2004.

[6] Dissemination of Small Values, www.tinyos.net/tinyos-2.x/doc/html/tep118.html.

[7] O Gnawali, R Fonseca, K Jamieson, et al. Collection Tree Protocol. In SenSys' 09: Proceedings of the 7th International Conference on Embedded Networked Sensor Systems, pages 1–14, Nov. 2009.

[8] I F Akyildiz, M C Vuran. Wireless Sensor Networks. Advanced Texts In Communications And Networking, 2010.

[9] Stann F, Heidemann. RMST: Reliable data transport in sensor networks. In: Proc. of the 1st Int' l Workshop on Sensor Net Portocols and Applications (SNPA). Anchorage: IEEE Press, 2003. 102–112.

[10] Wan CY, Campbell A, Krishnamurthy L. PSFQ: A reliable transport protocol for wireless sensor networks. In: Raghavendra SC, Silvalingam MK, eds. Proc. of ACM Int' l Workshop on Wireless Sensor Networks and Applications. Atlanta: ACM Press, 2002. 1–11.

[11] Wan C, Eisenman S, Campbell A. CODA: congestion detection and avoidance in sensor networks. In: Akyildiz I, Estrin D, eds. Proc. of the 1st Int' l Conf. on Embedded Networked Sensor Systems. Los Angeles: ACM Press, 2003. 266–279.

[12] Ö B Akan, I F Akyildiz. Event-to-sink reliable transport in wireless sensor networks. IEEE/ACM Transactions on Networking, 13(5):1003–1016, October 2005.

[13] Karl, Holger, Andreas Willig. Protocols and architectures for wireless sensor networks. Wiley, 2007.

[14] Vasseur, Jean-Philippe, Adam Dunkels. Interconnecting smart objects with ip: The next internet. Morgan Kaufmann, 2010.

第 3 章 传感网数据管理

传感网是一种以数据为中心的网络，其运行过程会产生大量的数据。由于传感器网络中各个节点的能量和存储空间非常有限，与传统的网络有本质的区别，因此需要专门的数据管理技术对传感器网络中的数据进行管理。与传统的数据管理一样，传感器网络的数据管理的目的是将传感器网络上的数据操作与传感器网络的物理存储分离，使得使用传感器网络的用户和应用程序专注于数据的逻辑操作，而不必与传感器网络的具体网络节点进行交互。本章主要介绍传感器网络数据管理系统的系统结构、数据模型、数据查询和索引技术、数据操作和现有的传感器网络数据管理系统 TinyDB。

3.1 概述

由于传感器网络能量、通信和计算能力有限，因此传感器网络数据管理系统在一般情况下不会把数据都发送到汇聚节点进行处理，而是尽可能在传感器网络中进行处理[1,2]，这可以最大限度地降低传感器网络的能量消耗和通信开销，延长传感器网络的生命周期[3,4]。此时，可以把传感器网络看作一个分布式感知数据库，可以借鉴成熟的传统分布式数据库技术对传感器网络中的数据进行管理。虽然传感器网络的数据管理系统与传统分布式数据库具有相似性，但是在有些方面也有着比较大的差异，主要表现在以下几个方面。

（1）所遵循的原则不同

由于传感器网络中各个节点的能量有限，为了延长传感器网络的生命周期，保证服务质量，传感器网络的数据管理系统必须要尽量地减少能量消耗。在传感器网络中，节点间通信的能量消耗远大于自身计算的能量消耗，因此数据管理系统应该尽可能地减少数据传输量和缩短数据传输时间。分布式数据库则不需要考虑能耗问题，只要保证数据的完整性和一致性即可。

（2）所管理的数据特征不同

传感器网络的数据管理系统所面对的是大量的分布式无限数据流，并且近似的和数据分布的统计特征往往是未知的，无法使用传统的数据库技术来管理，需要新的数据查询和分析技术，利

用具有能量、计算和存储有限的大量传感器节点来协作完成分布式无限数据流上的查询和分析任务。传统的分布式数据库系统所面对的数据通常是确定和有限的,并且数据分布的统计特征是已知的。

（3）提供服务所采用的方式不同

在传感器网络中,节点能量、计算能力和存储容量都非常有限,因此支撑传感器网络数据管理系统的传感器网络节点随时都有可能会失效,导致该节点无法正常提供服务。在传感器网络数据管理系统中,用户对感知数据查询请求的处理过程与传感器网络本身是紧密结合的,需要传感器网络中的各个节点相互配合才能够完成一次有效的查询过程。而在传统的分布式数据库系统中,数据的管理和查询不依赖于网络,网络仅仅是数据和查询结果的一个传输通道。

（4）数据的可靠性不同

通常情况下,传感器网络中的感知节点所感知的数据具有一定的误差,为了向用户尽可能地提供可靠的感知数据,传感器网络数据管理系统必须要有能力处理感知数据的误差。传统的分布式数据库系统获得的都是比较准确的数据,数据可靠性比较高。

（5）数据产生源不同

传统的分布式数据库管理系统管理的数据是由稳定可靠的数据源产生的,而传感器网络的数据是由不可靠的传感器节点产生的。这些传感器节点具有有限的能量资源,它们可能处于无法补充能量的危险地域,因此随时可能停止产生数据。另外,传感器节点的数量规模和分布密度可能会发生很大的变化。当某些节点停止工作后,节点数量和分布密度显著下降;然而,当补充一些节点后,节点数量和分布密度明显上升。相应的,节点传输数据时产生的网络拓扑结构会明显地动态变化。

（6）处理查询所采用的方式不同

传感器网络数据管理系统主要处理两种类型的查询:连续查询和近似查询。连续查询在用户给定的一段时间内持续不断地对传感器网络进行检测,它被分解为一系列子查询并分配到节点上执行,节点产生的结果经过全局处理后形成最终结果返回给用户。近似查询利用已有的信息和模型,在满足用户的查询精度的前提下减少不必要的数据采集和传输过程,提高查询效率。传统的分布式数据库系统不具备处理这两种查询的能力。

3.1.1 传感网数据管理系统的体系结构

传感器网络数据管理系统按照一定的体系结构构建,并且不同的体系结构构建的数据管理系统各有优势,目前主要有集中式结构、半分布式结构、分布式结构和层次结构 4 种。

（1）集中式结构

在集中式结构中,所有的数据均被传送到中心服务器上,感知数据的查询和传感器网络的访问是相互独立的。感知数据从普通节点通过无线多跳传送到网关节点,再通过网关节点传送到基站节点,最后由基站将感知数据保存到中心服务器上的感知数据库中。由于基站的能源充足、存储和计算能力较强,因此可以在基站上对这些已经存储的感知数据进行比较复杂的查询处理,并且可以利用传统的本地数据库查询技术。集中式结构如图 3-1所示。

集中式结构的特点是:感知数据的处理和查询访问相对独立,可以在指定的传感器节点上定制长期的感知任务,让数据周期性地传回基站处理,复杂的数据管理决策则完全在基站端执行，这样可以使得传感器网络内部处理更简单，适合查询内容稳定不变并且需要原始感知数据的应用系统。对于实时查询来说，如果查询数据量不是很大，则查询的时效性比较好。

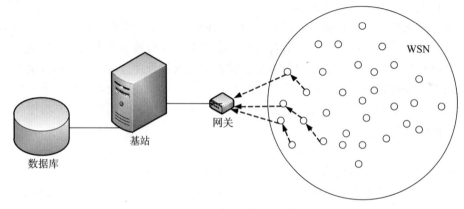

图 3-1 传感器网络数据管理系统的集中式结构

由于传感器网络的节点一般都是大规模分布，大量冗余信息传输可能会造成大量的能耗损失，并且容易引起通信瓶颈，造成很大的传输延迟，因此集中式结构在现实中很少应用。

（2）半分布式结构

半分布式结构中有两类传感器节点：第一类是普通节点，第二类是簇头节点。普通节点的能量和资源有限，但是数量较大；簇头节点的能量和资源比较充足，用于管理簇内的节点和数据。簇头之间可以对等通信，基站节点是簇头节点的根节点，其他簇头节点都作为它的子节点处理。

在半分布式结构中，原始的感知数据存放在普通节点上，在簇头节点上处理簇内节点的数据融合和数据摘要，在根节点上形成一个对网内数据的整体视图。执行查询时，利用根节点的全局数据摘要决定查询在哪些簇上执行，簇头节点接收到根节点传来的查询任务后根据簇内数据视图决定融合哪些节点上的数据，这种存储和查询方案称为推拉结合式存取方案，即将普通节点上的数据"推"到簇头节点上进行处理，而当查询执行时将簇头节点上的数据"拉"到网关上执行进一步处理。美国康纳尔大学计算机系的 Cougar[5,6] 查询系统采用了这种存储和查询方案。

半分布式结构具有查询时效好、数据存储的可靠性高的优点，但是必须采用特殊的固定簇头节点或者采用有效的簇头轮换算法来保证簇头稳定运行，靠近簇头处也存在一定程度的通信集中现象，有一定的应用局限性。

（3）分布式结构

分布式结构假设每个传感器都有很高的存储、计算和通信能力，数据源节点将其获取到的感知数据就地存储。基站发出查询后向网内广播查询请求，所有的节点都可以接收到请求，并且满足查询条件的普通节点沿着融合路由树将数据送回到根节点，即与基站相连的网关节点。美国加州大学伯克利分校的 TinyDB 数据库系统采用这种分布式结构。

分布式结构的存储几乎不耗费资源和时间，但是执行查询时需要将查询请求广播到所有的节点，耗能较大；将查询结果数据沿着路由树向基站传送的过程中由于经过网中处理，使数据量在传送过程中不断压缩，所需的数据传输成本大大下降，但是回送过程中复杂的网内查询优化处理使得这种结构的查询时效性稍差。

分布式结构充分利用了网内节点的存储资源，采用数据融合和数据压缩技术减少了数据通信量；数据没有集中化存储，确保网内不会出现严重的通信集中现象。由于需要将查询请求广播到整个网络节点，网内融合处理复杂度比较高，增加了时延。

（4）层次结构

如图 3-2 所示，层次结构包含了传感器网络层和代理网络层两个层次，并集成了网内数据处理、自适应查询处理和基于内容的查询处理等多项技术。在传感器网络层，每个传感器节点具有一定的计算和存储能力。每个传感器节点完成 3 项任务：从代理接收命令、进行本地计算、将数据传送到代理。传感器节点收到的命令包括：采样率、传送率和需要执行的操作。代理层的节点具有更高的存储、计算和通信能力。每个代理完成 5 项任务：从用户接受查询、向传感器节点发送

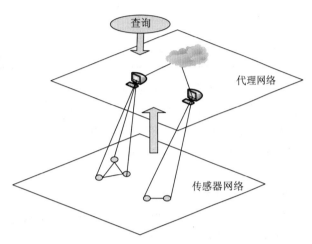

图 3-2　传感器网络数据管理系统的层次结构

控制命令或者其他信息、从传感器节点接收数据、处理查询、将查询结果返回给用户。代理节点收到来自传感器节点的数据后，多个代理节点分布地处理查询并将结果返回给用户。这种方法将计算和通信任务分布到各个代理节点上。

3.1.2　传感网数据管理系统的数据模型

数据模型是对数据特征的抽象。传感器网络数据管理系统需要一种具体的数据模型来表示各个节点产生的数据，这样才能有效地组织和管理数据。

目前，现有的传感器网络的数据模型主要是在传统的关系模型、对象关系模型或者时间序列模型上进行了扩展。有的数据模型将感知数据视为分布在多个节点上的关系，并将传感器网络看成是一个分布式数据库；有的将整个网络视为由多个分布式数据流组成的分布式数据库系统；有的使用时间序列和概率模型来表示感知数据的时间特性和不确定性。下面以美国加州大学伯克利分校的 TinyDB[7,8] 系统和康纳尔大学的 Cougar[9,10] 系统为例，对传感器网络的数据模型进行描述。

TinyDB 系统的数据模型对传统的关系模型进行了简单扩展。它把传感器网络数据定义为一个单一的、无限长的虚拟关系表。该表包含两种类型的属性，第一类属性是感知数据属性，如电压值、温度值等；第二类属性是描述感知数据的属性，如传感器节点的 ID、感知数据获得的时间、感知数据的数据类型、感知数据的度量单位等。网络中每个传感器节点产生的每一个读数都对应关系表中的一行，因此这个虚拟关系表被看成是一个无限的数据流。对传感器网络数据的查询就是对这个无限虚拟关系表的查询。无限虚拟关系表上的操作集合是传统的关系代数操作到无限集合的扩展。表 3-1 是一个 TinyDB 关系表的实例。

表 3-1　一个 TinyDB 关系表实例

传感器号	查询周期	时间	湿度	光强	水平加速度	垂直加速度	水平磁感应	垂直磁感应	噪音	音调
1	1	2007-05-1	562	598	421	855	74	154	425	0.2
2	1	2007-05-1	457	237	635	589	52	321	652	0.5
3	1	2007-05-1	586	256	365	652	29	456	256	0.3
1	2	2007-05-2	562	235	652	425	35	458	152	0.5
2	2	2007-05-2	459	263	354	562	45	485	263	148
3	2	2007-05-2	587	266	365	652	29	456	256	0.3
⋮	⋮	⋮	⋮	⋮	⋮	⋮	⋮	⋮	⋮	⋮

康纳尔大学的 Cougar 系统把传感器网络看成一个大型分布式数据库系统，每个传感器对应于该分布式数据库的一个节点，存储部分数据。Cougar 系统通常不再将每一个传感器上的数据都集中到中心节点进行存储和处理，而是尽可能地在传感器网络内部进行分布式处理，因此能够有效地减少通信资源的消耗，延长传感器网络的生命周期。

Cougar 系统的数据模型支持两种类型的数据，即存储数据和传感器实时产生的感知数据[11~13]。存储数据用传统关系来表示，而感知数据用时间序列来表示。Cougar 系统数据模型包括关系代数操作和时间序列操作。关系操作的输入是基关系或者是另一个关系操作的输出。时间序列操作的输入是基序列或者另外一个时间序列操作的输出。数据模型中提供了如下定义在关系与时间序列上的三类操作：①关系投影操作：把一个时间序列转换为一个关系；②积操作：输入是一个关系和一个时间序列，输出是一个新的时间序列；③聚集操作：输入是时间序列，输出是一个关系。

Cougar 系统的查询包括对存储数据和感知数据的查询，也就是对关系和时间序列的查询。每个连续查询定义为给定时间间隔内保持不变的一个永久视图。在 Cougar 系统的连续查询过程中，被查询的关系和时间序列可以被更新。对一个关系的更新是向该关系插入、删除或者修改元组。对时间序列的更新是插入一个新的时间序列元素。

3.2　数据管理技术

传感器网络的数据管理技术主要包括数据查询、数据索引和网络数据聚合，本节分别介绍这些管理技术的内容。

3.2.1　数据查询

传感器网络数据查询可以分为两大类：查询历史数据和查询动态数据。

查询历史数据，即对传感器网络历史数据的查询，例如，"2010 年区域 X 的平均温度是多少？"。查询动态数据包括快照查询和连续查询。快照查询指的是对给定时间点的查询，例如，"区域 Y 当前 CO_2 浓度是多少？"；连续查询则关注一段时间间隔内数据的变化情况，例如，"列出从现在开始 5 个小时内，区域 Z 每 20 分钟的平均温度是多少？"。

下面分别从数据查询处理方法、查询语言、聚集处理技术、连续查询处理技术和查询优化技术等方面，结合目前传感器网络中典型的数据管理系统 TinyDB，介绍和讲解数据查询有关的主要内容和关键技术。

1. 数据查询处理方法

传感器网络数据查询处理方法分为集中式查询处理和分布式查询处理两种。

集中式查询处理方法中数据的查询和感知数据的获取是相互独立的，首先传感器网络周期性地将数据集中存储于一个中心数据库中，然后所有的数据查询都在该中心数据库上完成。这样的处理方法简单且易于实施，适合于频繁查询，特别是对历史数据的查询。但是由于传感器网络需要周期性地向数据处理中心发送数据，这是一个很大的通信开销，极大地影响了网络的寿命。当然增长向数据中心存储数据的周期可以一定程度上延长网络的寿命，但是，这种方法无法保证获得查询要求所需的完整数据，例如，存储周期为 2 小时，而对于"列出区域 A 每 10 分钟的平均温度"这类的查询就无法正确处理。

分布式查询处理方法考虑到节点本身具有一定存储以及处理能力，节点将采集的感知数据进行本地存储或者以数据为中心的存储。当查询请求被分发到各个节点时，只有那些满足用户查询的节点才进行数据传输。不同的查询请求获取不同的数据，也就是说传感器网络传输的只是和查询相关的数据。显然，这极大地减少了网络的数据传送，可以有效地延长网络的寿命。就目前而言，分布式结构是传感器网络数据查询中的研究重点。

2. 查询语言

传感器网络数据查询语言大都延续了传统的 SQL 语言形式，并对 SQL 语言进行了扩展。TinyDB 的查询语言是传感器网络中一种具有代表性的查询语言，其语法结构表述如下：

```
SELECT   select-list
[ FROM   sensors]
WHERE   predicate
[ GROUP  BY   gb-list [ HAVING having predicate] ]
[ TRIGGERACTION   command-name [ ( param)] ]
[ EPOCH   DURATION   time]
```

其中，select-list 是数据属性或与属性相关的聚集函数，predicate 是条件谓词，gb-list 是数据属性表，command-name 是命令，param 是命令的参数，time 是时间值，EPOCH DURATION 定义了查询执行的周期，其他从句的语义与 SQL 的定义相同。其中，方括号内的内容是可选项。

下面结合一个具体的查询实例来说明其语法使用。例如，查询"每 10 分钟平均温度高于 10℃的区域，并返回区域号码和温度的最小值。"

```
SELECT   Region_no, Min(Temperature)
FROM   sensors
GROUP  BY   Region_no  HAVING Average(Temperature) >10
EPOCH   DURATION   10 min
```

3. 聚集技术

聚集操作是查询中常用的操作，传感器节点可以采用两种数据聚集技术：逐级的聚集技术和流水线聚集技术[14]。

逐级的聚集技术从最底层的叶节点开始向最顶层的根节点逐级进行聚集。中间的节点首先等待来自子节点的经过聚集处理的数据，接着与这些数据进行聚集，再发送到上一层的节点。这是一种网内的数据聚集技术，采用这种聚集技术可能会由于节点移动、通信故障等原因，中间节点接收不到来自下层节点的数据，因此很难保证计算结果的正确性。当然，可以通过多次重复计算来检验结果的准确性，但是这样就需要重复地发送聚集请求，而每次聚集计算都需要等待一个完整的聚集周期，势必造成极大的通信开销和能量耗费，同时延长了查询响应时间。

流水线聚集技术与逐级的聚集技术不同，该技术将查询时间分成多个小段，在每个时间小段内，节点将收到的来自下层节点的数据与自身的数据进行聚集，然后将得到的聚集结果向上层节点传送。通过这样的处理，聚集数据就会源源不断地流向根节点。这种流水线聚集技术可以根据网络的变化动态地改变聚集结果，而且通常这种连续结果比单一的聚集结果更有意义。然而，为了获取所有节点的第一个聚集结果，需要额外地传送大量信息，增大了通信负载。

这两种聚集技术都可以通过采用优化技术来减少通信量，比如采用共享无线通道的形式进行通信。信息以广播方式发送，通信范围内的每个节点都可以通过共享通道的方式监听周围节点的通信情况，仅传送能够影响最终聚集结果的数据，利用这样的优化方法来减少通信量，增加通信失败时聚集结果的准确性。例如，聚集结果是 MIN 时，如果节点监听到的聚集数据比本地数据还小，则不发送数据。

4. 连续查询处理技术

传感器网络中，用户的查询对象是大量的无限实时数据流，用户经常使用的查询是连续查询，用户提交一个连续查询后，该连续查询将被分解为一系列子查询提交到局部节点进行执行。子查询也是连续查询，需要经过扫描、过滤和综合相关无限实时数据流，产生部分的查询结果流，最后经过全局综合处理后返回给用户。局部查询是连续查询技术的关键，由于节点和环境等情况在不断的动态变化中，局部查询必须具有自适应性。CACQ 是用于局部处理器的处理连续查询的自适应技术。

CACQ 建立了一个缓冲池来存放等待查询操作的数据流，当缓冲池为空时，CACQ 启动扫描操作获取感知数据存入缓冲池内。对于不需要被分解为多个连续子查询的单连续查询，CACQ 把该查询分解为一个操作序列，并为每个操作建立一个输入序列来存放待处理的数据。当相关感知数据到达后，它首先被排列到第一个输入队列等待该操作处理。当该数据的第 i 个操作处理完后，处理结果会插入操作队列的第（$i+1$）个操作的队列中等待处理。当每个数据都被操作序列中的所有操作按序列处理完后，能够得到一个中间查询结果，然后继续传送到全局查询处理器，进行最后的综合处理。

当节点同时执行 N 个连续子查询时，CACQ 轮流地把每个感知数据传递到 N 个子查询操作序列，完成处理，而不用每次都复制数据。这样做可以节省复制数据消耗的计算资源和存储资源。该处理技术的关键是从多个子查询中提取出公共操作，使得这些公共操作只执行一次，从而避免了重复计算。

下面举例说明 CACQ 如何处理多个查询。假设用户提交了 3 个查询 $Q1$、$Q2$、$Q3$，表3-2 列出了 3 个查询的选择谓词，其中 A 和 B 是感知数据的两个属性。这里，CACQ 定义了两组过滤器，它们分别是与属性 A 相关的 {$H1$，$H2$，$H3$} 和与属性 B 相关的 {$H4$，$H5$，$H6$}。当一个感知数据

表 3-2　三个查询的选择谓词

查　询	选择谓词
$Q1$	$H1(A)$ 和 $H4(B)$
$Q2$	$H2(A)$ 和 $H5(B)$
$Q3$	$H3(A)$ 和 $H6(B)$

到达后，CACQ 首先将该数据分别传送到这两组过滤器执行相应的选择操作，然后把结果返回给全局查询处理器，进行最后的处理。由此可见，处理同一个感知数据流的多个查询

只需扫描一次该数据流即可。

5. 查询优化技术

现有的传感器网络数据库管理系统一般都采用了一些查询优化策略。其中，致力于降低传感器网络总能量消耗的 TinyDB 系统的查询优化技术具有很强的代表性。TinyDB 采用基于代价的查询优化技术来产生能量消耗最低的查询执行计划，其查询的代价由传感器节点数据的采集和查询结果的传输能量消耗所决定。

在传感器网络中，数据采集是一种比较耗能的操作，如果能够合理地安排查询谓词的顺序，可以避免许多不必要的数据采样，从而节省能量。因此，TinyDB 优化技术主要集中于如何合理地调配数据采集和谓词操作的执行次序，并且确定可以共享的数据采集操作，删除不必要的数据采集操作。下面举例说明 TinyDB 通过优化执行顺序来减少查询代价。如有以下查询：

```
SELECT   Light, Temperature
FROM   sensors
WHERE   Light>L   AND   Temperature>T
EPOCH   DURATION   10s
```

该查询语句的语义是每 10s 返回一对光照值和温度值，要求光照值大于 L，温度值大于 T。

考虑到温度计和光照计采样的代价是不同的，并根据不同的采样操作和选择操作顺序，做出如下 3 种执行计划。

计划一：

光照计采样；

温度计采样；

光照数据 DL 和温度数据 DT 上执行选择操作；

返回查询结果。

计划二：

光照计采样；

光照数据 DL 上执行选择操作：如果 Light ≤ L，返回"无结果"；

温度计采样；

温度数据 DT 上执行选择操作；

返回查询结果。

计划三：

温度计采样；

温度数据 DT 上执行选择操作，如果 Temperature ≤ T，返回"无结果"；

光照计采样；

光照数据 DL 上执行选择操作；

返回查询结果。

显而易见，后两种计划的代价比第一种计划代价要小得多。而当 DL 比 DT 更具选择性时，计划二比计划三代价更小；反之当 DT 比 DL 更具选择性时，计划三比计划二代价更小。这里的"选择性高"指满足条件的结果少。

除此之外，TinyDB 还可以通过优化基于事件的查询来降低冗余的数据采集操作。根据这一特点，TinyDB 采用基于重写的多查询的优化技术，这种技术把多个外部事件转化为一个事件流，使得不管事件以何种频率发生，同一时间只能有一个查询在运行，这样就不用频繁地启动数据采集操作，潜在地避免了多次都采集相同的数据和传送相同的查询结果，从而减少了能量的损耗。

3.2.2　数据索引

数据索引就是根据查询要求索取数据的方法，这同时与数据存储的方式有关。下面先介绍以下数据存储的有关内容。

传感器网络数据存储主要有 3 种方式：外部存储、本地存储和以数据为中心的存储。下面简单地介绍这 3 种存储方式。

（1）外部存储

外部存储又称为集中式存储，它的存储方式是，节点产生的感知数据都发送到汇聚节点，然后通过该汇聚节点把数据保存在传感器网络外的计算机节点上进行存储。这种方式可以使得数据能够完整地保存，而且由于数据在传感器网络外存储，因此可以进行复杂的查询和处理，对于用户的查询也可以做出实时的响应。但是，由于汇聚节点需要频繁地转发数据，很容易造成能量耗尽。所以这种存储方式适合于传感器节点比较少的网络。

（2）本地存储

本地存储，即采集的感知数据全部存储于产生该数据的传感器节点内。显然，这样可以节省数据传输的通信开销，然而，当用户进行数据查询时需进行洪泛式查询，这就必然会导致查询效率低下，同时对于查询请求也很难做出即时的响应，而且当用户查询操作频繁时，可能反而会增加通信的开销。

（3）以数据为中心的存储

以数据为中心的存储方式使用数据名字来存储和查询数据，它根据一定的映射算法，将感知数据根据对应的数据名映射到指定的传感器节点来实现数据的存储。由此可见，数据名直接决定了数据存储的位置。例如：以感知数据的类型作为数据名，那么类型相同的数据都存储在同一个节点上；或者把值的范围作为数据名，比如采用"8 ～ 16℃"作为在8℃和16℃之间的所有温度值的数据名，那么在8℃和16℃之间的所有温度值都会存储于相同的传感器节点。

与外部存储相比，以数据为中心的存储不仅能支持复合查询和连续查询，同时也降低了数据传输的能量开销。和本地存储相比，它除了能够降低通信开销外，还可以支持复合查询以及连续查询。可以说，以数据为中心的存储兼顾了本地存储以及外部存储的优势，是一种折中的方法，但是，它依赖于节点定位的路由算法，即每个传感器节点的数据对应存储在哪个节点需要特定的算法进行匹配，这就给整个传感器网络增加了处理难度。尽管如此，在考虑传感网的大规模性和较频繁的连续查询操作时，以数据为中心的存储方式更适合传感器网络。

下面介绍一种典型的以数据为中心的存储方法：地理散列函数法。它主要借助地理散列函数和地理路由协议（GPSP）来实现以数据为中心的存储。

地理散列函数主要用于将一个数据的关键字映射为一个具体的地理位置，即散列位置。GPSP 用于实现：给定一个节点的地理位置，能够将数据包路由到该节点。

基于地理散列函数的数据存储方法：首先用一个地理散列函数将数据名映射到散列位

置，然后采用 GPSP 将测量数据存储到距离该位置最近的传感器节点（主节点）。

该方法需要解决 3 个主要问题：

1）主节点失效会导致感知数据的丢失；

2）新节点的加入可能改变主节点的位置；

3）大量数据映射到同一个主节点，该主节点成为整个网络的"热点"，将会消耗大量能量而停止工作，降低网络的性能。

为了解决这 3 个问题并有效地增强理散列函数方法的鲁棒性，有以下解决方案。

针对第 1 个和第 2 个问题，可以采用简单的周边更新协议（perimeter refresh protocol）来保持主节点和散列位置的周边传感器节点的联系。这些节点称为该主节点的"盟友节点"，如图 3-3 所示。

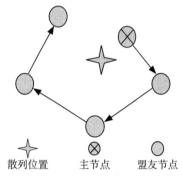

对于存储的每个感知数据，主节点会将该数据发送给盟友节点，盟友节点备份该数据后启动定时器。随后，主节点周期性地发送更新消息，当盟友节点接收到更新消息后将定时器清零；如果定时器超时，则说明主节点失效，这时，距离散列位置最近的盟友节点称为新的主节点，它备份了失效的主节点内所有的感知数据。

图 3-3　主节点与周边节点

当更新消息遍历盟友节点时，如果遇到距离散列位置更近的节点，说明这个节点是新加入的，并且应该成为新的主节点。GPSP 将这个节点设置为新的主节点，先前的主节点监测到这一情况后将不再担任主节点，并将存储的数据转交给新的主节点。

针对第 3 个问题，可以采用结构复制技术。结构复制技术将传感器网络监测区域等分成 $4d$ 个子区域，d 称为复制的深度，每个子区域内都存在主节点的一个镜像节点。如图 3-4 所示，当 $d=1$ 时，区域等分为 4 个子区域，散列位置处于某个子区域内。其他子区域产生一级镜像位置，它们在各自的子区域内的位置和主节点所在的位置是相对应的。距离镜像位置最近的传感器节点成为一级镜像节点。当 $d=2$ 时，用类似的方法产生二级镜像位置和二级镜像节点，以此类推。

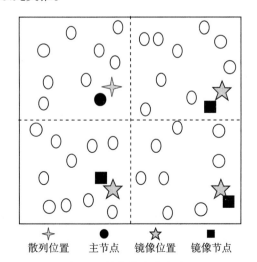

图 3-4　镜像节点产生过程

产生感知数据的感知节点可以将数据存储在离它最近的镜像节点上，于是数据在整个网络内均匀分布。需要注意的是，结构复制不是把感知数据复制到多个镜像节点，而是把一个数据的主节点复制到多个子区域，在各个子区域的镜像节点内收集感知数据，以解决热点问题。

尽管地理散列函数法能很好地实现以数据为中心的存储，但是目前它并没有得到实际的应用，主要因为地理散列函数法要求支持定位算法，以让传感器网络中的每个节点知道自己的位置。除此之外，还需要支持比较复杂的点到点路由算法，这又对传感器节点的计算能力提出了挑战，从目前情况上看，这点很难做到。

根据数据存储的方式和查询的要求，数据索引主要有层次索引[15]、一维分布式索引[16]和多维分布式索引[17] 3 种结构。

（1）层次索引

层次索引采用空间分解技术，适用于本地存储方法和多分辨率空域查询要求。例如，以下查询要求：

1）区域 X 在最近 10 分钟的平均温度；

2）区域 X 的子区域 Y 在最近 10 分钟的平均温度。

空间分解技术是指给定一个查询的空域范围，计算出对应的多分辨率级别 d，然后将传感器网络覆盖的地理区域递归地划分为 d 个层次，第 0 层就是整个网络覆盖的地理区域，第 i 层具有 $4i$ 个子区域。

层次索引首先将数据名映射到第 0 层区域的某个节点，称其为"顶点"，然后从不包含顶点的第 1 层 3 个子区域中分别选择一个簇头节点作为顶点的子节点。如此递归下去，最终构造出所有的 d 个层次。构造过程如图 3-5 所示。

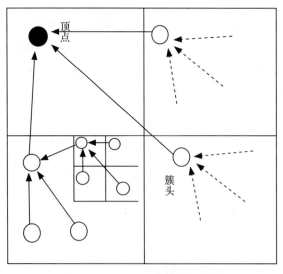

图 3-5　d=0,1,2,3 时的层次索引

在执行查询操作获取感知数据的时候，满足查询要求的地理区域内的传感器节点通过各个层次的簇头节点将数据以逐级的方式传送到顶点，再传送给用户。显而易见，这样的索引结构只有一个顶点，当查询量较大时，高层节点（特别是顶点）容易成为系统通信的瓶颈。

（2）一维分布式索引

一维分布式索引采用地理散列函数与空间分解技术相结合的方法，适用于以单一属性的数据为中心的存储方法和多分辨率空域查询要求。例如：

1）列出具有属性 C 的所有感知数据；

2）列出区域 X 内温度值在 10 ～ 20℃的所有感知数据。

一维分布式索引也是通过构造层次结构树来实现的，不过构造的方式恰好与层次索引相反。下面以温度属性为例介绍如何构造一维分布式索引的层次结构树。

假设温度的测量范围为 "0 ～ 100℃"，根据查询要求的空域范围计算出相应的分辨率级别 d。首先一维分布式索引将感知区域等分为 4d 个子区域。每个子区域的感知节点通过用数据名 "0 ～ 100℃" 调用地理散列函数产生一个散列位置，距离该散列位置最近的节点存储所有该子区域内的感知节点的温度测量值，称这个节点为 "叶节点"。然后系统指定该叶节点具有 b 个父节点，这里假设为 2。每 4 个相邻的子区域合并为一个父区域，在该父区域内将数据名 "0 ～ 100℃" 分成 b 段，这里为数据名 "0 ～ 50℃" 和 "50 ～ 100℃"。接着根据 b 段数据名，调用地理散列函数产生 b 个散列位置，距离这些散列位置最近的节点称为 "父节点"，它们存储与数据名对应的压力测量值。以此类推，构造出具有更多层次的一维分布式索引结构树。图 3-6 为 d=1 时层次结构树的构造过程。

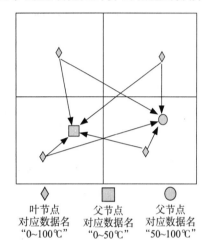

图 3-6　d=1 时层次结构树的构造方法

对于温度值范围 [30,40] 的区域查询，一维分布式索引首先选择最高父节点集合，它们覆盖了查询要求的数据名（"30 ～ 40℃"）的范围，然后遍历树，得到查询结果。

对于含地理区域约束的区域查询（如列出区域 X 中温度值在 10 ～ 20℃的所有感知数据），系统首先选择出其地理区域和温度值范围相交的节点，然后从这些节点遍历树，得到查询结果。

与层次索引方式相比，一维分布式索引构造的层次结构树具有多个最高父节点，这些最高父节点可以同时处理查询要求，输出查询结果，避免了单一根节点的通信瓶颈问题。

（3）多维分布式索引

多维分布式索引适用于多个属性上具有区域约束条件的区域查询。例如：

1）列出具有属性 A 和 B 的所有感知数据；

2）列出区域 X 内温度值在 10 ～ 20℃，且压力测量值在 20 N ～ 30 N 的所有感知数据。

多维分布式索引关键是保持数据存储的局域性，即将属性值相近的测量数据存储在临近的节点内。以温度属性 T（0<T<1）、压力属性 P（0<P<1）为例，间隔地采用水平或垂直分割将监测区域划分为多个域，每个域内的节点存储具有多种属性的测量数据，以此类推，划分为不同属性组合的区域，图 3-7 为划分的过程。

在进行区域查询时，可以根据这种划分方法找到满足多种属性要求的感知数据所在的区域，然后从这些区域内的节点输出查询结果。

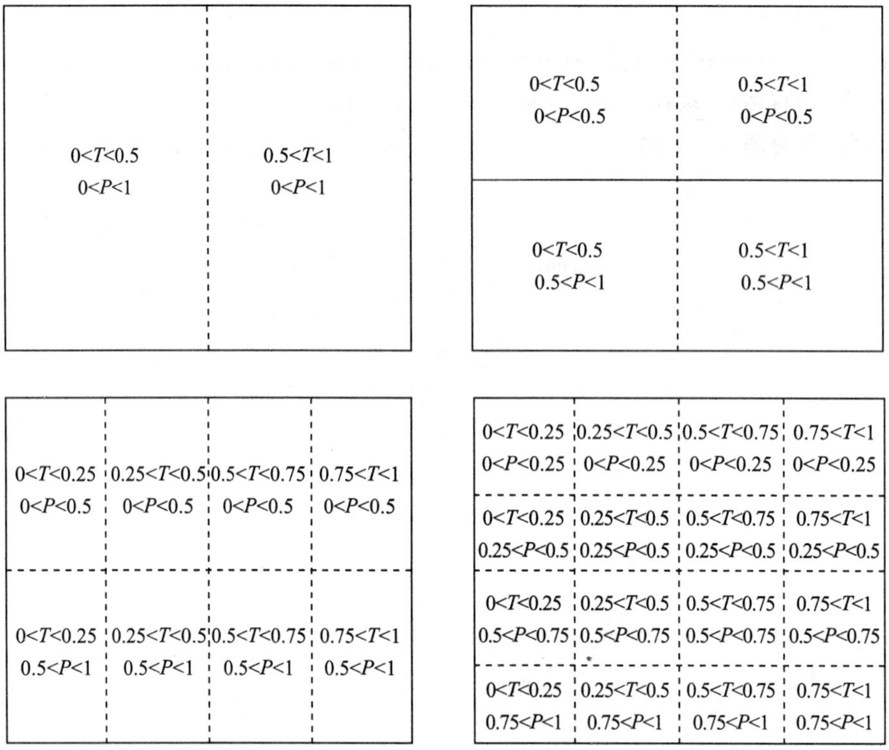

$$
\begin{array}{|c|c|}
\hline
0<T<0.5 & 0.5<T<1 \\
0<P<1 & 0<P<1 \\
\hline
\end{array}
\qquad
\begin{array}{|c|c|}
\hline
0<T<0.5,\ 0<P<0.5 & 0.5<T<1,\ 0<P<0.5 \\
\hline
0<T<0.5,\ 0.5<P<1 & 0.5<T<1,\ 0.5<P<1 \\
\hline
\end{array}
$$

$$
\begin{array}{|c|c|c|c|}
\hline
0<T<0.25,\ 0<P<0.5 & 0.25<T<0.5,\ 0<P<0.5 & 0.5<T<0.75,\ 0<P<0.5 & 0.75<T<1,\ 0<P<0.5 \\
\hline
0<T<0.25,\ 0.5<P<1 & 0.25<T<0.5,\ 0.5<P<1 & 0.5<T<0.75,\ 0.5<P<1 & 0.75<T<1,\ 0.5<P<1 \\
\hline
\end{array}
$$

$$
\begin{array}{|c|c|c|c|}
\hline
0<T<0.25,\ 0<P<0.25 & 0.25<T<0.5,\ 0<P<0.25 & 0.5<T<0.75,\ 0<P<0.25 & 0.75<T<1,\ 0<P<0.25 \\
\hline
0<T<0.25,\ 0.25<P<0.5 & 0.25<T<0.5,\ 0.25<P<0.5 & 0.5<T<0.75,\ 0.25<P<0.5 & 0.75<T<1,\ 0.25<P<0.5 \\
\hline
0<T<0.25,\ 0.5<P<0.75 & 0.25<T<0.5,\ 0.5<P<0.75 & 0.5<T<0.75,\ 0.5<P<0.75 & 0.75<T<1,\ 0.5<P<0.75 \\
\hline
0<T<0.25,\ 0.75<P<1 & 0.25<T<0.5,\ 0.75<P<1 & 0.5<T<0.75,\ 0.75<P<1 & 0.75<T<1,\ 0.75<P<1 \\
\hline
\end{array}
$$

图 3-7　多维分布式索引划分域的过程

3.2.3　网络数据聚合

传感器网络可以用于环境监测、军事战场监测遥控以及危险化学品检测等传统计算机网络无法完成的任务。随着硬件制作工艺的不断发展，传感器节点也变得更加廉价，这使得在监测区域内部署成千上万个传感器节点组网成为可能。传感器节点的数量增加的最大好处在于可以使监测数据的精准度得到极大的提升，然而与此同时也带来了一些新的问题。例如，在覆盖度较高的传感器网络中，对同一事物或地点的同一属性进行监测的传感器可能会有很多，这些传感器同时传输大量数据会浪费整个网络的通信带宽，过多的冗余信息传输还浪费传感器节点的能量，以致缩短整个传感器网络的生存时间。此外，由于传感器网络自身存在的不稳定性，大量冗余信息传输到聚合节点很有可能会影响到网络传输信息的效率。

为了解决上述问题，在传感器网络中引用了数据聚合 (data aggregation /fusion) 技术。传统的数据聚合定义为利用计算机技术对按时序获得的若干传感器的观察信息在一定准则下加以自动分析和综合，以完成所需的决策和估计任务而进行信息处理的过程。在传感器网络中使用的数据聚合技术稍有不同，传感器网络中的数据聚合是指将来自多个传感器节点对同一性质的数据和信息进行综合处理，得出更为准确、完整的信息的过程。例如，对危险化学品进行监测通常是对多个传感器测得的数据经过综合处理而得到的。

在传感器网络中应用数据聚合技术可以带来以下几个好处。

1）降低能耗。由于传感器转发一个数据包所消耗的能量要远远大于执行若干条指令所消耗的能量，当大量传感器进行监测以及传送数据时，能耗过大成为一个很重要的问题。

数据聚合技术在数据收集和传输过程中，利用节点的计算资源和存储资源，对数据进行综合处理，减少了传输数据包的数量，从而达到了降低能耗的效果。

2）提高精准度和可信度。在传感器网络中对某一属性监测的数据是由大量传感器共同测量的，数据在网内聚合后，去除了部分误差较大的值，使得最终数据更加贴近实际值。同时数据冗余度的增加使测量误差以及错误对最终结果的影响变小，因而增加了数据的可信度。

3）提高收集效率。数据聚合技术减少了传输的数据包数量，减轻了网络的传输拥塞，降低了数据的传输延迟，提高了信道的利用率，因此提高了数据的收集效率。

传感器网络中，我们可以从 3 个不同的角度对数据聚合技术进行分类：依据聚合前后数据的信息含量分类、依据聚合操作的层次级别分类和依据数据聚合与应用层数据语义的关系分类。

1. 依据聚合前后数据的信息含量分类

（1）无损失聚合（lossless aggregation）

无损失聚合中，所有的细节信息均被保留。此类聚合的常见做法是去除信息中的冗余部分。根据信息理论，在无损失聚合中，信息整体缩减的大小受到其熵值的限制。

将多个数据分组打包成一个数据分组，而不改变各个分组所携带的数据内容的方法属于无损失聚合。这种方法只是缩减了分布头部的数据和为传输多个分组而需要的传输控制开销，而保留了全部数据信息。

时间戳聚合是无损失聚合的另外一个例子。在远程监控应用中，传感器节点汇报的内容可能在时间属性上有一定的联系，可以使用一种更有效的表示手段聚合多次汇报。例如，节点以一个短时间间隔进行了多次汇报，每次汇报中除时间戳不同外，其他内容均相同；收到这些汇报的中间节点可以只传送时间戳更新的一次汇报，以表示在此时刻之前，被监测的事物都具有相同的属性。

（2）有损失聚合（lossy aggregation）

有损失聚合通常会省略一些细节信息或降低数据的质量，从而减少需要存储或传输的数据量，以达到节省存储资源或能量资源的目的。有损失聚合中，信息损失的上限是要保留应用所需要的全部信息量。

很多有损失聚合都是针对数据收集的需求而进行网内处理的必然结果。比如，温度监测应用中，需要查询某一区域范围内的平均温度或最低和最高温度时，网内处理将对各个传感器节点所报告的数据进行运算，并只将结果数据报告给查询者。从信息含量角度看，这份结果数据相对于传感器节点所报告的原始数据来说，损失了绝大部分的信息，仅能满足数据收集者的要求。

2. 依据聚合操作的层次级别分类 [18]

（1）数据级聚合

数据级聚合是最底层的聚合，是直接在采集到的原始数据层上进行的聚合，在传感器采集的原始数据未经处理之前就对数据进行分析和综合，因此是面向数据的聚合。这种聚合的主要优点是能保持尽可能多的原始现场数据，提供更多其他聚合层次不能提供的细节信息。由于这种聚合是在最底层进行的，传感器的原始信息存在不确定性、不完全性和不稳定性，这要求数据聚合时应有较高的纠错能力，传感器应有较高的准确精度。在目标识别的应用中，数据级聚合即为像素级聚合，进行的操作包括对像素数据进行分类或组合，去除图像中的冗余信息等。

（2）特征级聚合

特征级聚合是中间层的聚合，它先对来自传感器的原始数据提取特征信息，以反映事物的属性，然后按其特征信息对数据进行分类、汇集和综合，因此这是面向监测对象特征的聚合。这种聚合的好处在于实现了可观的信息压缩，有利于实时处理，并且由于所提取的特征信息直接与决策分析有关，因而聚合结果能最大限度地给出决策分析所需要的特征信息。例如，在温度监测应用中，特征级聚合可以对温度传感器数据进行综合，表示成（地区范围，最高温度，最低温度）的形式，在目标监测应用中，特征级聚合可以将图像的颜色特征表示成 RGB 值。

（3）决策级聚合

决策级聚合是最高层的聚合，在聚合前，每种传感器的信号处理装置已完成决策或分类任务。数据聚合只是根据一定的准则和决策的可信度做最优决策，对监测对象进行判别分类，并通过简单的逻辑运算，执行满足应用需求的决策，因此它是面向应用的聚合。这种聚合的主要优点有：灵活性高，对信息传输的带宽要求低，容错性好，通信量小，抗干扰能力强，对传感器依赖小。例如，在灾难监测应用中，决策级聚合可能需要综合多种类型的传感器信息，包括温度、湿度或震动等，进而对是否发生了灾难事故进行判断；在目标监测应用中，决策级聚合需要综合监测目标的颜色特征和轮廓特征，对目标进行识别，最终只传输识别结果。

在实际应用中，这 3 种技术应根据具体情况来使用。例如，有的应用场合传感器数据的形式比较简单，不需要进行较低层的数据级聚合，而需要提供灵活的特征级聚合方法；而在需要处理大量的原始数据的情况下，需要有强大的数据级聚合来实现。

3. 依据数据聚合与应用层数据语义的关系分类

数据聚合技术可以与传感器网络的多个协议层进行结合，既可以在 MAC 协议中实现，也可以在路由协议或应用层协议中实现。根据是否基于应用层数据的语义划分，可以将数据聚合分成 3 类：依赖于应用的数据聚合 (Application Dependent Data Aggregation, ADDA)、独立于应用的数据聚合 (Application Independent Data Aggregation, AIDA) 和结合以上两种技术的数据聚合。

（1）应用中的数据聚合

通常数据聚合都是对应用层数据进行的，即数据聚合需要了解应用数据的语义。从实现角度看，数据聚合如果在应用层实现，则与应用数据之间没有语义间隔，可以直接对应用数据进行聚合；如果在网络层实现，则需要跨协议层理解应用层数据的含义。

在设计和实现传感器网络的过程中，分布式数据库技术常被应用于数据收集、聚合的过程，应用层接口也采用类似 SQL 的风格。

在传感器网络应用中，SQL 聚合操作一般包括 5 个基本操作符：COUNT、MIN、MAX、SUM 和 AVERAGE。 与传统的数据库的 SQL 应用类似，COUNT 用于计算一个集合中元素的个数；MIN 和 MAX 分别计算最小值和最大值；SUM 计算所有数值的和；AVERAGE 用于计算所有数值的平均值。比如，下面的简单语句可以用于返回光照指数 (Light) 大于 10 的传感器节点的平均温度 (Temp) 和最高温度的查询请求：

```
SELECT AVERAGE(Temp),MAX(Temp)
FROM Sensors
WHERE Light>10
```

对于不同的传感器网络应用，可以扩展不同的操作符以增强查询和聚合的能力。比如，可以加入 GROUP 和 HAVING 两个常用的操作符，或者一些较为复杂的统计运算符，如直方图等。GROUP 可以根据某一属性将数据分组，即可以返回一组数据，而不是只返回一个数值。HAVING 用于对参与运算的数据的属性值进行限制。

在应用层使用分布式数据库的技术，虽然带来了易用性以及较高的聚合度等好处，但可能会损失一定的数据收集效率。虽然分布式数据库技术已经比较成熟，但针对传感器网络的应用场合，还有很多需要研究的地方。例如，由于传感器节点的计算资源和存储资源有限，如何控制本地计算的复杂度是需要考虑的问题。此外，有些数据查询操作要求节点间时间同步，且知道自己的位置信息，这给传感器网络增加了实现难度。

（2）网络层中的数据聚合

鉴于 ADDA 的语义相关性问题，有人提出独立于应用的数据聚合。这种聚合技术不需要了解应用层数据的语义，直接对数据链路层的数据包进行聚合。例如，将多个数据包拼接成一个数据包进行转发。这种技术把数据聚合作为独立的层次实现，简化了各层之间的关系。通常 AIDA 作为一个独立的层次处于网络层和 MAC 层之间。AIDA 保持了网络协议层的独立性，不对应用层数据进行处理，从而不会导致信息丢失，但是数据聚合效率没有ADDA 高。

在网络层中，很多路由协议均结合了数据聚合机制，以减少数据传输量。传感器网络中的路由方式可以根据是否考虑数据聚合分为两类。

1）地址为中心的路由 (Address-Centric Routing, AC 路由)：每个普通节点沿着到聚合节点的最短路径转发数据，是不考虑数据聚合的路由，如图 3-8 所示。

2）数据为中心的路由 (Data-Centric Routing, DC 路由)：数据在转发的路径中，中间节点根据数据的内容，对来自多个数据源的数据进行聚合操作。如图 3-9 所示，普通节点并未各自寻找最短路径，而是在中间节点 B 处对数据进行聚合，然后再继续转发。

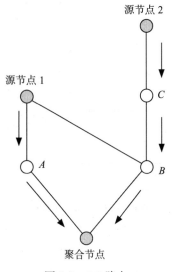

图 3-8　AC 路由

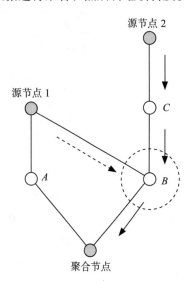

图 3-9　DC 路由

AC 路由与 DC 路由对能量消耗的影响与数据的可聚合程度有关。如果原始数据信息存在冗余度，由于 DC 路由可以减少网络中转发的数据量，因此将表现出很好的节能效果。在所有原始数据完全相同的极端情况下，AC 路由可以通过简单修改达到 DC 路由的效果甚至更节省能量。例如，在重复数据的产生要维持一段时间的情况下，修改 AC 路由使得当聚合节点收到第一份数据时，就立即通知其他数据源和正在转发数据的中间节点立即停止发送数据。如果不对 AC 路由进行修改，那么两种路由对能量消耗的差距最大，即 DC 路由节能优势最明显。在所有数据源的数据之间没有任何冗余信息的情况下，DC 路由无法进行数据聚合，不能发挥节省能量的作用，反而可能由于选择了非最短路径而比 AC 路由多消耗一些能量。

传感器网络中，将路由技术与数据聚合技术相结合是一个重要的问题。数据聚合可以减少数据量，减轻数据聚合过程中的网络拥塞，协助路由协议延长网络的生存时间。

（3）独立的数据聚合协议层

这种方式结合了上面两种技术的优点，同时保留了 AIDA 层次和其他协议层内的数据融合技术，因此可以综合使用多种机制得到更符合应用需求的聚合效果。这种独立于应用层的数据聚合机制 (Application Independent Data Aggregation, AIDA) 的基本思想是不关心数据的内容，而是根据下一跳地址进行多个数据单元的合并，通过减少数据封装头部的开销及 MAC 层的发送冲突来达到节省能量的效果。提出 AIDA 的目的除了要避免依赖于应用的聚合方案 (AIDA) 的弊端外，还将增强数据聚合对网络负载状况的适应性。当网络负载较轻时不进行聚合或进行低程度的聚合；而在网络负载较重、MAC 层发送冲突较严重时，进行较高程度的聚合。

AIDA 协议层位于网络层和 MAC 层之间，对上下协议层透明，其基本组件如图 3-10 所示。AIDA 可以划分为两个功能单元：聚合功能单元和聚合控制单元。聚合功能单元负责对数据包进行聚合或解聚合操作；聚合控制单元负责根据链路的忙闲状态控制聚合操作的进行，调整聚合的粒度（合并的最大分组数）。

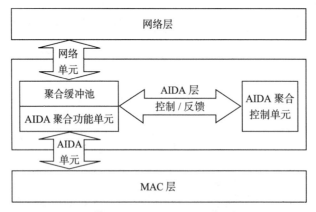

图 3-10　AIDA 的基本组件

根据图 3-10，AIDA 的工作过程可以分别从发送和接收两个方向进行说明。

发送方向（从网络层到 MAC 层）：从网络层发来的数据分组（网络单元）被放入聚合缓冲池，AIDA 聚合功能单元根据设定的聚合粒度，将下一跳地址相同的网络单元合并成一个 AIDA 单元，并递交给 MAC 层进行传输；聚合粒度的确定以及何时调用聚合功能则由 AIDA 聚合控制单元决定。

接收方向（从 MAC 层到网络层）：聚合功能单元将 MAC 层递交上来的 AIDA 单元拆散为原来的网络层分组传递给网络层；这样做虽然会在一定程度上降低效率，但其目的是保证协议层的模块性，并且允许网络层对每个数据分组重新路由。

AIDA 提出的出发点并不是将网络的生存时间最大化，而是要构建一个能够适应网络负载变化、独立于其他协议层的数据聚合协议层；能够在保证不降低信息的完整性和不降低网络端到端延迟的前提下，以数据聚合为手段，减轻 MAC 层拥塞冲突，降低能量的消耗。

3.3　实例：TinyDB 系统

传感器网络数据管理系统是一个提取、存储和管理传感器网络数据的系统，核心是传感络网络数据查询的优化与处理。TinyDB 系统是一个比较有代表性的传感器网络数据管理系统。

3.3.1　TinyDB 系统简介

TinyDB 系统是加州大学伯克利分校在其研制的操作系统 TinyOS 的基础上开发的一个传感器数据管理系统。该系统为用户提供了一个简洁、易用和类 SQL 的应用程序接口，用户可以像使用传统关系数据库系统一样使用 TinyDB 查询传感器网络数据，无须了解传感器网络的细节，使得传感器网络的体系结构对用户透明。当接收到用户提交的查询时，TinyDB 系统从传感器网络的各个节点收集相关数据，调度各个传感器节点对查询进行分布式处理，将查询结果通过基站节点返回给用户。TinyDB 系统的主要特征如下：

（1）提供元数据管理

TinyDB 提供了丰富的元数据和元数据管理功能以及一系列管理元数据的命令。TinyDB 具有一个元数据目录，描述传感器网络的属性，包括读数类型、内部的软 / 硬件参数等。

（2）支持说明性查询语言

TinyDB 提供了类似于 SQL 的说明性查询语言。用户可以使用这个语言描述获取数据查询请求，而不需要指明获取数据的具体方法。这种说明性查询语言使得用户容易编写应用程序，并保证应用程序在传感器网络发生改变时能够继续有效地运行。

（3）提供有效的网络拓扑管理

TinyDB 通过跟踪节点的变化来管理底层无线网络、维护路由表，并确保网络中的每一个节点高效、可靠地将数据传递给用户。

（4）支持多查询

TinyDB 支持在相同节点集上同时进行多个查询。每个查询都可以具有不同的采样率、访问不同类型的感知属性。TinyDB 还能够在多个查询中有效地共享操作，提高查询处理的速度和效率。

（5）可扩展性强

如果需要扩展传感器网络，只需要简单地将标准的 TinyDB 代码安装到新加入的节点上，该节点就可以自动加入 TinyDB 系统。

3.3.2 TinyDB 的系统结构

TinyDB 系统主要由客户端、服务器和传感器网络三部分组成，如图 3-11 所示。客户端安装有基于 Java 的应用程序接口。用户通过该接口使用 TinyDB。传感器网络中的每一个节点都安装 TinyDB 的传感器网络软件。

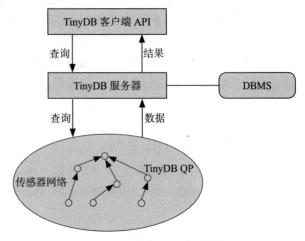

TinyDB 软件可以分为两大部分：第一部分是传感器网络软件；第二部分是客户端软件。传感器网络软件是 TinyDB 的核心，在每个传感器节点上运行。

TinyDB 的客户端软件包括两部分：第一部分是类似于 SQL 语言的查询语言 TinySQL，供终端用户使用；第二部分是基于 Java 的应用程序界面，支持用户

图 3-11　TinyDB 系统的结构

使用 TinyDB 编写应用程序。TinyDB 基于 Java 的应用程序界面由一些 Java 类和一些应用程序构成，主要包括以下内容：

1）发出查询和监听结果类；

2）构造和传送查询类；

3）接收和解析查询结果类；

4）提取设备属性和性能信息类；

5）查询界面的图形用户接口（GUI）；

6）显示单独的传感器结果的 GUI 图和表；

7）可视化动态网络拓扑结构的 GUI。

3.3.3 TinyDB 系统组成

传感器网络软件包括以下 4 个构件：传感器节点目录和模式管理器、查询处理器、存储管理器、网络拓扑管理器。

（1）传感器节点目录和模式管理器

传感器节点目录负责记录每个节点的属性，如感知数据类型和节点 ID 等。通常情况下，每个节点的目录并不相同，因为网络可以由异构的节点组成，而且每个节点可以具有不同的属性。传感器模式管理器负责管理 TinyDB 的传感器模式。TinyDB 把传感器模型化为虚拟"数据库表"。模式是对传感器表的形式描述，同时还包含系统可用的命令以及更新和查询表的子程序。表既包含各种类型的属性，也包含与查询执行器可执行命令集合对应的一组句柄。这组句柄类似于关系对象数据库系统中扩展 SQL 的"方法"。

传感器模式管理器包含 Attr、Command、TinyDBAttr、TinyDBCommand、Tuple 和 QueryResult 共 6 个构件。Attr 构件完成属性值的获取和设置，并为之提供了使用界面。Command 构件包含实现模式中的各种命令的代码，还提供了调用命令的机制。TinyDBAttr

构件是 TinyDB 所有固有特性的集中器，把所有实现 TinyDB 固有特性的构件连接在一起。当增加实现 TinyDB 新特性的构件时，TinyDBAttr 需要被更新。TinyDBCommand 构件是 TinyDB 所有命令的集中器，把所有实现 TingDB 命令的构件连接在一起。当增加实现 TinyDB 新特性的构件时，TinyDBCommand 需要被更新。Tuple 构件包含了管理 TinyDB 的数据结构的各种程序。QueryResult 组件实现元组、QueryResult 数据结构与字节串之间的转换。一个元组是一个值向量。一个 QueryResult 数据结构包含一个元组和一些元数据，如查询 ID、对于结果集合的索引等。

（2）查询处理器

TinyDB 的查询处理器负责完成查询的处理工作，使用传感器目录存储的信息获得传感器节点的属性，接收邻居节点的感知数据，聚集组合这些数据，过滤掉不需要的数据，将部分查询处理结果传给父节点。它主要包括 TupleRouter、SelOperator 和 AggOperator 三个构件。

TupleRouter 构件提供了传感器节点上的主要查询处理功能。它在传感器节点的各种查询处理构件之间传递元组，所以被称为"路由器"。需要注意的是，TupleRouter 并不负责网络路由，TinyDB 中有其他构件负责网络路由。TupleRouter 在单个传感器节点上运行，具体功能包括：处理新查询的信息、结果的计算和传播、处理子树结果信息。

1）处理新查询的信息。该功能指在一个新查询进入时，TupleRouter 首先登录该查询的信息；然后为该查询分配能容纳一个元组的空间；最后启动传感器节点的时钟，使其按照能够满足目前系统中所有查询需要的数据传递频率进行工作。

2）结果的计算和传播。当一个时钟事件发生时，TupleRouter 完成如下 4 项任务：向外传播在上一个时钟事件发生时获得并处理过的元组、所有查询的计数器减 1、为每个在该时刻需要数据的查询获取数据并添入该查询的元组空间、将获得的数据传递到查询中的各个操作上并进行流水线处理。例如，首先将获得的数据传递到选择操作进行过滤处理，然后再将结果传递到聚集操作进行聚集计算。

3）处理子树结果信息。当一个结果数据从邻节点到达时，TupleRouter 把这个数据与本节点正在计算的值进行聚集，并将处理结果或接收到的数据沿着路由树向树根的方向传送。

（3）存储管理器

TinyDB 对 TinyOS 的内存管理进行了扩展，使用了一个小型、基于句柄的动态内存管理器进行内存管理。存储管理器完成存储器分配和数据的压缩存储。存储管理器中数据存储地址的改变不影响该数据的引用。

（4）网络拓扑管理器

网络拓扑管理器为 TinyDB 处理所有传感器节点到传感器节点和传感器节点到基站的通信，即路由查询和数据信息。网络拓扑管理器的大部分程序代码用来管理网络拓扑结构。TinyDB 的网络拓扑结构是一个路由树。ID 编号为 0 的传感器节点是树根节点。查询请求由树根节点向下传播。数据从叶节点向上传播直至树根节点。树根节点负责把查询结果传送到前端用户或者应用程序。

为了实现上述路由树通信规则,网络拓扑管理器使用了一个简单的树维护算法。这个算法使每个传感器节点保存了一个邻居节点表,并在这些邻居节点中选择一个节点作为它在路由树中的父节点。

3.3.4 查询语言

TinyDB 系统的查询语言是基于 SQL 的查询语言,称为 TinySQL。该查询语言支持选择、投影、设定采样频率、分组聚集、用户自定义聚集函数、事件触发、生命周期查询、设定存储点和简单的连接操作。其查询语言的基本语法如下:

```
SELECT select-list
[FROM sensors]
WHERE predicate
[GROUP BY gb-list]
[HAVING predicate]
[TRIGGAER ACTION command-name[(param)]]
[EPOCH DURATION time]
```

其中,select-list 是无限虚拟关系表中的属性表,可以对属性使用聚集函数,predicate 是条件位置,gb-list 是属性表,command-name 是命令,param 是命令的参数,time 是时间值。查询语句的 TRIGGER ACTION 是触发器的定义从句,指定当 WHERE 从句的条件满足时需要执行的命令,EPOCH DURATION 定义了查询执行的周期,其他从句的语义与 SQL 相同。例如,下面的查询语句实例:

```
SELECT room_number,AVERAGE(light),AVERAGE(volume)
FROM sensors
GROUP BY room_number
HAVING AVERAGE(light)>2 AND AVERAGE(volume)>m
EPOH DURATION 10min
```

该查询表示每 10 分钟检查一次平均亮度超过阈值 2 并且平均温度超过阈值 m 的房间,并返回房间号码及亮度和温度的平均值。

WHERE 从句可以用于过滤那些不感兴趣的信息,例如:

```
SELECT
nodeid,light,temp FROM
sensors WHERE
light > 400
SAMPLE PERIOD 1024
```

该查询用于找出所有光照强度大于 400 的传感器节点的节点 ID、光照强度和温度的读数。

目前 TinySQL 的功能还比较有限。在 WHERE 和 HAVING 子句中只支持简单的比较连接词、字符串比较,以及对属性列和常量的简单算术运算表达式,不支持子查询,也不支持布尔操作及属性列的重命名。

3.3.5 TinyDB 系统仿真

TinyDB 系统需要在传感器网络中运行,而在实际中搭建一个传感器网络的代价是比较大的，但是可以通过搭建仿真平台来学习 TinyDB。TOSSIM 仿真工具是由美国加州大学伯克利分校研发的一款基于 TinyOS 的应用，通过 TOSSIM 仿真，我们可以在 PC 上模拟传感器网络节点，实现实际节点上运行程序的功能。TOSSIM 可以同时模拟数千个传感器节点，并且所有的节点都运行同样的程序。TinyOS 是伯克利分校研发的 WSN 嵌入式操作系统，主要应用于其研发的 MICA 系列的 WSN 节点上。

TOSSIM 仿真工具包含在 TinyOS 操作系统的源代码中，我们以 TinyOS 1.1 为例介绍如何使用 TOSSIM 仿真工具来运行 TinyDB 系统。TinyOS 1.1 版本的源代码包含了 TinyDB。使用 TOSSIM 仿真工具时，首先需要对 TOSSIM 模拟器上运行的程序进行编译，在应用程序目录下运行 make pc 命令即可把源代码编译成在 TOSSIM 上运行的程序，接着应用程序目录下生成可执行文件 main.exe，最后使用 "main.exe n" 来启动包含 n 个节点的模拟的传感器网络。

1. TinyOS 的安装

为了方便，我们采用 Cygwin 的方式安装 TinyOS。Cygwin 是一个在 Windows 平台上运行的 UNIX 模拟环境。首先下载包含 TinyOS 1.1 版本的 Cygwin 的安装程序，下载网址为：http://webs.cs.berkeley.edu/tos/dist-1.1.0/tinyos/windows/tinyos-1.1.0-1is.exe，然后双击，运行安装程序安装。在安装 Cygwin 完成之后，需要安装 Java JDK 和 javax.comm 包，Java JDK 版本为 1.4.2。安装完 JDK 之后，需要配置环境变量。首先右击 "我的电脑" → "属性" → "高级" → "环境变量"，在 "用户变量" 中找到 JAVA_HOME、PATH 和 CLASSPATH 这三个变量，若某个变量不存在，则新建一个。各个变量值的设置如下：

JAVA_HOME 的值设置为 JDK 的安装路径，如 "C:\j2sdk1.4.2_19"。

PATH 的值设置为 ".;%JAVA_HOME%\bin;%JAVA_HOME\jre\bin"。

CLASSPATH 的值设置为 ".;%JAVA_HOME%\lib\dt.jar;%JAVA_HOME%\lib\tools.jar"。

设置环境变量的值完成后，在命令行下输入 javac，然后敲回车键，如果出现如图 3-12 所示的界面，则表示环境变量设置正确。

```
Microsoft Windows XP [版本 5.1.2600]
<C> 版权所有 1985-2001 Microsoft Corp.

C:\Documents and Settings\Administrator>javac
Usage: javac <options> <source files>
where possible options include:
  -g                         Generate all debugging info
  -g:none                    Generate no debugging info
  -g:<lines,vars,source>     Generate only some debugging info
  -nowarn                    Generate no warnings
  -verbose                   Output messages about what the compiler is doing
  -deprecation               Output source locations where deprecated APIs are us
ed
  -classpath <path>          Specify where to find user class files
  -sourcepath <path>         Specify where to find input source files
  -bootclasspath <path>      Override location of bootstrap class files
  -extdirs <dirs>            Override location of installed extensions
  -d <directory>             Specify where to place generated class files
  -encoding <encoding>       Specify character encoding used by source files
  -source <release>          Provide source compatibility with specified release
  -target <release>          Generate class files for specific VM version
  -help                      Print a synopsis of standard options


C:\Documents and Settings\Administrator>
```

图 3-12　JDK 设置

在正确配置 JDK 之后，接着配置 javax.comm 包。解压 javax.comm 包，然后将文件 win32com.dll 复制到 "C:\j2sdk1.4.2_19\jre\bin" 目录下；将文件 comm.jar 复制到 "C:\j2sdk1.4.2_19\jre\lib\ext" 目录下；将文件 javax.comm.properties 复制到 "C:\j2sdk1.4.2_19\jre\lib" 目录下。

在上述工作都完成之后，接下来检查一下安装是否成功，打开 Cygwin，然后输入 toscheck，如果最后一行提示：toscheck completed without error，则表示安装成功，如图 3-13 所示。

```
        /usr/local/bin/uisp
        uisp version 20030820tinyos

graphviz:
        /cygdrive/c/tinyos/ATT/Graphviz/bin/dot
        dot version 1.10 (Wed Jul 9 23:09:17 EDT 2003)

avr-as:
        /usr/local/bin/avr-as
        GNU assembler 2.13.2.1

avarice:
        /usr/local/bin/avarice
        AVaRICE version 2.0.20030825cvs, Aug 25 2003 20:53:25

avr-gdb:
        /usr/local/bin/avr-gdb
        GNU gdb cvs-pre6.0-tinyos


toscheck completed without error.

Administrator@lenovo-7e6a87bb ~
$
```

图 3-13　Cygwin 安装测试

2. 在 TOSSIM 上仿真 TinyDB

在安装成功 TinyOS 之后，我们可以使用 TOSSIM 来仿真 TinyDB。基本步骤如下：

1）双击打开 Cygwin 窗口，在目录 "tinyos-1.x/tools/java/net/tinyos/tinydb" 下使用命令 "make -f MakePC" 对 Java 代码进行编译；

2）在目录 "tinyos-1.x/apps/TinyDBApp" 下使用命令 "make -f MakePC" 编译 PC 的二进制文件；

3）在目录 "tinyos-1.x/apps/TinyDBApp" 下使用命令 "./build/pc/main.exe n" 运行 PC 二进制文件，启动包含 n 个节点的传感器网络；

4）打开一个新的 Cygwin 窗口，在目录 "tinyos-1.x/tools/java" 下使用命令 "java net.tinyos.tinydb.TinyDBMain -sim"，可以运行一个基于 Java 的 GUI 界面。

3. TinyDB 查询

TinyDB 的客户端提供了两种查询接口：第一种为支持 TinySQL 的图形化查询接口，提供了可以使用 TinySQL 查询语言的图形界面，供终端用户使用；第二种为支持 TinySQL 的 Java 查询接口，提供了基于 Java 的应用程序接口，支持用户使用 TinyDB 编写应用程序查询数据。

（1）支持 TinySQL 的图形化查询接口

图 3-14 为 TinyDB 的图形化查询接口，使用 TinySQL 查询数据。在图形化查询接口

中，用户既可以使用菜单的方式生成 TinySQL 查询语句，也可以直接输入 TinySQL 查询语句。图 3-15 为执行 TinySQL 查询语句之后所得到的查询结果的界面，用户可以根据需要生成光照强度的曲线图，了解光照强度的变化情况。

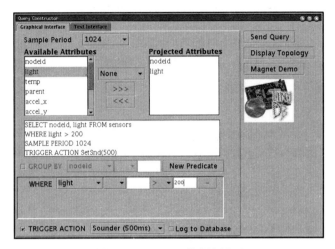

图 3-14　TinyDB 的查询界面

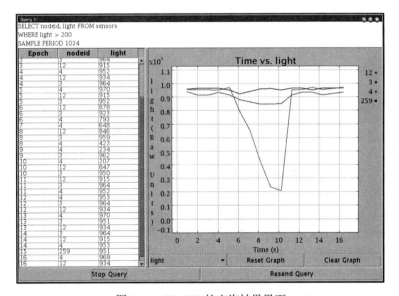

图 3-15　TinyDB 的查询结果界面

（2）支持 TinySQL 的 Java 查询接口

下面为使用 Java 接口查询数据的例子。该例子实现了使用查询语句"SELECT light FROM sensors"查询传感器数据的功能。

```
package net.tinyos.tinydb;
import net.tinyos.tinydb.parser.*;
import java.util.Vector;
import java.io.*;
public class DemoApp implements ResultListener{
        public DemoApp(){
```

```
try {
    TinyDBMain.initMain(); // 解析查询
    q = SensorQueryer.translateQuery("SELECT light", (byte)1);
    // 插入查询，注册监听器
    System.out.println("Sending query.");
    TinyDBMain.injectQuery( q, this);
} catch (IOException e) {
    System.out.println("Network error.");
} catch (ParseException e) {
    System.out.println("Invalid Query.");
}
}
/* 产生查询结果时调用该方法 */
public void addResult(QueryResult qr) {
    Vector v = qr.resultVector(); // 打印结果
    for (int i = 0;  i <  v.size(); i++) {
        System.out.print("\t" + v.elementAt(i) + "\t|");
    }
    System.out.println();
}
public static void main(String argv[]) {
    new DemoApp();
}
TinyDBQuery q;
}
```

3.4　本章小结与进一步阅读的文献

　　传感器网络是一种以数据为中心的网络，运行过程会产生大量的数据，由于其与传统的网络有本质的区别，因此需要专门的传感器网络数据管理系统对其产生的数据进行管理。

　　传感器数据管理系统的体系结构主要分为 4 种：集中式结构、半分布式结构、分布式结构和层次结构。

　　数据模型是数据特征的抽象，目前传感器网络数据管理系统的数据模型主要是在传统的关系模型、对象关系模型或者时间序列模型上进行了扩展。

　　传感器网络数据管理技术主要包括数据查询、数据索引和数据聚合。数据查询主要分为查询历史数据和查询动态数据两种；为了提高查询数据的速度，需要使用索引技术对数据进行索引；为了减少数据传输所占用的带宽，需要使用数据聚合技术对数据进行处理。

　　TinyDB 是一个具有代表性的传感器网络数据管理系统，是加州大学伯克利分校在其研制的操作系统 TinyOS 的基础上开发而成，为用户提供了一个简洁、易用和类 SQL 的应用程序接口，用户可以像使用传统关系数据库系统一样使用 TinyDB 查询传感器网络数据，无需了解传感器网络的细节，使得传感器网络的体系结构对用户透明。本章内容介绍了 TinyDB 系统的系统结构和各个组成部分，并给出了系统仿真的实例介绍。

　　进一步的文献阅读，读者可以查阅相关国际会议的论文，如：ACM SIGCOMM: ACM Conf on Communication Architectures, Protocols & Apps、IEEE INFOCOM: The Conference on Computer Communications、IEEE INFOCOM: The Conference on Computer Communications、

ACM MobiCom: International Conference on Mobile Computing and Networking 和 MOBIHOC: ACM International Symposium on Mobile AdHoc Networking and Computing 等。

习题 3

1. 简述传感器网络数据管理系统与传统的分布式数据库的区别。
2. 传感器网络数据管理系统的体系结构有哪几种？分别有什么特点？
3. 什么是数据模型？它的作用是什么？
4. TinyDB 系统的数据模型是什么？有什么特点？
5. 请简述 TinyDB 系统和 Cougar 系统的区别和联系。
6. 传感器网络数据查询处理的方法有几种？分别有什么特点？
7. 请用 TinyDB 的查询语言写出"每 5 分钟平均温度高于 20℃的区域，并返回区域号码和温度的最大值"。
8. 传感器节点的聚集技术有哪些？分别是怎么实现的？
9. 传感器网络的数据存储有几种方式？
10. 在基于地理散列函数的数据存储方法中，如果大量数据映射到同一个主节点上，则会使得该主节点由于能量消耗过快而停止工作，降低了网络性能，请给出一种能够避免或者减少发生这种情况的方法。
11. 数据索引有几种类型？
12. 什么是传感器网络数据聚合？有什么优点？
13. 传感器网络中的数据聚合的分类方法有哪些？
14. 按照数据聚合操作的层次级别，数据聚合操作可以划分为几种类别？它们之间的区别是什么？
15. 在传感器网络的路由协议中如何应用网络数据聚合来减少网络数据量？请给出一个例子。
16. 在传感器网络应用中，SQL 聚合操作有哪些？
17. TinyDB 系统有哪些主要特征？
18. 简述 TinyDB 的系统结构。
19. 熟悉 TinyOS 1.1 的安装过程以及 TinyDB 的操作方法。
20. 使用 Java 接口实现查询语句"SELECT Sensor_ID, Temperature FROM sensors"的功能。

参考文献

[1] Yao Y, Gehrke J. Query processing for sensor networks[C]. In: Proc 1st Biennial Conference on Innovative Data Systems Research, Asilomar. CA, Jan 2003, 1364.

[2] Krishnamachari B, Estrin D, Wrcher SB. The impact of data aggregation in wireless sensor networks[C]. In: Proc 22nd Int'l Conference on Distributed Computing Systems. 2002, 575-578.

[3] Akyildiz IF, Su EL, Sankarasubramaniam Y, et al. A survey on sensor networks[J]. IEEE Communications Magazine. 2002, 40(8): 102-114.

[4] Rentala P, Musunuri R, Gandham S, et al. Survey on sensor networks[R]. Technical Report. UTS-33-02, University of Texas at Dallas, 2002.

[5] Madden S, Franklin MJ, Hellerstein JM, et al. The design of an acquisitional query processor for sensor networks[C]. In:Proc 2003 ACM SIGMOD Int'l Conference on Management of Data. San Diego, CA, 2003, 491-502.

[6] Krishnamachari B, Estrin D, Wrcher SB. The impact of data aggregation in wireless sensor networks[C]. In:Proc 22nd Int'l Conference on Distributed Computing Systems. 2002, 575-578.

[7] Madden S. The Design and Evaluation of a Query Processing Architecture for Sensor Networks[D]. Ph.D Thesis. UC Berkeley, Oct. 2002.

[8] TinyOS[OL]. http://webs.cs.berkeley.edu/tos. UC Berkeley.

[9] Bonnet P, Gehrke JE, Seshadri P. Towards sensor database systems[C]. In:Proc 2nd Int'l Conference on Mobile Data Management. Hong Kong, January 2001, LNCS 1987, London:Springer Verlag, 2001.

[10] The Cougar Sensor Database Project[OL]. http://www.cs.cornell.edu/database/cougar/. Cornell University.

[11] Bonnet P, Gehrke J. Querying the physical world[J]. IEEE Personal Communication. 2000, 7(5):10-15.

[12] Yao Y, Gehrke J. The cougar approach to in-network query processing in sensor networks[J]. ACM SIGMOD Record. 2002, 31(3):9-18.

[13] Gerhke J. COUGAR:The Network is the Database[OL]. http://www.cs.cornell.edu/database/cougar/.

[14] Madden S, Szewczyk R, Franklin M J, et al. Supporting Aggregate Queries over Ad-Hoc Wireless Sensor Networks[C]. In Proceeding of IEEE WMCSA. June 2002, 49-58.

[15] Ganesan D, Estrin D, Heidemann J. DIMENSIONS: Why do We Need a New Data Handling Architecture for Sensor Networks[J]. ACM SIGCOMM Computer Communication Review. 2003, 33(1):143-148.

[16] Raghavendra C S, Sivalingam K M, Zhati T. Wireless Sensor Networks[M]. Kluwer Academic Publishers. 2004.

[17] Young X L, Kim J, Govindan R, et al. Multi-Dimensional Range Queries in Sensor Networks[C]. In Proceeding of 1st ACM ENSS. 2003:509-517.

[18] Hall D L, Llinas J. Handbook of Multisensor Data Fusion[M]. CRC Press. 2001.

第4章 传感网关键技术

无线传感器网络作为当今信息领域新的研究热点，有非常多的关键技术有待研究。本章内容囊括了传感网面向不同应用场合涉及的主要关键技术，包括命名与寻址、拓扑控制、能量管理、时间同步、节点定位。这些关键技术分布在不同的协议层次。需要注意的是，不是每个应用都能使用到所有的关键技术。

我们在 4.1 节介绍基础的命名与寻址技术；在 4.2 节介绍拓扑控制技术；在 4.3 节介绍能量管理；最后，在 4.4 和 4.5 节分别介绍时间同步和节点定位技术。

4.1 命名与寻址

命名与寻址技术是无线传感器网络中最基础的技术，主要目的是为作为物理设备的节点赋予逻辑上的名称和地址信息，从而将传感网中的节点区分开，这对于大部分应用来说是必须的。

4.1.1 基本原理

命名和寻址是网络的两大基本问题。简单地说，名称（name）是表示节点、数据、处理等的名字，而地址（address）是为了找到某个事物而提供的相应信息。例如，在多跳网络的路由中，名称和地址的作用就会显现出来。有时名称和地址的区分并不明显，地址也可以用于表示事物。比如，一个 IP 地址既提供了找到某个节点的信息，也提供了准确识别这个节点的信息，即该节点属于某个单独的子网。

在传统的网络中，独立节点、网站以及它们的数据都被命名并分配地址。节点或网站把许多用户连接起来，并且允许用户间交换数据和访问服务器。用户的数据类型虽然千差万别，但网络也能够支持。网络只是对用户数据做了一个最简单的假设：所有的数据都是二进制数，需要从一个节点转移到另一个节点。但是在无线传感器网络中，所有的节点都不是独立的，节点之间需要互相合作来完成给定的任务，并向用户提供一个通向网络以外的接口。

在大多数的计算机和传感器网络中，可以见到如下类型的名称、地址和标识符 [1]。

1）唯一的节点标识符（Unique Node Identifier, UID）。唯一的节点标识符是指每一个节点都拥有的一个恒定不变的标识。UID 的设定可以与生产厂家、产品名称和序列号结合起来，在节点生产时就分配好。

2）MAC 地址。MAC 地址用于在单跳邻近节点之间区分节点地址。在无线传感器网络中，使用基于竞争的 MAC 协议时，MAC 地址是非常重要的。因为通过把 MAC 地址包含在单播 MAC 分组中，节点就能判断哪些数据分组没有到达；如果该数据分组没有到达，还在传输中，那么节点可以进入休眠模式。

3）网络地址。网络地址是用来在多跳范围内表示和找到某个节点的。因此，网络地址常常与路由关联起来。

4）网络标识符。在部署位置上重叠的无线传感器网络，如果是相同的类型并工作在同一频段，这需要通过网络标识符来区分每个网络。

5）资源标识符。名称或资源标识符（resource identifier）是以用户可以理解的语言表达的，对于用户来说资源标识符具有一定的含义。例如，在读到 www.nwpu.edu.cn 时，用户可以知道：它可能表示一个网络服务器；用户可以从这个服务器上找到一些关于西北工业大学的信息。相反，如果用户读到 IP 地址 199.184.165.136，则不能从这个地址中得到相关信息。

4.1.2　地址管理

地址管理主要包括以下内容：

1）地址分配。一般的，地址分配是指从地址库中给某个实体分配一个地址。

2）地址再分配。在按需分配的地址分配方案中，地址空间通常较小。而传感器网络的节点数量在本质上是动态的；节点可能被删除、移动或有新节点加入到网络中。如果离开网络的节点地址没有被放回地址库中重新使用，那么地址库中的地址将很快被用完。地址的再分配既可以交互地进行，也可以非交互地进行。在交互再分配中，离开的节点直接发出控制分组，声明放弃自身的地址。而在非交互再分配中，节点本身不能发送相应的控制分组，则删除节点和回收节点地址的任务交回给网络。

3）地址表达。表达地址的格式需要在网络中协调，并在整个网络中执行。

4）地址冲突的检测。在按需分配的分布式地址分配中以及网络合并时，可能会发生地址冲突，需要采用一些方法来对分配的地址进行冲突检测。

5）绑定。如果在网络中使用了几个地址层，那么必须提供不同地址层之间的地址映射关系。例如，在 IP 网络中，必须利用 ARP 协议把 IP 地址映射成 MAC 地址。

另外，对于网络名称和地址，需要区别以下一些唯一性的要求：

1）全局唯一性。全局唯一性的地址或标识符被认为在全局范围内至多只出现一次。

2）网内唯一性。网内唯一性的地址是指该地址在指定的网络内具有唯一性，但是该地址可能会出现在不同的网络中。例如，有两个不同的网络，网络 A 和网络 B，节点 $a \in A$，节点 $b \in B$，节点 a 和节点 b 有相同的地址，但在各自网络内两个节点的地址唯一。

3）局部唯一性。局部唯一性的地址在同一网络中也可能会出现几次，但是该地址在某个适当的邻域范围内是唯一的。

对网络地址最重要的考虑是表达地址所需二进制数的长度及寻址所需要的通信开销。

寻址的通信开销与两个方面有关：使用地址的频率和地址的长度。以 MAC 地址为例，有些 MAC 协议，比如 TRMA[2]，要在邻近节点之间建立专门的链接，使两个邻近节点间没有时隙冲突也没有频率冲突。如果为数据分组也建立这样的链接，那么数据分组中就没有必要再包含地址信息了，因为已经明确地指定了数据源节点和目的节点。

相反，在基于竞争的 MAC 协议中，在某一时间内，任何节点都可能向任何其他节点传送数据，因此地址信息就变得非常重要了。一方面节点需要区分数据的源节点和目的节点，另一方面还要避免对邻近节点的侦听。可见，这种情况下地址长度越短越好。

假设我们采用全局唯一的地址分配方式，比如 IEEE 802.3 标准。48 位长的地址能够容纳现有的所有设备。然而在无线传感器网络中，数据分组可能很小，48 位长的地址甚至比数据本身还长。

对于网内唯一的地址，地址的长度需要足够大，以容纳网内的所有节点。为了把地址的长度降到最低，必须预先知道网络的容量。预留一段空白地址也是非常重要的，因为可能需要在多个阶段分配地址。比如，在地址首次分配很久以后，需要向网络中加入新的节点，此时就需要把预留的地址分配给新节点。

局部唯一的地址必须在某个邻域内是唯一的。当然，这个邻域比整个网络小得多。比如，MAC 地址应该在两跳的邻域内是唯一的。因此，这种地址的位数比网内唯一地址的长度要短。对于局部唯一地址，因为几乎不能预知网络的拓扑结构，所以需要一个地址分配协议进行地址分配。如果数据分组本身很小，那么地址长度越短越好。

4.1.3 地址分配

地址分配可以是预先完成的，例如，在网络设备生产过程中或在网络形成以前预先配置地址，也可以根据地址分配协议按需分配地址。分配既可以是集中式的，也可以是分布式的。在集中式分配中，有一个被授权的节点控制着地址库；而在分布式分配中不存在这样的授权节点，所有的节点都扮演着相同的角色。

集中式地址分配的一个例子是国际互联网的 DHCP 协议 [3]。集中式的地址分配方式不能平衡数据流量。比如，某些节点可能会产生巨大的数据量，这些数据量被直接送到一个或某几个地址服务器。于是，这些服务器的周边区域就成为异常繁忙的热点。这种情况可以通过分簇技术在一定程度上得到解决。另一方面，DHCP 协议要求节点周期性地更新地址，用以检测非交互的地址再分配。

对于网内唯一性地址的分布式分配，最简单的方法是一个节点从指定的地址范围内随机地选择一个地址并期望这个地址是唯一的。如果一个节点在没有任何先验知识的情况下选择地址，那么最好以均匀分布的方式选择，因为这样的选择具有最大的熵。然而，很容易想到，这种地址分配方法很快就会导致地址冲突。

为了解决随机地址分配造成的地址冲突问题，无线传感器网络需要参考移动自组织网络中的 IP 地址分配方案。

参考文献 [4] 提出了一种适合移动自组织网络的地址分配协议。在该协议中，一个节点首先随机地选择一个临时地址和一个推荐的固定地址，然后发出一个地址请求控制分组，分组中带有这个临时地址和固定地址。临时地址是从一个专用地址库中分配的，该地址库独立于真正的节点地址库。路由协议试图找到一条通向具有该固定地址节点的路径。如果存在到达此节点的路径，那么就产生一个地址响应分组，并回送到临时地址。节点接收到该分组就知道这个选中的固定地址已经被分配出去了，再尝试另外一个地址。如果节点在一定的时间内没有接收到地址响应分组，则节点需重复发送一定次数的地址请求控制分组以防止请求或相应分组在传送途中丢失。如果经过以上步骤后，节点仍然没有收到地址响应分组，则接受这个推荐的 IP 地址。

在参考文献 [5] 中，作者把地址分配问题当作一个分布式协议问题。一个请求节点和一个已有地址的邻近节点联系，该邻近节点也称为发起节点。发起节点有一个所有已知地址的分配表，并选出一个未分配的地址。发起节点向网络中的所有节点广播选出的未分配地址，并收集其他节点的响应。其他所有节点把接收到的这个地址放入候选的地址表中。如果任意节点发现该地址在已知的地址分配表中，则发出一个"拒绝"的应答；否则，就发出一个"接受"的应答。如无节点拒绝，则发起节点就把选中的地址分配给请求节点，并告知网络中的其他节点该地址已被永久分配。否则，发起节点选择另外一个地址，并重复以上过程。显然这种方法要产生很多通信开销，用于传送各种"请求"和"应答"，并要求无线传感器网络具有一定的缓冲存储空间。

在参考文献 [6] 中，作者讨论了局部唯一性 MAC 地址的分配问题。该方法采用了一个局部协议，需要分配地址的节点只和它的直接邻近的节点通信，这样就可以把地址的唯一性限制在一个很小的局部邻域内，地址的长度比网内唯一地址和全局唯一地址的长度都短。如果数据的长度与地址的长度在一个数量级上，那么因为地址缩短而节省的能量是非常显著的。

4.1.4　基于内容和地理位置寻址

传统网络及自组织网络能够提供相应的服务和协议，使网内的用户之间以及网内与网外的用户交换数据。然而，无线传感器网络面对的是物理环境。节点之间通过互相合作来进行工作。用户关心的是无线传感器网络所处的物理环境的情况，而并不关心某个网络节点。例如，用户可能会需要某座大楼某房间的当前平均温度，而不会要求地址为 139、27、225、10 592 和 10 593 的节点的温度。

在传统的基于 IP 的网络中，要求引入基于 IP 地址的命名系统，并提供从域名到 IP 地址的映射关系。然而在传感器网络中，并不需要这样间接的映射关系。根据用户指定的属性可以直接找到相应的节点，这就是以内容为中心的寻址。

地理位置寻址可以被视为基于内容寻址的一种特殊情况。用户指定的某些属性是空间坐标。地理位置寻址假设节点已经知道自身坐标。因此，定位技术对地理位置寻址是非常重要的。另一方面，地理位置的地址也有助于路由。比如，在定向扩散协议中，位置信息有助于确定洪泛或消息的传播方向。

基于内容和地址位置寻址不是对 MAC 协议的替代，但是可以用在网络层中，协助做出路由决策。

4.2　拓扑控制

拓扑控制是无线传感器网络研究中的核心问题之一。拓扑控制对于延长网络的生存时间、减小通信干扰、提高 MAC(Media Access Control) 协议和路由协议的效率等具有重要意义。本节将介绍无线传感器网络中典型的拓扑控制技术。

4.2.1　概述

拓扑控制就是要形成一个优化的网络拓扑结构，它是传感网的一个基本问题，也是传感网中许多其他研究问题的基础。

传感网一般具有大规模、自组织、随机部署、环境复杂等特点，且传感网中的传感器节点通常是体积微小的嵌入式设备，采用能量有限的电池供电，其计算能力和通信能力有限。良好的拓扑结构能够有效延长网络的生存时间、减小通信干扰、提高 MAC 协议和路由协议的效率，为数据融合、时间同步和目标定位等提供基础，提高网络的可靠性、可扩展性等。因此，拓扑结构控制与优化在传感网研究中具有十分重要的意义，具体表现为：

1）延长网络的生存时间。能量有效性是传感网设计的核心问题。拓扑控制的一个重要目标就是在保证网络连通性和覆盖度的情况下，尽量合理高效地使用网络能量，延长整个网络的生存时间。

2）减小节点间通信干扰。传感网中节点通常密集部署，如果每个节点都以大功率进行通信，会加剧节点之间的干扰，降低通信效率，并造成节点能量的浪费。反之，如果选择太小的发射功率，会影响网络的连通性。拓扑控制中的功率控制技术是解决这个矛盾的重要途径之一。

3）为路由协议提供基础。在传感网中，只有活动的节点才能进行数据转发，而拓扑控制可以确定由哪些节点作为转发节点，同时确定节点之间的邻居关系。

4）影响数据融合。传感网中的数据融合指传感器节点将采集的数据发送给骨干节点，骨干节点进行数据融合，并把融合结果发送给数据收集节点。而骨干节点的选择是拓扑控制的一项重要内容。

5）弥补节点失效的影响。传感器的节点可能部署在恶劣环境中，所以很容易因受到破坏而失效。这就要求网络拓扑结构具有鲁棒性以适应这种情况。

拓扑控制解决的问题是：在保证一定的网络连通质量和覆盖质量的前提下，一般以延长网络的生命期为主要目标，兼顾通信干扰、网络延迟、负载均衡、简单性、可靠性、可扩展性等其他性能，形成一个优化的网络拓扑结构。传感网是与应用相关的，不同的应用对底层网络的拓扑控制设计目标的要求也不尽相同。下面介绍拓扑控制中一般要考虑的设计目标和相关的概念、结论。

传感网中拓扑控制的设计目标：

1）连通：传感网一般是大规模的，传感器节点感知到的数据一般要以多跳的方式传送到汇聚节点。这就要求拓扑控制必须保证网络的连通性。如果至少要去掉 k 个传感器节点才能使网络不连通，就称网络是 $k-$ 连通的，或者称网络的连通度为 k。拓扑控制一般要保证网络是连通（$1-$ 连通）的。有些应用可能要求网络配置到指定的连通度。有时也讨论渐近意义下的连通，即当部署区域趋于无穷大时，网络连通的可能性趋于 1。

2）覆盖：覆盖可以看成是对传感网服务质量的度量。在覆盖问题中，最重要的因素是网络对物理世界的感知能力。覆盖问题可以分为区域覆盖、点覆盖和栅栏覆盖（barrier coverage）。区域覆盖研究对目标区域的覆盖（监测）问题；点覆盖研究对一些离散的目标点的覆盖问题；栅栏覆盖研究运动物体穿越网络部署区域被发现的概率问题。相对而言，对区域覆盖的研究较多。如果目标区域中的任何一点都被 k 个传感器节点监测，就称网络是 $k-$ 覆盖的，或者称网络的覆盖度为 k。一般要求目标区域的每一个点至少被一个节点监测，即 1- 覆盖。因为讨论完全覆盖一个目标区域往往是困难的，所以有时也研究部分覆盖，包括部分的 1- 覆盖和部分的 k- 覆盖。像渐近连通一样，有时也讨论渐近覆盖，所谓渐近覆盖是指，当网络中的节点数趋于无穷大时，完全覆盖目标区域的概率趋于 1。覆盖控制是拓扑控制的基本问题。

3）网络生命期：网络生命期有多种定义，一般将网络生命期定义为从网络建立开始直到死亡节点的百分比低于某个阈值时的持续时间。也可以通过对网络的服务质量的度量来定义网络的生命期，我们可以认为网络只有在满足一定的覆盖质量、连通质量、某个或某些其他服务质量时才是存活的。拓扑控制是延长网络生命期的十分有效的技术。最大限度地延长网络的生命期是一个十分复杂的问题，它一直是拓扑控制研究的主要目标。

4）吞吐能力：设目标区域是一个凸区域，每个节点的吞吐率为 λ bit/s，在理想情况下，则有关系式：$\lambda \leqslant \dfrac{16AW}{\pi \Delta^2 L} \cdot \dfrac{1}{nr}$ bit/s。其中，A 是目标区域的面积，W 是节点的最高传输速率，π 是圆周率，Δ 是大于 0 的常数，L 是源节点到目的节点的平均距离，n 是节点数，r 是理想球状无线电发射模型的发射半径。由此可以看出，通过拓扑控制减小发射半径或减小工作网络的规模，在节省能量的同时，可以在一定程度上提高网络的吞吐能力。

5）干扰和竞争：减小通信干扰、减少 MAC 层的竞争和延长网络的生命期基本上是一致的。拓扑控制可以调节发射范围或工作节点的数量。这些都能改变 1 跳邻居节点的个数（也就是与它竞争信道的节点数），从而减小干扰和减少竞争。

6）网络延迟：当网络负载较高时，低发射功率会带来较小的端到端延迟；而在低负载情况下，低发射功率会带来较大的端到端延迟。对于这一点，一个直观的解释是：当网络负载较低时，高发射功率减少了源节点到目的节点的跳数，所以降低了端到端的延迟；当网络负载较高时，节点对信道的竞争是激烈的，低发射功率由于缓解了竞争而减小了网络延迟。这是拓扑控制中的功率控制与网络延迟之间的大致关系。

7）拓扑性质：事实上，对于网络拓扑的优劣，很难直接根据拓扑控制的终极目标给出定量的度量。因此，在设计拓扑控制（特别是功率控制）方案时，往往退而追求良好的拓扑性质。除了连通性之外，对称性、平面性、稀疏性、节点度的有界性、有限伸展性等，都是希望具有的性质。

此外，拓扑控制还要考虑诸如负载均衡、简单性、可靠性、可扩展性等方面。拓扑控制的各种设计目标之间有着错综复杂的关系。对这些关系的研究也是拓扑控制研究的重要内容。

4.2.2 功率控制

功率控制就是为传感器节点选择合适的发射功率。通过功率控制技术来调控网络的拓扑特性，主要就是通过寻求最优的传输功率及相应的控制策略，在保证网络通信连通的同时优化拓扑结构，从而达到满足网络应用相关性能的要求。

功率控制是一个十分复杂的问题。希腊佩特雷大学（University of Patras）的 Kirousis 等人将其简化为发射范围分配问题，简称 RA（Range Assignment）问题，并详细讨论了该问题的计算复杂性。设 N={$u1,\cdots,un$} 是 d（d=1,2,3）维空间中代表网络节点位置的点的集合，$r(u_i)$ 代表节点 u_i 的发射半径。RA 问题就是要在保证网络连通的前提下，使网络的发射功率（各节点的发射功率的总和）最小，也就是要最小化 $\sum_{u_i \in N}(r(u_i))^a$，其中，$a$ 是大于 2

的常数。在一维情况下，RA 问题可以在多项式时间 $O(n^4)$ 内解决；然而在二维和三维情况下，RA 问题是 NP 难的。实际的功率控制问题比 RA 问题更为复杂。

这个结论从理论上告诉我们，试图寻找功率控制问题的最优解是不现实的，应该从实际出发，寻找功率控制问题的实用解。针对这一问题，当前已提出了一些解决方案，其基本思想都是通过降低发射功率来延长网络的生命期。下面是几个典型的解决方案，分别代表了目前功率控制的几个典型的研究方向。

1. 基于节点度的功率控制

一个节点的度数是指所有距离该节点一跳的邻居节点的数目。基于节点度算法的基本思想是网络中的每个节点可以通过功率控制机制调节发射功率，以均衡节点的单跳可达邻居数据的方式优化网络拓扑结构，改进系统的相关性能。基于节点度的算法利用局部信息来调整相邻节点间的连通性，从而保证整个网络的连通性，同时保证节点间的链路具有一定的冗余性和可扩展性。具有代表性的算法有柏林工业大学的 Kubisch 等人提出的本地平均算法（Local Mean Algorithm, LMA）和本地邻居平均算法（Local Mean of Neighbors algorithm, LMN）等。这两种算法给定节点度的上限和下限，周期性地动态调整节点发射功率，使节点的度数始终维持在度数的上限和下限之间。它们之间的区别在于计算节点度的策略不同。

本地平均算法（LMA）具体步骤如下：

1）开始时所有节点都有相同的发射功率 TransPower，每个节点定期广播一个包含自己 ID 的 LifeMsg 消息。

2）如果节点接收到 LifeMsg 消息，发送一个 LifeAckMsg 应答消息。该消息中包含所应答的 LifeMsg 消息中的节点 ID。

3）每个节点在下一次发送 LifeMsg 时，首先检查已经收到的 LifeAckMsg 消息，利用这些消息统计出自己的邻居数 NodeResp。

4）如果 NodeResp 小于邻居数下限 NodeMinThresh，那么节点在这轮发送中将增大发射功率，但发射功率不能超过初始发射功率的 B_{max} 倍；同理，如果 NodeResp 大于邻居数上限 NodeMaxThresh，那么节点将减小发射功率，用式（4-1）和式（4-2）表示，其中 B_{max}、B_{min}、A_{inc} 和 A_{dec} 是 4 个可调参数，它们会影响功率调节的精度和范围。

$$\text{TransPower} = \min\{B_{max} \times \text{TransPower},$$
$$A_{inc} \times (\text{NodeMinThresh} - \text{NodeResp}) \times \text{TransPower}\} \qquad （4\text{-}1）$$

$$\text{TransPower} = \min\{B_{min} \times \text{TransPower},$$
$$A_{dec} \times (1 - (\text{NodeResp} - \text{NodeMaxThresh})) \times \text{TransPower}\} \qquad （4\text{-}2）$$

本地邻居平均算法（LMN）与本地平均算法（LMA）类似，唯一的区别是邻居数 NodeResp 的计算方法不同。在 LMN 算法中，每个节点发送 LifeAckMsg 消息时，将自己的邻居数加入消息中，发送 LifeMsg 消息的节点在收集完所有 LifeAckMsg 消息后，将所有邻居的邻居数求平均值并作为自己的邻居数。

仿真结果显示，这两种算法在保证网络连通的同时，通过少量的局部信息使网络性能达到了一定程度的优化，且两种算法对传感器节点的要求不高，不需要严格的时间同步。但是，这两种算法都缺乏严格的理论推导。

2. 基于邻近图的功率控制

邻近图可以用 $G=(V,E)$ 的形式表示，其中 V 代表图中顶点的集合，E 代表图中边的集合。E 中的元素可以表示为 $l=(u,v)$，其中 $u,v \in V$。所有由一个图 $G=(V,E)$ 导出的邻近图 $G'=(V,E')$ 是指：对于任意一个节点 $v \in V$，给定其邻居的判别条件 q，E 中满足 q 的边 (u,v) 属于 E'。经典的邻近图模型有 RNG（Relative Neighborhood Graph）、GG（Gabirel Graph）、YG（Yao Graph）以及 MST（Minimum Spanning Tree）等。

基于邻近图的功率控制算法的基本思想是：设所有节点都使用最大发射功率发射时形成的拓扑图是 G，按照一定的邻居判别条件求出该图的邻近图 G'，每个节点以自己所邻接的最远节点来确定发射功率。基于邻近图的功率控制算法使节点确定自己的邻居集合，调整适当的发射功率，从而在建立起一个联通网络的同时，达到节省能量的目的。伊利诺斯大学的 Li 和 Hou 提出的 DRNG（Directed Relative Neighborhood Graph）和 DLMST（Directed Local Minimum Spanning Tree）是两个具有代表性的基于邻近图理论的算法，它们是较早的针对节点发射功率不一致问题提出的拓扑解决方案。DRNG 是基于有向 RNG 的，DLMST 是基于有向局部 MST 的。

为了使算法叙述清晰，先给出一些基本定义：

1）(u,v) 和 (v,u) 是两组不同的边，即边是有向的；

2）$d(u,v)$ 表示节点 u、v 之间的距离，r_u 代表节点 u 的通信半径；

3）可达邻居集合 N_u^R 代表节点 u 以最大发射半径可以到达的节点集合，由节点 u 和 N_u^R 以及这些节点之间的边构成可达邻居子图 G_u^R；

4）定义由节点 u 和 v 构成边的权重函数 $w(u,v)$ 满足如下关系：

$$w(u_1,v_1) > w(u_2,v_2)$$
$$\Leftrightarrow d(u_1,v_1) > d(u_2,v_2)$$
$$or(d(u_1,v_1)=d(u_2,v_2)\&\&\max\{id(u_1),id(v_1)\} > \max\{id(u_2),id(v_2)\})$$
$$or(d(u_1,v_)=d(u_2,v_2)\&\&\max\{id(u_1),id(v_1)\} > \max\{id(u_2),id(v_2)\})$$
$$\&\&\min\{id(u_1),id(v_1)\}) > min\{id(u_2),id(v_2)\}$$

上述关系式中，$id(x)$ 表示节点 x 的编号。无论是在 DRNG 算法中还是在 DLMST 算法中，节点都需要知道一些必要信息，所以在拓扑形成之前有一个信息收集阶段。在这个阶段中，每个节点以自己的最大发射功率广播 HELLO 消息，该消息中至少要包括自己的 ID 和自己所在的位置。这个阶段完成后，每个节点通过接收到的 HELLO 消息确定自己可达的邻居集合 N_u^R。

在 DRNG 算法中，没有明确给出算法的详细步骤，只给出了确定邻居节点的标准，如图 4-1 所示。如图 4-1 所示，假设节点 u、v 满足条件 $d(u,v) \le r_u$，且不存在另一节点 p 同时满足 $w(u,p) < w(u,v)$、$w(p,v) < w(u,v)$ 和 $d(p,v) \le r_p$ 时，节点 v 则被选为节点 u 的邻居节点。所以，DRNG 算法为节点 u 确定了邻居集合。

在 DLSS 算法中，假设已知节点 u 以及它的可到达邻居子图 G_u^R，将 p 到所有可达邻居节点的边以权重 $w(u,v)$ 为标准按升序排列；依次取出这些边，直到 u 与所有可达邻居节点直接相连或通过其他节点相连；最后，与 u 直接相连的节点构成 u 的邻居集合。从图论

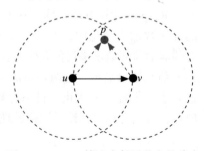

图 4-1 DRNG 算法中邻居节点的确定

的观点看，DLSS 算法等价于在 G_u^R 基础上进行本地最小生成树的计算。

经过执行 DRNG 和 DLSS 算法后，节点 u 确定了自己的邻居集合，然后将发射半径调整为到最远邻居节点的距离。更进一步，通过对所形成的拓扑图进行边的增删，使网络达到双向连通。图 4-2 是 DRNG 算法和 DLMST 算法优化拓扑结构的例子，其中图 4-2a 是每个节点以最大功率发射形成的原始拓扑结构，图 4-2b 是经过 DRNG 算法优化后的拓扑结构，图 4-2c 是经过 DLMST 散发优化后的拓扑结构。可以看出，无论是 DRNG 算法还是 DLMST 算法，都使得网络拓扑图中边的数量明显减少，降低了节点的发射功率，同时减少了节点间的通信干扰。

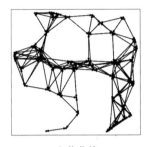 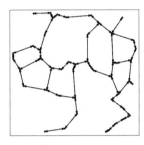 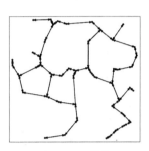

a) 优化前 　　　　　　　　 b) DRNG 优化 　　　　　　　　 c) DLMST 优化

图 4-2　经过优化的拓扑结构图示

DRNG 和 DLMST 能够保证网络的连通性，在平均功率和节点度等方面具有较好的性能。基于邻近图的功率控制是解决功率分配问题的近似解法，一般需要精确的位置信息。

此外，微软亚洲研究院的 Wattenhofer 等人提出的 XTC 算法对传感器节点没有太高的要求，对部署环境也没有过强的假设，提供了一个简单、实用的功率控制方案。下面将简要叙述 XTC 算法。

3. 分布式功率分配算法 XTC

XTC 算法的基本思想是用接收信号的强度作为 RNG 中的距离度量，XTC 算法可以分为如下 3 个步骤：

1）邻居排序，节点 u 对其所有的邻居计算一个反映链路质量的全序 $\prec_u$，在 $\prec_u$ 中，如果节点 w 在节点 v 的前面，则记为 $w \prec_u v$，节点 u 与 $\prec_u$ 中出现越早的节点之间的链路质量越好；

2）信息交换，节点 u 向其邻居广播自己的 $\prec_u$，同时接收邻居节点建立的 $\prec$；

3）链路选择，节点 u 按顺序遍历 $\prec_u$，先考虑链路好的邻居，再考虑链路坏的邻居，对于 u 的邻居 v，如果节点 u 没有链路更好的邻居 w 使得 $w \prec_u v$，那么 u 就与 v 建立一条通信链路。

XTC 算法不需要位置信息，对传感器节点没有太高的要求，适用于异构网络，也适用于三维网络。与大多数其他算法相比，XTC 算法更简单、更实用。但是，XTC 算法与实用要求仍然有一定距离，例如，XTC 算法并没有考虑到通信链路质量的变化。

4. 统一功率分配算法 COMPOW

伊利诺斯大学的 Narayanaswamy 等人提出的 COMPOW 算法的思想是在网络中使用统一的发射功率，旨在保证整个网络在有效连通的状态下，以最低的发射功率完成消息的传递。每个节点上以多个使用不同发射功率级的路由代理 (agent) 对网络进行探测，每个路由代理维护一个路由列表。完成全网探测后，比较各个路由代理最后得到的路由表项数，取其中发射功率最小且所形成的网络路由表项数和与最大发射功率所得的路由表项数一致的那个发射功率作为全网统一的发射功率。COMPOW 可以降低网络能耗，扩大吞吐量，并且不存在不对称发射功率导致的隐蔽站问题严重的现象。然而，COMPOW 在全网内仍然使用统一的发射功率，而不是针对不同目的节点自适应地调整到最优发射功率，因此还是不可避免地引入了不必要的能量消耗和信道噪声，多个路由代理在探测网络路由时也会带来大量的额外开销。

4.2.3 层次拓扑

功率控制研究了如何控制发射范围及邻居节点个数的问题。本节将研究如何选定一个节点作为已知节点的邻居节点的方法，其他节点（及这些节点间的连接）将被忽略。

1. 基于控制集的层次拓扑

通常，邻居节点 / 连接的选择意味着在节点中形成层次关系，但这不是必须的，可以选出一些节点构成"虚拟骨干节点"或者说是控制集——如果 V 中的所有节点或者在 D 中，或者是某个节点 $d \in D$ 的单跳邻居节点，即

$$\forall v \in V : v \in D \lor \exists d \in D : (v,d) \in E \tag{4-3}$$

使用控制集能够简化路由，例如，只允许限制骨干节点的实际路由协议；所有的"受控"节点只是把非本地数据分组转发到它们的邻接骨干节点（或其中的一个），然后骨干节点会继续把这个数据分组向它的目的节点转发。

SPAN 是一种能量有效的拓扑协调算法，其基本思想是：在不破坏网络原有连通性的前提下，根据节点的剩余能量、邻居的个数、节点的效用等多种因素，自适应地决定是成为骨干节点还是进入睡眠状态。睡眠节点周期性地苏醒，以判断自己是否应该成为骨干节点；骨干节点周期性地判断自己是否应该退出。

骨干节点退出骨干网络的规则是：如果一个骨干节点的任意两个邻居能够直接通信或通过其他工作节点间接地通信，那么它就应该退出（进入睡眠状态）。为了保证公平性，一个骨干节点在工作一段时间之后，如果它的任意两个邻居可以通过其他邻居通信，即使这些邻居不是骨干节点，它也应该退出。为了避免网络的连通性遭到临时性的破坏，节点在宣布退出之后，允许路由协议在新的骨干节点选出之前继续使用原来的骨干节点。

睡眠节点加入骨干网络的规则是：如果一个睡眠节点的任意两个邻居不能直接通信或通过一两个骨干节点间接通信，那么该节点就应该成为骨干节点。为了避免多个节点同时弥补一个空缺的骨干节点，SPAN 采用退避机制，节点在宣布成为骨干节点之前延迟一段时间（退避时间）。在延迟之后，如果该节点没有收到其他节点成为骨干节点的消息，它就宣布自己成为骨干节点；如果该节点收到其他节点成为骨干节点的消息，它就重新判断是否满足加入规则，宣布成为骨干节点当且仅当它仍然满足加入规则。为了获得较为合理的退避机制，SPAN 按式（4-4）计算退避时间 delay：

$$delay = \left(\left(1 - \frac{E_r}{E_m}\right) + (1 - U_i) + R \right) \times N_i \times T, \ U_i = C_i / \binom{N_i}{2} \tag{4-4}$$

其中，E_r 是节点的剩余能量，E_m 是该节点的最大能量（电池充满时的能量），U_i 称为节点 i 的效用，R 是区间 [0,1] 上的随机数，N_i 是节点 i 的邻居的个数，T 是一个小包在一个无线链路上的往返延迟 C_i 是指在节点 i 成为骨干节点时增加的连通的邻居对的个数。可

见，SPAN 的退避时间的计算要考虑到多种因素。

SPAN 对传感器节点没有特殊的要求，这是它的优点。但是，随着节点密度的增加，SPAN 的节能效果越来越差。这主要是因为 SPAN 采用了 802.11 的节能特性：睡眠节点必须周期性地苏醒并侦听。这种方式的代价是相当大的。

TopDisc（Topology Discovery）算法是基于最小支配集理论的经典算法。TopDisc 算法首先由初始节点发出拓扑发现请求，通过广播该消息来确定网络中的骨干节点（distinguished node），并结合这些骨干节点的邻居节点的信息形成网络拓扑的近似拓扑。在这个近似拓扑形成后，为了减少算法本身引起的网络通信量，只有骨干节点才对初始节点的拓扑发现请求做出相应的响应。

为了确定网络中的骨干节点，TopDisc 算法采用贪婪策略。具体地说，TopDisc 提出了两种类似的方法：三色法和四色法。

在三色算法中，节点可以处于三种不同状态，分别用白色、黑色、灰色三种颜色表示：

1）白色，尚未被发现的节点，或者说是没有接收到任何拓扑发现请求的节点；

2）黑色，骨干节点（簇头节点），负责相应拓扑发现请求；

3）灰色，普通节点，至少被一个标记为黑色的节点覆盖，即黑色节点的邻居节点。

在初始阶段，所有节点都被标记为白色，算法由一个初始节点发起，算法结束后所有节点都将被标记为黑色或者灰色（假设整个网络拓扑是连通的）。TopDisc 算法采用两种启发方法使得每个新的黑色节点都尽可能多地覆盖还没有被覆盖的节点：一种是节点颜色标记方法；另一种是节点转发拓扑发现请求时将会故意延迟一段时间，延迟时间的长度反比于该节点与发送拓扑发现请求到该节点的节点间距离。三色法的详细过程描述如下：

1）初始节点被标记为黑色，并向网络广播拓扑发现请求。

2）当白色节点接收到来自黑色节点的拓扑发现请求时，将被标记为灰色，并在延迟时间 T_{WB} 后继续广播拓扑发现请求，T_{WB} 反比于它与黑色节点之间的距离。

3）当白色节点接收到来自灰色节点的拓扑发现请求时，将在等待时间 T_{WC} 后标记为黑色，但如果在等待周期又收到来自黑色节点的拓扑发现请求，则优先标记为灰色；同样，等待时间 T_{WC} 反比于该白色节点与灰色节点之间的距离。不管节点被标记为灰色还是黑色，都将在完成颜色标记后继续广播拓扑发现请求。

4）所有已经被标记为黑色或者灰色的节点都将忽略其他节点的拓扑发现请求。

为了使得每个新的黑色节点都尽可能多地覆盖还没有被覆盖的节点，TopDisc 算法采用了反比于节点之间距离的转发延时机制。其合理性简单解释为：理想情况下，节点的覆盖范围是无线电发射半径覆盖的圆。于是，单个节点所能覆盖的节点数正比于其覆盖的面积和局部的节点部署密度。对于一个正在转发拓扑发现请求的节点，它所能覆盖的新的节点（还没有被任何节点覆盖的）则正比于它的覆盖面积与已经覆盖的面积之差。如图 4-3 所示，假设节点 a 是初始节点，根据步骤 1）它被标记为黑色，并广播拓扑发现请求。节点 b 和 c 收到来自 a 的拓扑发现请求，根据步骤 2）被标记为灰色，并各自等待一段时间后广播拓扑发现请求。假设 b 比 c

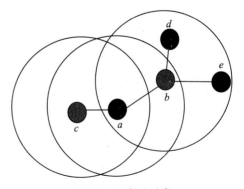

图 4-3　三色法示意

距离节点 a 更远，即 b 的等待时间更短，于是节点 b 先广播拓扑发现请求。节点 d 和 e 收到来自 b 的拓扑发现请求，根据步骤 3）各自等待一段时间，节点 a 已经被标记为黑色，根据步骤 4），它会忽略 b 的拓扑发现请求。假设 d 比 e 距离节点 b 更远，则节点 d 比节点 e 更有可能被标记为黑色，此处假设节点 d 和 e 都因为等待周期内没有收到来自黑色节点的拓扑发现请求而被标记为黑色。注意，在标记为黑色的两个节点之间存在一个中介节点（图中为节点 b）同时被这两个黑色节点覆盖，这归因于三色法的内在性质。

可以看出，三色法所形成的簇之间存在重叠区域。为了增大簇之间的间隔，减少重叠区域，TopDisc 算法同时也提出了四色法。顾名思义，节点可以处于 4 种不同的状态，分别用白色、黑色、灰色、深灰色表示。前 3 种颜色代表的含义跟三色法相同，增加的深灰色表示节点收到过拓扑发现请求，但不被任何标记为黑色的节点覆盖。

与三色法类似，在初始阶段，所有节点都被标记为白色，算法由一个初始节点发起，算法结束后所有节点都将被标记为黑色或者灰色（假设整个网络拓扑是连通的，且最终没有被标记为深灰色的节点）。四色法的详细过程描述如下：

1）初始节点被标记为黑色，并向网络广播拓扑发现请求。

2）当白色节点收到来自黑色节点的拓扑发现请求时，将被标记为灰色，并在延时时间 T_{WB} 后继续广播拓扑发现请求，T_{WB} 反比于它与黑色节点之间的距离。

3）当白色节点收到来自灰色节点的拓扑发现请求时，将被标记为深灰色并继续广播拓扑发现请求，然后等待一段时间（同样与距离成反比）；如果在等待期间收到来自黑色节点的拓扑发现请求，则改变为灰色，否则它自己成为黑色。

4）当白色节点收到来自深灰色节点的拓扑发现请求时，等待一段时间（同样与距离成反比），如果在等待期间收到来自黑色节点的拓扑发现请求，则改变为灰色，否则它自己成为黑色。

5）所有已经被标记为黑色或者灰色的节点，都将忽略其他节点的拓扑发现请求。

如图 4-4 所示，假设节点 a 是初始节点，根据步骤 1），它被标记为黑色，并广播拓扑发现请求。节点 b 收到来自 a 的拓扑发现请求，根据步骤 2），被标记为灰色，并等待一段时间后广播拓扑发现请求。节点 c 和 e 都接收到来自 b 的拓扑发现请求，根据步骤 3），被标记为深灰色，继续广播拓扑发现请求启动计时器（即等待一段时间）。节点 d

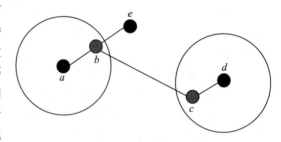

图 4-4　四色法示意图

收到来自 c 的拓扑发现请求，根据步骤 4）等待一段时间，假设这段时间内没有收到来自标记为黑色节点的拓扑发现请求，于是节点 d 标记为黑色，并广播拓扑发现请求。假设节点 c 在等待期间收到了 d 的拓扑发现请求，被标记为灰色。假设节点 e 在等待期间没有收到任何来自标记为黑色节点的拓扑发现请求，被标记为黑色。

与三色法相比，四色法形成的簇数目更少，簇与簇之间的重叠区域也更小。但是可能形成一些孤立的标记为黑色的节点（如图 4-4 中的节点 e）不覆盖任何灰色节点。虽然三色法和四色法所形成的黑色节点数目相当，但四色法中传输的数据量要少一些。

TopDisc 算法利用图论中的典型算法，提出了一种有效的方法来构建网络的近似拓扑，是一种只需要利用局部信息、完全分布式、可扩展的网络拓扑控制算法，但是，算法开销偏大，也没有考虑节点的剩余能量。

2. 基于分簇的层次拓扑

上一节介绍了通过指定一些节点作为骨干节点，即控制集，把层次结构引入了网络。另一种形成层次结构的想法就是把一些节点标记为具有特殊的功能，例如，控制其邻居节点等。在这种情况下，就形成了本地组或者节点簇（cluster）；这个组的"控制者"通常被称做簇头（clusterhead）。这种分簇法的优点与骨干节点类似，但是着重于本地资源的优化使用（例如，在 MAC 协议中），屏蔽网络高层的动态特性（因为所有的通信都在簇头路由，所以要使路由表更稳定），使高层协议更具可扩展性（在某种意义上，高层看到的网络规模和复杂性被分簇简化了）。另外，簇头是融合从多个传感器汇聚来的数据、压缩通信量的场所。

LEACH（Low Energy Adaptive Clustering Hierarchy）算法是一种自适应分簇拓扑算法，它的执行过程是周期性的，每轮循环分为簇的建立阶段和稳定的数据通信阶段。在簇的建立阶段，相邻节点动态地形成簇，随机产生簇头；在数据通信阶段，簇内节点把数据发送给簇头，簇头进行数据融合并把结果发送给汇聚节点。由于簇头需要完成数据融合、与汇聚节点通信等工作，因此能量消耗大。LEACH 算法能够保证各节点等概率地担任簇头，使得网络中的节点相对均衡地消耗能量。

LEACH 算法选举簇头的过程如下：节点产生一个 0~1 之间的随机数，如果这个数小于阈值 $T(n)$，则发布自己是簇头的公告消息。在每轮循环中，如果节点已经当选过簇头，则把 $T(n)$ 设置为 0，这样该节点不会再次当选为簇头。对于未当选过簇头的节点，则将以 $T(n)$ 的概率当选；随着当选过簇头的节点的数目增加，剩余节点当选簇头的阈值 $T(n)$ 随之增大，节点产生小于 $T(n)$ 的随机数的概率随之增大，所以节点当选簇头的概率增大。当只剩下一个节点未当选时，$T(n)=1$，表示这个节点一定当选。$T(n)$ 可表示为

$$T(n)=\begin{cases} \dfrac{P}{1-P\times[r\bmod(1/P)]}, & n\in G \\ 0, & \text{其他} \end{cases} \tag{4-5}$$

其中，P 是簇头在所有节点中所占的百分比，r 是选举轮数，$r\bmod(1/P)$ 代表这一轮循环中当选过簇头的节点个数，G 是这一轮循环中未当选过簇头的节点集合。

节点当选簇头以后，发布通告消息告知其他节点自己是新簇头。非簇头节点根据自己与簇头之间的距离来选择加入哪个簇，并告知该簇头。当簇头接收到所有的加入信息后，就产生一个 TDMA 定时消息，并且通知该簇中所有节点。为了避免附近簇的信号干扰，簇头可以决定本簇中所有节点使用的 CDMA 编码。这个用于当前阶段的 CDMA 编码连同 TDMA 定时一起发送。当簇内节点接收到这个消息后，它们就会在各自的时间槽内发送数据。经过一段时间的数据传输，簇头节点收齐簇内节点发送的数据后，运行数据融合算法来处理数据，并将结果直接发送给汇聚节点。

经过一轮选举过程，我们可以看到如图 4-5 所示的簇的分布，整个网络覆盖区域被划分成 5 个簇，图 4-5 中黑色节点代表簇头。可以明显地看出，经 LEACH 算法选举出的簇头的分布并不均匀，这是需要改进的一个方面。

在 LEACH 算法中，作者只模拟了一个 100 个节点的网络，所以簇头与数据汇聚节点距离不远。而对于由几千个节点组成的大规模传感网，离汇聚节点很远的簇头能量消耗很

快，这样将影响网络的覆盖范围和生存时间。另外，LEACH 提出的簇头选择机制没有考虑节点的具体地理位置，不能保证簇头均匀地分布在整个网络中。尽管 LEACH 算法存在一些问题，但是它仍然作为一种经典分簇算法被后来的研究人员引用。

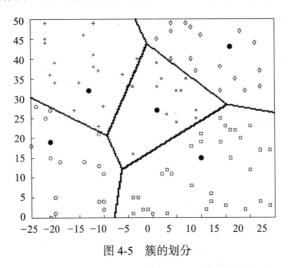

图 4-5　簇的划分

GAF（Geographical Adaptive Fidelity）算法是以节点地理位置为依据的分簇算法。该算法把检测区域划分成虚拟单元格，将节点按照位置信息划入相应的单元格；在每个单元格中定期选举产生一个簇头节点，只有簇头节点保持活动，其他节点都进入睡眠状态。GAF 是自组织网络提出的一种路由算法，将其引入传感网是因为它的虚拟单元格思想为分簇机制提供了新思路。

GAF 算法的执行过程包括两个阶段。第一阶段是虚拟单元格的划分。根据节点的位置信息和通信半径，将网络区域划分成若干虚拟单元格，保证相邻单元格中的任意两个节点都能够直接通信。假设节点已知整个监测区域的位置信息和本身的位置信息，节点可以通过计算得知自己属于哪个单元格。在图 4-6 中，假设所有节点的通信半径为 R，网络区域划分为边长为 r 的正方形虚拟单元格，为了保证相邻两个单元格内的任意两个节点能够直接通信，需要满足式（4-6）：

$$r^2+(2r)^2 \leqslant R^2 \Rightarrow r \leqslant \frac{R}{\sqrt{5}} \tag{4-6}$$

所以，从分组转发的角度来看，属于同一单元格的节点可以视为是等价的，每个单元格只需要选出一个节点保持活动状态。

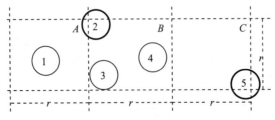

图 4-6　单元格的划分

GAF 算法的第二阶段是虚拟单元格中簇头节点的选择。节点周期性地进入睡眠和工作状态，从睡眠状态唤醒之后与本单元内其他节点交换信息，以确定自己是否需要称为簇头节点。每个节点可以处于发现（discovery）、活动（active）以及睡眠（sleeping）三种状态，如图 4-7 所示。在网络初始化时，所有节点都处于发现状态，每个节点都通过发送消息通告自己的位置、ID 等信息，经过这个阶段，节点能得知同一单元格中其他节点的信息。然后，每个节点将自身定时器设置为某个区间内的随机值 T_d。一旦定时器超时，节点发送消息声明它进入活动状态，成为簇头节点。节点如果在定时器

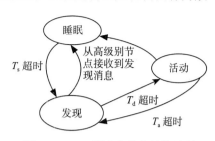

图 4-7　GAF 算法中状态转换过程

超时之前收到来自同一单元格内其他节点称为簇头的声明，说明它自己这次簇头竞争失败，从而进入睡眠状态。成为簇头的节点设置定时器为 T_a，T_a 代表它处于活动状态的时间。在 T_a 超时之前，簇头节点定期发送广播包声明自己处于活动状态，以抑制其他处于发现状态的节点进入活动状态；当 T_a 超时后，簇头节点重新回到发现状态。处于睡眠状态的节点设置定时器为 T_s，并在 T_s 超时后重新回到发现状态。处于活动状态或发现状态的节点如果发现本单元格出现更适合称为簇头的节点时，会自动进入睡眠状态。

由于节点处于侦听状态时也会消耗很多能量，因此让节点尽量处于睡眠状态是传感网拓扑算法中经常采用的方法。GAF 是较早采用这种方法的算法。由于传感器节点自身体积和资源受限，这种基于地理位置进行分簇的算法对传感器节点提出了更高的要求。另外，GAF 算法基于平面模型，没有考虑到在实际网络中节点之间距离的临近并不能代表节点之间可以直接通信的问题。虽然 GAF 算法存在一些不足，但是它提出的节点状态转换机制和按虚拟单元格划分簇等思想具有一定的意义，已经有学者在 GAF 算法的基础上进行了改进。

4.3　能量管理

无线传感器网络中的节点一般由电池供电且不易更换，所以传感器网络中最受关注的问题是如何高效利用有限的能量。本节对传感器网络的能源管理作了全面的介绍，并系统地分析了传感器节点各个部分的能源消耗情况和节能策略。

4.3.1　概述

传感器节点通常具有如图 4-8 所示的体系结构，由电源、感知、计算和通信 4 个子系统组成。对感知节点各部分的功耗分析有助于定位出系统中的能耗瓶颈，明确传感器网络能量管理策略的设计和优化方向。

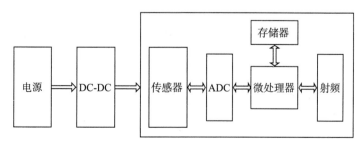

图 4-8　传感器节点的体系结构

实验测量表明，传感器节点的数据通信是一个高能耗操作，相比而言，数据处理（计算）的能耗要低得多[31]。节点传输 1 比特数据所消耗的能量与 MCU 执行 1000 条指令的能耗大致相当[32]。网络子系统是节点能耗的最主要来源，而计算子系统的能耗通常可以忽略，感知子系统的能耗量则取决于具体的传感器类型，某些传感器的功耗与射频芯片相当。图 4-9 展示了典型传感器节点中各部件的能耗分布，不难发现，节点网络子系统的功耗远大于其他子系统。因此，现有研究中，传感器网络中的能量管理技术主要关心网络子系统和感知子系统的能量优化。

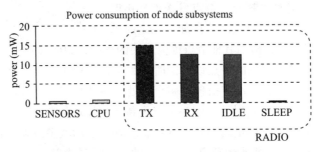

图 4-9　传感器节点的功耗分布[33]

传感器节点的能耗（功耗）特征还取决于节点的硬件类型，文献 [31] 针对节点功耗的实验测量数据表明，WINS 节点表现出与 Stargate 节点完全不同的能耗特性。尽管如此，在无线传感器网络中，节点的能耗分布依然具有以下共性：

1）通信子系统的功耗高于计算子系统，因此，传感器网络节能策略需要在通信与计算之间折中。

2）射频芯片工作于传输、接收和空闲状态时具有相同数量级的功耗，而睡眠状态的功耗较低。因此，射频芯片无需通信时应尽量置于睡眠状态。

3）在某些应用中，感知子系统可能成为另一主要的能耗来源，因此，感知子系统也是能量优化的研究对象。

4.3.2　能耗优化策略

1. 基本能耗模型

MCU 芯片主要由 CMOS 电路组成，CMOS 电路的能量消耗主要来自于动态能耗和静态能耗。MCU 的工作功耗可由式（4-7）计算：

$$P_p = CV_{dd}^2 f + V_{dd} I_0 e^{\frac{V_{th}}{nV_T}} \qquad (4\text{-}7)$$

其中，C 是负载电容，V_{dd} 是供电电压，f 是 CMOS 电路的开关切换频率，式中第二项是电路漏电电流引起的功耗。

传感器网络中，节点的能量主要消耗于无线通信中。射频芯片的体系结构如图 4-10 所示，其功耗可用式（4-8）计算：

$$P_c = N_T[P_T(T_{on}+T_{st})+P_{out}T_{on}]+N_R[P_R(R_{on}+R_{st})] \qquad (4\text{-}8)$$

式（4-8）中，P_T 和 P_R 分别表示发送器和接收器的功率；P_{out} 是发送器的输出功率，用于驱动天线；T_{on} 和 T_{on} 分别表示发送器和接收器的工作时间；T_{st} 和 R_{st} 分别表示发送器和接收器的启动时间；N_T 和 N_R 分别表示发送器和接收器在单位时间内的开关切换次数。

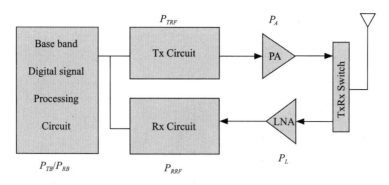

图 4-10 无线射频芯片的体系结构 [24]

无线射频芯片每发送和接收 1 bit 数据所消耗的能量可用如下能量模型计算：

$$E_{tx} = k_1 + k_2 \cdot d^r \qquad (4-9)$$

$$E_{rx} = k_3 \qquad (4-10)$$

其中，E_{tx} 和 E_{rx} 分别表示无线射频芯片发送与接收 1 bit 数据所消耗的能量；k_1、k_2、k_3 和 r 是由无线射频芯片物理硬件及其通信环境所决定的参数，可视为常量；d 为数据的通信距离。

2. 节能策略分类

如图 4-11 所示，无线传感器网络中的现有能量管理技术大致可以分为节点级能量优化、无线通信级能量优化、网络级能量优化、基于数据的能量优化、基于移动的能量优化和 Energy Harvesting 技术 6 类，它们从不同的层次和角度优化传感器网络的能耗。

（1）节点级能量优化

节点级能量优化技术旨在使用一系列软硬件技术降低单一节点的能耗，这类能量优化技术基本上全来自于传统的嵌入式系统节能技术。节点级能量优化技术可进一步分为功耗感知计算、能量感知的软件技术和射频管理技术三类。

传感器节点大多由低功耗芯片构建而成，这些芯片提供了一些功耗感知的工作方式，DPM 和 DVS 是两种常用的功耗感知计算技术。DPM 技术使传感器节点可以根据系统的工作负载变化，动态地关闭某些处于空闲状态的部件，或将它们切换至低功耗工作模式。DPM 的核心问题是决定各部件的状态迁移策略，状态迁移策略需要考虑部件状态切换的时间和能量开销，在保证基本工作性能的前提下，最小化各部件的能量消耗。DPM 通过关闭空闲部件从而降低节点能耗，DVS 技术可以进一步降低部件处于工作状态时的能耗水平。DVS 根据系统负载情况，动态调整各子部件的工作电压和时钟频率，使部件的工作性能刚好满足负载处理的要求，同时降低部件的工作能耗。DVS 可以在 DPM 基础上进一步降低节点能耗。功耗感知计算需要配合以能量感知的软件技术，才能最大地发挥出低功耗芯片的节能效果。传感器网络中能量感知的软件技术包括低功耗操作系统、网络协议和上层应用程序，其中，低功耗操作系统在节点级能量优化中扮演着重要角色。传感器节点的所有部件需要操作系统的统一管理，DPM 和 DVS 技术也需要操作系统的支持。任务调度是操作系统的核心功能，任务调度器需要考虑任务的时间、约束调度不同任务的执行，为任务调度器加入能量感知特性可以更好地优化节点的能耗。主流的传感器网络操作系统的任务调度器都是基于能量感知调度的，TinyOS 和 SOS[34] 检测到任务队列为空时将 MCU 切换至 Idle 模式，

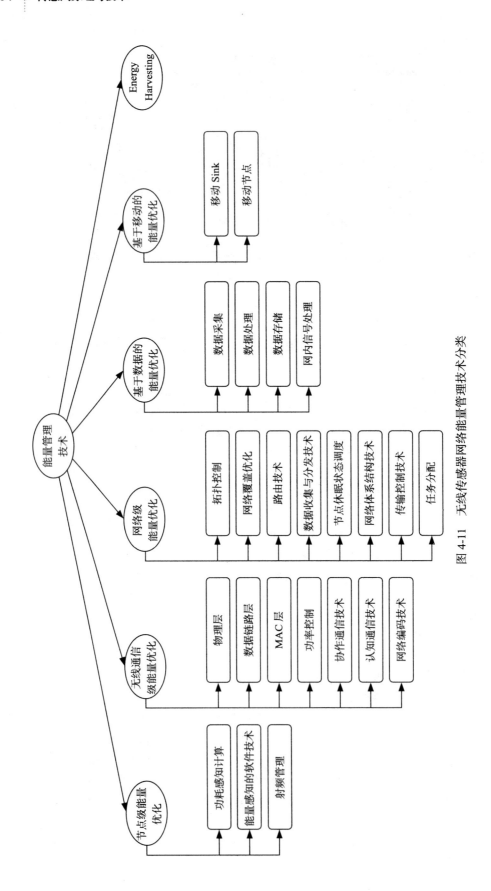

图 4-11 无线传感器网络能量管理技术分类

直到接收到中断信号时才返回 Active 状态；Mantis OS 在系统中没有线程等待调度时，将节点切换至低功耗模式。

数据通信是节点能耗的主要来源，传感器节点对射频芯片的管理有别于其他部件。节点级射频管理的关键在于决定何时关闭射频芯片，以实现既不影响节点的正常通信，又能最小化射频能耗的目的。节点级射频管理与网络级节点休眠调度的最大区别在于前者仅从单一节点的局部视野出发，独立地决定是否关闭本节点的射频。文献 [35] 介绍了细粒度和粗粒度两类射频管理策略，细粒度射频管理允许不参与通信的节点在 MAC 帧传输期间关闭其无线射频芯片以节省能量，无线射频芯片工作模式切换的时间粒度是一个 MAC 帧的传输时间间隔。

（2）无线通信级能量优化

无线通信级能量优化使用能量高效的无线通信技术，优化节点的单跳通信能量。无线通信级能量优化可进一步分为物理层、数据链路层、MAC 层、功率控制、协作通信技术、认知通信技术和网络编码技术，这些技术是对节点通信子系统的能量优化，本文仅关注前 4 种优化技术。

物理层完成无线通信信号的调制与解调，调制解调方案会对无线通信的功耗和时延产生重要影响[31]，文献 [36, 37] 分析了不同调制解调方案的能耗特征。与 DPM 和 DVS 类似，也可以根据不同数据的通信时延约束，动态调节无线通信中信号调制技术的相关参数，以提高单跳通信的能量有效性。文献 [38] 提出使用 DMCS 作为无线通信系统中的 DVS，根据网络通信流量和无线信道状况，动态调整信号调制和编码参数，完成通信速率（时延）和能耗之间的折中。

数据链路层使用差错控制技术提高单跳通信的可靠性，减少数据帧的重传次数，进而降低数据收发能耗，常用的链路层差错控制技术有 FEC 和 BER。MAC 技术决定无线信道的使用方式，在传感器节点之间分配有限的无线通信资源是无线通信级能量优化的研究热点。MAC 协议主要从减少通信冲突、空闲侦听、串音等因素带来的能量浪费的角度提高无线通信的能量有效性，主流传感器网络的 MAC 协议大多采用"侦听 / 休眠"交替的无线信道使用策略，如 B-MAC、S-MAC 等。有关传感器网络 MAC 技术的详细介绍参见文献 [39]。

传感器网络中节点通常使用固定的功率通信，然而，传感器节点没必要总是工作于最大通信功率。通信功率控制在保证网络连接或覆盖的前提下，根据本节点与邻居的实际距离适当调整（减小）射频芯片的传输功率，以达到降低能耗和提高网络通信容量的目的。

（3）网络级能量优化

与无线通信级能量优化技术不同，网络级能量优化从网络全局的角度优化、调度各节点的计算和通信任务，强调节点间的相互协作以提高全局网络的生存周期。网络级能量优化可进一步分为拓扑控制技术、网络覆盖优化技术、路由技术、数据收集与分发技术、节点休眠状态调度、网络体系结构技术、传输控制技术和任务分配。本文重点介绍路由技术、节点休眠状态调度和网络体系结构技术。

路由技术负责将感知数据从源节点转发到目的节点，能量有效的路由技术在进行路由决策时需要考虑节点的剩余能量以及数据的端到端传输能耗，尽量避开剩余能量较少的节点，减少因传输失败引起的重传次数。文献 [40] 将能量有效的路由技术分为多径路由和自适应逐跳路由两类：多径路由技术同时使用多条路径进行数据传输，以避免大量消耗单一路径上的节点的能量；根据所使用的路由决策依据，自适应逐跳路由又可分为以下 3 类：1）选择端到端能耗最低的路径；2）使用剩余能量最多的节点组成的路径；3）前两类的混合。

网络级的节点休眠状态调度通过协调各节点的工作状态，在保证网络基本功能的前提下，尽可能使更多节点处于低功耗（休眠）状态，减少节点能量的浪费，提高网络生存期。节点休眠状态调度可以作为一个独立 Sleep/Wakeup 协议运行于 MAC 层之上[41]，文献 [41, 42] 将传感器网络中的独立 Sleep/Wakeup 协议分为按需休眠、同步休眠和异步休眠三类。按需休眠协议在无通信活动时将节点（或其无线射频芯片）置于休眠状态，直到有其他节点需要与其通信时才将其唤醒，如何以及何时唤醒节点是这类协议需要解决的核心问题[41]。同步休眠的基本思路是使节点与其邻居同时被唤醒或休眠，这类协议通常需要借助特定的 Sleep/Wakeup 调度策略以完成不同节点工作状态的同步，周期性休眠 / 唤醒是常用的调度策略[41, 43]。最后，异步休眠协议允许节点独立地决定何时唤醒，同时保证可以成功地与邻居通信，而不需要显式地交换休眠调度信息，RAW、STEM-B 和 PTW 是常用的异步 Sleep/Wakeup 协议[41]。

网络体系结构技术通过使用优化的网络结构提高传感器网络的能量有效性，常见的 WSN 网络体系结构有平面型 WSN 和分簇 WSN（层次型 WSN）。在不同的网络体系结构中需要使用不同的路由技术形成特定的网络拓扑，分簇技术是常用的一种网络体系结构，特别适用于大规模传感器网络，具有很好的可扩展性。网络成簇和簇头选举是分簇技术中的核心问题[44]。

（4）基于数据的能量优化

无线传感器网络是以数据为中心的网络，基于数据的能量优化从数据角度减少网络中不必要的通信和数据操作，提高整个系统的能量有效性。基于数据的能量优化可进一步分为数据采集技术、数据处理技术、数据存储技术和网内信号处理技术。本章重点介绍能量有效的数据采集和处理技术。

能量高效的数据采集技术适用于以下两种场景的能量优化[41]：

1）数据冗余：传感器网络中感知数据通常具有较强的时间和空间相关性[45]，这会使节点产生无意义的数据采集和通信操作，浪费节点能耗，因此，传感器网络中不需要冗余地采样数据并传输给汇聚节点；

2）感知子系统的功耗不可忽略：数据采集本身也是一个高能耗操作，需要优化节点的数据采集活动。

数据预测技术建立被感知对象的数据模型，分别位于汇聚节点和普通的感知节点。用户提出数据查询请求时，汇聚节点直接从模型获取数据，无需与感知节点通信。感知节点利用真实产生的物理数据不断修正本节点和汇聚节点端的数据模型，以保证数据模型的精度满足应用需求。数据预测技术可以有效地减少感知数据的采集次数和通信量，提高网络的能量有效性。常用的数据预测模型有随机模型[46, 47]、时间序列模型[48, 49]和算术模型[50, 51]。

数据处理技术的基本思路是"用计算换通信"，使用计算手段减少需要通信的数据量，从而降低网络节点的能量开销，传感器网络中常用的数据处理技术有数据压缩技术和数据网内处理技术。应用数据压缩技术时，源节点对感知数据进行压缩编码，降低通信负载，汇聚节点接收到数据分组后，解码获取感知数据。可应用于传感器网络的具体数据压缩技术参见文献 [52-54]。网内数据处理[55]使用通信路径（源到汇聚节点）的中间节点对感知数据进行数据聚合处理（如求平均值、最大值、最小值等），将用户对感知数据的集中处理分散转移到传感器网络通信路径的中间节点，减少网络中无效数据的传输。

（5）基于移动的能量优化

根据移动实体的类型，基于移动的能量优化可分为移动 Sink 和移动 Relay 两类。引入移动节点后，网络设计者需要考虑如何控制节点的移动以优化网络性能、提高网络的能量有效性。传感器网络中，根据移动产生的原因可分为以下两类[41]：

1）移动作为网络设施的一部分：节点含有移动模块（如移动机器人、无人机），这类节点的移动模式是可控的；

2）移动作为感知环境的一部分：节点附于具有移动性的被监测对象（如动物、汽车），这类节点的移动具有随机性，其移动模式是不可控的，但可以通过特定的移动模型对节点的移动进行预测。

在静止传感器网络中，节点部署不均、多跳网络通信和网络的数据汇聚特性等可能造成网络中部分节点的工作负载高于其他节点，从而在网络中形成能耗热点，使这些节点过早失效。引入移动节点后，通过适当规划节点的移动策略，可以动态调整网络拓扑，均衡分布网络节点的通信负载。文献 [56] 在稀疏网络中引入移动节点作为数据收集器（Data-MULE），以提高网络的能量有效性。在稀疏 WSN 中，节点与邻居（或 Sink）的直接通信代价较高，文中的做法是控制 Data-MULE 在网络中周期性地移动，当 Data-MULE 靠近普通节点时，普通节点将感知数据以较低的能量开销发送给 Data-MULE，Data-MULE 可以有效地降低普通节点的通信能耗，同时保证网络的连接性，提高网络生存周期。

（6）Energy Harvesting 技术

Energy Harvesting 技术是近两年 WSN 能量管理技术中的研究热点，它使节点具备从环境中补充能量或再充电的能力。传感器网络中常用的 Energy Harvesting 技术包括太阳能技术和无线充电技术[57]，Energy Harvesting 为 WSN 的能量管理带来了新的问题：能量可补充的传感器网络中，不再一味地强调能量节省，而是通过适当的能量分配策略，实现节点能量的"收支平衡"，最大化网络的应用性能[57, 58]。

4.4　时间同步

时间同步是传感器网络研究领域的一个热点，它是无线传感器网络应用的重要组成部分，很多无线传感器网络的应用都要求传感器网络节点的时钟保持同步。

由于不同节点的晶体振荡器频率存在偏差，以及温度变化和电磁干扰等，即使在某个时刻所有节点都达到时间同步，它们的时间也会逐渐出现偏差。在分布式系统的协同工作中，节点间的时间必须保持同步，因此时间同步机制是分布式系统中的一个关键机制。

在无线传感器网络的应用中，传感器节点将感知到的目标位置、时间等信息发送到传感器网络中的汇聚节点，汇聚节点在对不同传感器发送来的数据进行处理后便可获得目标的移动方向、速度等信息。为了能够正确地监测事件发生的顺序，要求传感器节点之间必须实现时间同步。在一些事件监测的应用中，事件自身的发生时间是相当重要的参数，这要求每个节点维持唯一的全局时间以实现整个网络的时间同步。

本节主要介绍无线传感器网络中的时间同步关键技术，其中，4.4.1 节简述无线传感器网络中时间同步遇到的问题、挑战，以及时间同步方法和分类；4.4.2 节首先叙述事件同步机制；4.4.3 节介绍局部节点之间的时间同步机制；最后，4.4.4 节介绍整个网络中的时间同步机制。

4.4.1 概述

1. WSN 中的时间同步问题

在无线传感器网络中，传感器节点的本地时间来源于携带的晶振（晶体振荡器）。晶振的时钟频率容易受到温度、电压、噪声变化以及抖动、老化的影响，导致各传感器节点的本地时间不一致的，即出现时钟漂移和时钟抖动，造成时间的不同步。许多应用背景和相关的协议都依赖于各传感器节点本地时间的同步。

其一，在密集分布的无线传感器网络中，某一事件的发生将会被多个传感器节点探测到。如果各传感器节点把探测到的事件全都传送到基站节点处理，会浪费网络带宽，造成网络拥塞。另外，在传感器节点上，接收 / 发送数据的能量消耗要比节点计算处理等量的数据的能量消耗大得多。因此，对于相邻的多个传感器节点，如果对探测到的相同事件正确识别，并对网络中传输的相同消息进行压缩处理后再传输，可以减少能量消耗。可以通过为每一个探测到的事件标记时间戳，根据时间戳区别是否是相同的事件。各传感器节点的时间同步得越精确，对重复事件的区别就越可靠。

其二，数据融合技术可以在无线传感器网络中得到充分发挥，通过对近距离接触目标的多个传感器节点接收到的多方位和多角度的信息的融合，可以提高信噪比，缩小甚至有可能消除探测区域内的阴影和盲点。但是，数据融合技术要求网络中的各传感器节点必须以一定的精度维护时间同步。例如，一个车辆跟踪应用系统中，各传感器节点不断报告各自探测到车辆的位置和对应时间，基站节点通过对这些数据的融合处理，可以估计出车辆的位置和速度以及前进方向。如果各传感器节点不能够维护时间上的同步，精确估计是不可能的。

其三，在无线传感器网络的 MAC（介质访问控制）层协议设计中，一个基本原则是尽可能在空闲时关闭无线通信模块，减少能量消耗。如果 MAC 协议采用 TDMA（时分多路复用），可以利用占空比（接收 / 发送的工作时间与空闲时间的比值）的变化达到节能目的。但是，参与通信的各传感器节点必须保持时间上的同步，并且同步的精度越高，为消除时间误差的影响而设置的防护时段越小，能量消耗也就越低。

2. WSN 中时间同步的原理

传感器网络中节点的本地时钟依靠对自身晶振中断计数的实现，晶振的频率误差和初始计时时刻不同，会造成节点之间的本地时钟不同步。若能估算出本地时钟与物理时钟的关系或者本地时钟之间的关系，就可以构造对应的逻辑时钟以达成同步。节点时钟通常用晶体振荡器脉冲来度量，所以任意一个节点在物理时刻的本地时钟读数可表示为：

$$c_i(t) = \frac{1}{f_0} \int_0^t f_i(\tau) d\tau + c_i(t_0) \tag{4-11}$$

式中，

$f_i(\tau)$—— 节点 i 的晶振的实际频率。

f_0—— 节点晶振的标准频率。

t_0—— 开始计时的物理时刻。

$c_i(t_0)$ —— 节点 i 在 t_0 时刻的时钟读数。

t —— 真实的时间变量。

$c_i(t_0)$ 是构造的本地时钟，间隔 $c(t) \sim c(t_0)$ 被用来作为度量时间的依据。由于节点晶振频率短时间内相对稳定，节点时钟又可以表示为：

$$c_i(t)=a_i(t-t_0)+b_i \qquad （4-12）$$

对于理想的时钟，有 $r(t)=\dfrac{dc(t)}{dt}=1$，也就是说，理想时钟的变化速率 $r(t)=1$，但实际上因为温度、压力、电源电压等外界环境的变化往往会导致晶振频率产生波动，因此构造理想时钟比较困难，一般情况下，晶振频率的波动幅度并非任意的，而是局限在一定的范围内：

$$1-\rho \leqslant \frac{dc(t)}{dt} \leqslant 1+\rho \qquad （4-13）$$

其中，ρ 为绝对频率差上界，由制造商标定，一般 ρ 的取值范围是 $(1 \sim 100) \times 10^{-6}$，即一秒钟内会偏移 $1 \sim 100 \, \mu s$。

在传感器网络中主要有以下 3 个原因导致传感器节点间时间的差异：

1）节点开始计时的初始时间不同；

2）每个节点的石英晶体可能以不同的频率跳动，导致时钟值逐渐偏离，称为偏差误差；

3）随着时间推移，时钟老化或随着周围环境（如温度）的变化而导致时钟频率的变化，称为漂移误差。

对任何两个时钟 A 和 B，分别用 $c_A(t)$ 和 $c_B(t)$ 来表示它们在 t 时刻的时间值，那么：

偏移可表示为：$c_A(t)-c_B(t)$

偏差可表示为：$\dfrac{dc_A(t)}{dt} - \dfrac{dc_B(t)}{dt}$

漂移可表示为：$\dfrac{\partial^2 c_A(t)}{\partial t^2} - \dfrac{\partial^2 c_B(t)}{\partial t^2}$

假定 $c(t)$ 是一个理想的时钟。如果在 t 时刻，有 $c(t)=c_i(t)$，我们称时钟 $c_i(t)$ 在 t 时刻是准确的；如果 $\dfrac{dc(t)}{dt} = \dfrac{dc_i(t)}{dt}$，则称时钟 $c_i(t)$ 在 t 时刻是精确的；如果 $c_i(t)=c_k(t)$，则称时钟 $c_i(t)$ 在 t 时刻与时钟 $c_k(t)$ 是同步的。上面的定义表明：两个同步的时钟不一定是准确或精确的，时间同步与时间的准确性和精度没有必然的联系，只有实现了与理想时钟（即真实的物理时间）的完全同步之后，三者才是统一的。对于大多数传感器网络应用而言，只需要实现网络内部节点间的时间同步，这就意味着节点上实现同步的时钟可以是不精确甚至是不准确的。

本地时钟通常由一个计数器组成，用来记录晶体振荡器产生脉冲的个数。在本地时钟的基础上，我们可以构造出逻辑时钟，目的是通过对本地时钟进行一定的换算以达成同步。节点的逻辑时钟是任一节点 i 在物理时刻 t 的逻辑时钟读数，可以表示为：$L_{c_i}(t)=l_{a_i} \times c_i(t_0)+l_{b_i}$，其中，$c_i(t_0)$ 为当前本地时钟读数；l_{a_i}、l_{b_i} 为频率修正系数和初始偏移修正系数。采用逻辑时钟的目的是同步任意两个本地节点 i 和 j。构造逻辑时钟有两种途径：

1）根据本地时钟与物理时钟等全局时间基准的关系进行变换，由式（4-12）反变换可得：

$$t = \frac{1}{a_i} c_i(t) + \left(t - \frac{b_i}{a_i}\right) \qquad (4\text{-}14)$$

将 l_{a_i}、l_{b_i} 设为对应的系数，即可将逻辑时钟调整到物理时间基准上。

2）根据两节点本地时钟的关系进行对应换算。由式（4-12）可知，任意两个节点 i 和 j 本地时钟之间的关系可表示为：

$$c_j(t) = a_{ij} c_i(t) \qquad (4\text{-}15)$$

其中，$a_{ij} = \dfrac{a_j}{a_i}$，$b_{ij} = b_j - \dfrac{a_j}{a_i} b_i$。将 l_{ai}、l_{bi} 设为对应 a_{ij}、b_{ij} 构造出一个逻辑时钟，即可与节点的时钟达成同步。

以上两种方法都估计了频率修正系数和初始偏移修正系数，精度较高；对于低精度类应用，还可以简单地根据当前的本地时钟和物理时钟的差值或本地时钟之间的差值进行修正。

一般情况下，我们采用后一种方法进行时钟间的同步。其中，a_{ij}、b_{ij} 分别称为相对漂移和相对偏移。式（4-15）给出了两种基本的同步原理：偏移补偿和漂移补偿。如果在某个时刻，通过一定的算法求得 b_{ij}，也就意味着在该时刻实现时钟 $c_i(t)$ 和 $c_j(t)$ 的同步。偏移补偿同步没有考虑时钟漂移，因此同步时间间隔越大，同步误差越大，为了提高精度，可以考虑增加同步频率；另外一种解决途径是估计相对漂移量，并进行相应的修正来减小误差。由此可见，漂移补偿是一种有效的同步手段，在同步间隔较大时效果尤其明显。当然，实际的晶体振荡器很难长时间稳定工作在同一频率上，因此，综合应用偏移补偿和漂移补偿才能实现高精度的同步算法。

3. WSN 中时间同步的挑战

由于无线传感器网络中传感器节点的低成本、有限体积的约束，造成其资源（计算、通信、存储、能量等资源）有限、功耗低、网络的 ad-hoc（自组织）形态等特点。因此，无线传感器网络的时间同步面临以下挑战。

1）能耗。由于无线传感器网络中传感器节点的能量有限，其时间的同步应实现低能耗。

2）可扩展性。在无线传感器网络中，传感器节点数目增减无定态，其时间的同步应容忍节点数目变化和密度变化。

3）健壮性。由于环境、能量等因素容易导致无线传感器网络中的节点无法正常工作，退出网络，因此其时间的同步应具有较强容错能力，保证时间的同步正常运行。

4）同步寿命。同步寿命是指节点间自达到同步后并保持同步的时间。同步寿命越短，节点就需要在较短时间内再同步，消耗的能量就越高。

5）同步时间。同步时间是指节点的同步过程所需的时间。同步时间越长，所需的通信量、计算量就越大，能耗也越高。

6）同步间隔。同步间隔是指从节点同步寿命结束到下一次同步开始的间隔时间。同步间隔越长，启动同步的频率就越低，能耗就相应可以降低。

7）同步精度。不同的应用背景对同步精度要求不同，有的时间同步只需知道事件发生的先后顺序，而有些则需精确到微秒级。

在无线传感器网络中，所有的时间同步方法都需要在节点之间交换一些消息。由于网络环境（传播时间、物理信道访问时间等）的不确定性，一些应用系统的时间同步还会面临较大的不确定性挑战。当网络中的一个节点生成一个时间戳，准备向另外一个节点发送包含该时间戳的消息进行同步时，这个消息可能会遇到不确定的延时，最终到达目的节点并被处理。这一不确定的延时妨碍了目的节点准确比较两节点间的时钟，导致同步的不准确性。这一不确定性延时的来源包括：

1）发送时间。发送节点生成消息的时间，包括操作系统的负载（例如，可能的线程 / 进程上下文切换）和消息传输到网络接口的时间。

2）信道访问时间。在实际传输之前，每一个消息需要面对可能的 MAC 层的延时。延时来源取决于使用的 MAC 层协议的不同。在 MAC 层采用 TDMA 时，延时的典型来源是对空闲信道的等待或者等待对应的时分复用的时槽传输数据。

3）传播时间。消息在发送和接收节点网络接口之间的电磁波信号传输时间。

4）接收时间。接收节点的网络接口接收消息的时间。

4. WSN 中时间同步的方法与分类

在传统的 Internet 中，NTP（网络时间协议）行使时间同步的职责，将连接在 Internet 上的计算设备的时间与 UTC（世界协调时间）维持一致。NTP 是集中式的时间同步协议，客户端计算设备向 NTP 服务器同步，顶层的 NTP 服务器外部连接有精准时间源接收机（GPS 接收器、WWV 电台接收器），可以获取高精度的 UTC。

NTP 采用层次结构的同步拓扑，如图 4-12 所示。每个时间服务器都有一个变量用于指示其在拓扑中的层次。其中，标号为 1 的为顶层时间服务器，标号为 2 的为第二层时间服务器，标号为 3 的为第三层时间服务器，也可以是客户端计算设备。顶层时间服务器通过广播、卫星等方式与 UTC 同步；其他层的时间服务器可选择若干个上一层时间服务器及本层时间服务器作为同步源来实现与 UTC 时间的间接同步；客户端计算设备则可以通过指定一个或多个上一层时间服务器来实现与 UTC 的同步。可以看出：NTP 的可靠性依赖于时间

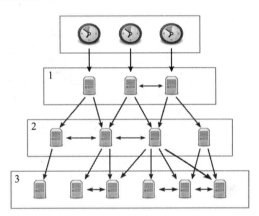

图 4-12　NTP 协议的层次拓扑

服务器的冗余性和时间获取路径的多样性。在层次型的同步拓扑结构中，距离顶层时间服务器越远，同步精度越差。NTP 的工作原理如图 4-13 所示。图 4-13a 中，NTP 形成一个闭环控制系统。图 4-13b 中，多个已同步的时间服务器从不同路径提供时间服务；检相器比较本地时间和来自时间服务器的时间，将时间差值送入时间过滤算法，时间过滤算法缓存接收到的时间偏差数据并从每个时间服务器的 8 组时间偏差数据中选择出最优的一组数据；时间选择算法包括交集算法与聚类算法，用于从候选时间服务器集合中挑选出一个子集，该子集中的每个时间服务器可认为是无误差的、精确的、稳定的；时间组合算法则对选定的时间服务器的选定时间偏差数据进行加权平均，获得最终的时间偏差值；相位 / 频率预测则根据得到的时钟偏移值计算出时间的相位偏移和频率偏移，然后对时间进行调整并对压控振荡器的输出频率进行调整。这个过程反复进行最终使本地时间和 UTC 达到同步。

NTP 并不能直接适应于无线传感器网络，首先，这两种网络的节点具有很大差异：同以网络服务器为代表的 Internet 节点相比，以 Mica 系列为代表的无线传感器网络节点具有

体积、能量、计算、存储的严格约束，导致复杂的、高精度的 NTP 不可能在无线传感器网络节点上运行；其次，无线传感器网络采用无线传输方式而 Internet 多采用更可靠的有线传输方式，这两种传输方式在带宽、抗干扰能力和抗衰减能力等方面存在巨大的差别，使得 NTP 针对有线传输特点而对参数所做的一些工程化改进并不适合于无线传输方式；再者，无线传感器网络的应用要求算法具有较强的局部性，即达到局部最优化，而 Internet 则强调整体最优化。但是可以借鉴 NTP 中的部分内容，如时间组合算法、软件锁相环策略。

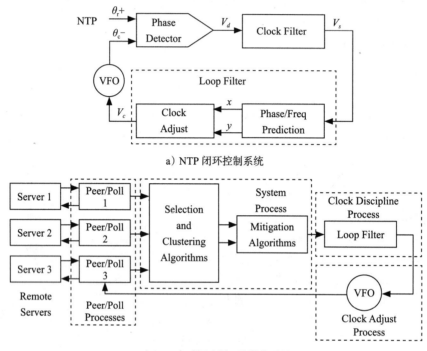

a) NTP 闭环控制系统

b) NTP 中时间选择、聚类等过程

图 4-13　NTP 协议

　　GPS（全球定位系统）是由美国国防部为满足军事部门对海陆空设施进行高精度导航和定位的需要而建立的。GPS 由三部分构成，分别为空间星座部分、地面监控部分和用户设备部分。空间星座部分由多颗环绕地球运行的卫星构成。地面监控部分由分布在全球的若干个跟踪站所组成的监控系统构成。根据作用不同，跟踪站可以分为主控站、监控站、注入站。用户设备部分由 GPS 接收机（移动站、基准站等）、数据处理软件及相应的用户设备构成。在地球上任意一点，用户设备可连续地同步观测到至少 4 颗 GPS 卫星，利用卫星的信号进行高精度的精密定位以及高精度的时间同步。

　　GPS 系统在每颗卫星上装置精密的铷、铯原子钟，并由监控站经常校准，实现与 UTC 的同步。每颗卫星不断发射包含其位置和精确到十亿分之一秒的数字无线电信号用于接收设备的时间校准。GPS 接收设备接收到来自于 4 颗卫星的信号，根据伪距测量定位方法不仅可以计算出其在地球上的位置，而且也可计算出 GPS 接收机时间与 UTC 的偏差，并进行时间校准，达到与 UTC 的同步。由于 GPS 卫星信号的穿透性差，GPS 接收设备的天线必须安装在可见空旷天空的室外，并且要求附近没有高大的遮挡物，这是 GPS 应用的主要限制。此外，GPS 接收机的体积和能耗也比较大，阻碍了其在无线传感器网络中的应用。

在无线传感器网络中，由于不同应用背景下具有不同的时间同步需求，因此时间同步可按应用的需求分为 3 种类型：事件同步、相对同步和绝对同步。

1）事件同步，要能够实现对事件的排序，即能够对事件的发生顺序作出判断。

2）相对同步，节点维持其本地时钟的独立运行，动态获取并存储它与其他节点之间的时钟偏移和时钟漂移。根据这些信息，实现不同节点本地时间值之间的相互转换，达到时间同步。相对同步并不直接修改节点的本地时间。

3）绝对同步，节点的本地时钟和参考时钟维持一致。绝对同步时节点的本地时间会被时间同步协议修改。

从同步的覆盖范围角度来说，可以将时间同步分为局部同步和全网同步。

1）局部同步，只需要局部部分节点之间维护时间的一致。

2）全网同步，网络中所有节点的时间都必须维持一致。

本节将首先介绍事件同步，然后介绍局部同步和全网同步。

4.4.2　事件同步

在使用无线传感器网络追踪移动目标时，捕获到移动目标的多个节点将会记录移动目标的位置 l 和经过时间 t，由位置 l 和经过时间 t 构成的消息称为事件。多个节点将探测到的事件发送到一个指定节点，该指定节点可以动态地根据这些消息预测节点的速度、运动方向。如图 4-14 所示为 4 个节点跟踪一个移动目标。

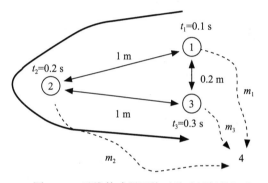

图 4-14　无线传感器网络对移动目标的跟踪

其中，t_1、t_2、t_3 为移动目标分别经过节点 1、2、3 的时间，节点 1、2、3 分别向指定节点 4 发送消息 m_1、m_2、m_3、节点 <1, 2>、<2, 3>、<1, 3> 之间的距离为 1 m、1 m、0.2 m。事件同步是指由节点 1、2、3 产生的多个事件到达节点 4 的顺序必须与事件产生的顺序一致。

节点 4 可以通过融合接收到的事件产生一系列速度估计。当接收到消息 m_1、m_2 时，可以估计目标的移动速度为 $|m_2.l - m_1.l|/|m_2.t - m_1.t|$ = 1 m/0.1s = 10 m/s。但是如果节点 4 按照事件到达的顺序处理，而事件 m_1、m_3 先到达节点 4，m_2 由于网络延迟晚于 m_1, m_3 到达节点 4，此时会得到错误的速度估计 $|m_3.l - m_1.l|/|m_3.t - m_1.t|$ = 0.2 m/0.2 s = 1 m/s。因此，必须进行事件同步保证事件的处理按照事件发生的顺序进行。

由于节点探测到的事件可能并不是按照事件发生的顺序到达接收节点。仅当一个消息由于网络延迟晚于后产生的消息到达指定节点才会导致事件到达顺序错乱。例如，在图 4-14 中，消息 m_3 早于消息 m_2 到达节点 4 仅当 $t_3 - t_2 < d_2 - d_3$ 成立。其中，d_2、d_3 表示节点 2、3 产生的消息 m_2, m_3 到达节点 4 的延迟。如果移动目标的速度为 10 m/s，$t_3 - t_2$ 的大小约为 100 ms。而 $d_2 - d_3$ 则可能比 100 ms 大得多。首先，节点的通信能力、通信距离有限，并且各节点之间通信范围相互覆盖。加州大学伯克利分校开发的 RENE 节点的数据通信速率为 19.2 kbps，由这样的节点组成的无线传感器网络中，在网络空闲时，节点直接通信距离内发送 50 字节的数据需要 20 ms。在稠密的网络中，由于各节点探测距离和通信

范围相互重叠。许多节点可能会同时探测到移动目标，这些冗余的消息虽然会提高跟踪的准确性，但是当节点需要同时发送多个这样的消息时，节点之间必须竞争共享信道。假设有 10 个节点探测到移动目标，第一个节点发送探测到的事件时将会引入 20 ms 的延迟，发送最后一个事件时至少要引入 200 ms 的延迟，这还是在网络比较空闲时的情况。而传统的 CSMA 型 MAC 协议还会因冲突避免引入额外的冲突后退延迟。如果产生的事件要经过多个节点路由到指定节点，端到端的延迟随着路由的跳数增加而成比例增长。如果 MAC 协议中具有节能功能，由于通信模块会被周期性地关闭，将会引入更多的延迟。由此可见，必须进行有效的事件同步避免事件的乱序。TMOS 则是解决事件同步的一种有效方法。

TMOS 中，事件同步的基本模型如图 4-15 所示，其中，任意两个节点之间具有 FIFO（先入先出）特性，即消息到达接收节点的顺序与发送节点发送的顺序一致。从图中可以看出，节点 1、2、3、4 构成一个逻辑上的环（图中实线所示）。节点 3 如果要发送探测到的事件 m_3，必须沿着环在两个方向上向节点 4 分别发送一次事件 m_3 和 m_3'。事件 m_3 沿着时钟方向到达节点 4，事件 m_3' 沿着反向时钟方向到达节点 4。在收到事件 m_3 后，节点 1 检查本地产生的事件是否都已经发送出去，接着再把 m_3 转发到节点 4。类似的，在收到事件 m_3' 后，节点 2 检查本地产生的事件是否都已经发送出去，接着再把 m_3' 转发到节点 4。同样的，如果节点 1（2）需要向节点 4 发送本地产生的事件 m_1（m_2），也要沿着环发送两次事件。由于节点间的 FIFO 特性，节点 4 将会在收到第二个 m_3 事件之前收到每个时间戳早于 $m_3.t$ 的事件至少 1 次。如图 4-15 所示，节点 1 产生事件 m_1，由于 $m_1.t < m_3.t$，节点 1 将首先向节点 4 发送 m_1，然后再向节点 4 转发节点 3 产生的事件 m_3。FIFO 特性确保事件 m_1 在事件 m_3 之前到达节点 4。节点 4 将把接收到的所有事件插入一个链表，按时间戳的升序排列。当链表中第一个事件的第二次消息到来时，从链表中移除第一个事件，转交给应用程序处理。根据事件同步模型，当一个事件的第二次消息到达节点 4 时，能够保证所有早于该事件的事件都至少已被节点 4 接收到一次。也就是说，当一个事件转交给应用程序时，除非所有节点产生的时间戳早于该事件的消息都已被转交给应用程序。这就完成了事件同步。

TMOS 为解决事件同步，引入 4 个基本要素：

1）簇元。由网络中的部分节点组成的一个节点集合。一个簇元中的节点遵循事件同步，簇元之间不需要事件同步。簇元应该尽量小。

TMOS 采用一种发布 - 订阅机制，由事件产生节点发布在哪些区域会产生事件。然后由事件收集节点订阅一个或多个区域的事件。如图 4-16 中，有两个簇元，分别探测两个局部区域中事件的产生。

2）环。将簇元中的节点连接成一个逻辑上的环。环的构造应该尽量使得能耗降低。

TMOS 中采用 NN（最近邻）策略建立一个环。首先，事件收集节点 d 将簇元内其余所有节点作为一个未遍历节点集合 U。d 发送一个包含 U 的消息，然后确定哪个节点距离 d 最近，并将其作为 d 的环上右邻

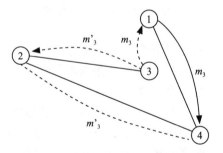

图 4-15　TMOS 事件同步基本模型

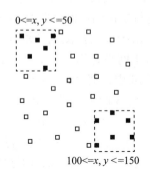

图 4-16　TMOS 簇元的形成

居节点。然后，*d* 将这个消息发送给它的环上右邻居节点 *n*，*n* 将 *d* 作为它的环上左邻居节点，*n* 将其自身从 *U* 中删除，并将更新后的消息发送出去，接着，再确定一个最近的邻居节点，直到 *U* 为空，此时发送该消息的节点作为 *d* 的环上左邻居节点，环建立完成。为确保环的建立过程的健壮性，事件收集节点设置一个超时时钟，如果在最后一个消息到达之前时钟超时，重新开始环建立过程。同时，为了适应网络的动态变化，簇元的生成和环的建立周期性地执行。

3）事件传递。在构造的环上传递产生的事件。

4）基本路由和传输。支持事件传递，将事件向环上另一个节点转发。

事件同步能够确保事件到达应用程序的顺序与事件产生的顺序相同，并且考虑了能量、健壮性等因素。然而，事件同步依赖于物理时间的同步，并且需要底层路由算法（如 DSR、AODV）的支持。因此，事件同步的准确性取决于物理时间同步的精度。

4.4.3 局部同步

在无线传感器网络中进行时间同步，首先考虑的一种直观的方法就是将节点的本地时钟值置入同步消息。接收节点从同步消息中获取时间戳并将其设置为自身的本地时钟值。由于消息在发送节点和接收节点之间传输时会产生延迟，正如 4.3.1 节所指出的那样，延迟存在于传输过程的全程。因此，直观的方法的同步准确度较低。时间同步方法必须考虑各种延迟，提高同步的准确性。

1. RBS

在无线传感器网络中，RBS（Reference-Broadcast Synchronization）是第一个时间同步协议，同时也是 WSN 中经典的时间同步协议。在这之前，许多时间同步方法都是由服务器周期性地向客户端发送包含当前时间的消息达到同步目的，即发送者和接收者之间同步，如图 4-17a 所示，而 RBS 则采用在接收者之间相互同步，如图 4-17b 所示。在由 3 个节点组成的单跳网络中，发送节点广播一个消息，在广播域内的所有接收节点都会收到该消息，并记录接收到该消息的本地时间。接收节点之间再相互发送各自记录的时间值，并计算时间差值。各节点计算的时间差值就是接收节点之间的时钟偏移。在图 4-17 中，将延迟可能产生的过程称为关键路径（critical path）。RBS 中消息传输的关键路径并不包含发送时间和信道访问时间。因此，受到延迟的影响较小。

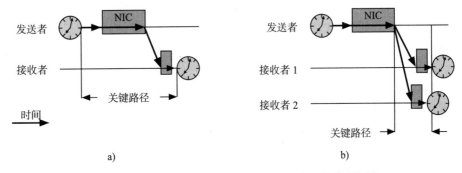

图 4-17　a）发送者 – 接收者同步；b）接收者 – 接收者同步

在 RBS 中，发送节点发送的消息不是为了向接收节点通知发送节点的时间，而是为了激发接收节点同时记录各自的本地时间，因此发送的消息不需要携带发送节点的本地时间。

同时，RBS 协议中，同步误差与所有接收节点是否在同一时刻记录下本地时间有直接的关系。通过对接收节点的大量接收实验，可以计算出接收节点对同一消息的接收时刻偏移的分布情况，如图 4-18 所示，接收时刻偏移近似服从正态分布 $N(0, 11.1 \mu s)$。根据大数定理，接收的消息越多，接收时刻偏移将依概率 1 逼近其均值 0，因此，可以认为所有接收节点在同一时刻接收到消息。实际上，RBS 协议在接收节点交换记录时间信息时，并不是仅仅交换最近一次记录的时刻信息，而是交换最近记录的多个时刻信息。

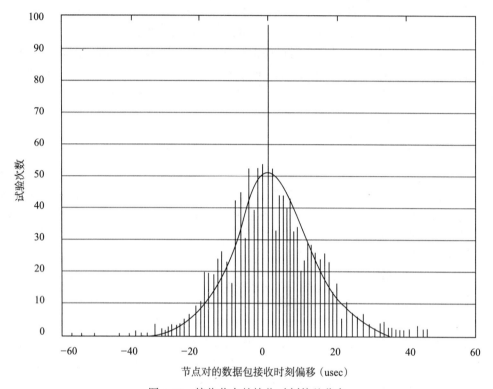

图 4-18　接收节点的接收时刻偏差分布

RBS 协议采用最小平方误差的线性回归方法（例如，最小二乘法）对从某时刻开始的接收节点间的时间偏移数据进行线性拟合，如图 4-19 所示，图中的"＋"代表接收节点间对同一个消息的接收时间偏移，斜线代表拟合直线，拟合直线的斜率就是接收节点间的时间偏移，截距代表开始时刻的初始时间偏移。经过对时间漂移的补偿后，接收节点间的同步误差可以在较长时间内保持在一个较小的范围内。由图 4-19 中的拟合直线，可以实现两个处于单跳范围内节点的本地时间的相互转换。

RBS 协议采用了不同的接收者－接收者同步的方法，巧妙地减小了关键路径，能够更加精确地估计延迟时间，有利于提高时间同步的精度。但是，如果单跳网络内节点数量过多，同步过程中消息的数量会显著增多，会耗费更多的能量。

2. DMTS

虽然 RBS 协议在单跳的同步中精度较高，但是能耗较大，DMTS（Delay Measurement Time Synchronization）仍然基于发送者－接收者同步方法，牺牲一定的精度换取较低的能耗。在 DMTS 协议中，发送节点仅仅在检测到通信信道空闲后，才在同步消息中加入当

前的时间戳 t，避免受到关键路径中发送时间和信道访问时间的影响。消息发送之前，物理层网络接口将会发送一定数量的 Preamble（前导码）和 Sync word（同步字）（假设总位数为 n bit），根据网络接口的发送速率可以计算出 1bit 的发送时间 τ。接收节点在接收到 Sync word 之后，记录下此时的本地时间 t_1，并在即将调整自己的本地时间之前记录下此时的时间 t_2，从而计算出接收方的消息处理延迟为 t_2-t_1。接收节点将自己的时间修改为 $t+n\tau+t_2-t_1$，达到和发送者之间的时间同步，如图 4-20 所示。DMTS 协议中发送节点只需发一个消息，所有接收节点即可计算出需要调整的时间。

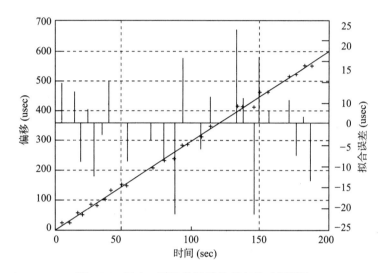

图 4-19　最小二乘法估计接收节点的时间漂移

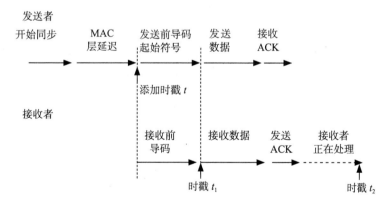

图 4-20　DMTS 协议同步消息的关键路径

DMTS 协议中计算过程简单，且网络中消息传输量显著减少。由于消息传输过程中关键路径仍然较长，且没有对时钟漂移进行补偿，等等，因此 DMTS 协议不能够提供与 RBS 一样的同步精确度。

局部时间同步仅仅针对较小范围的节点进行时间同步，复杂性较低。针对局部时间同步的方法稍作改进，可以扩展成能够进行全网同步的方法。

4.4.4 全网同步

1. RBS

在上一节中，介绍了能够进行局部同步（单跳网络范围）的 RBS 协议，如果将其扩展使之能够处理两个多跳节点之间的同步，就可以将 RBS 协议应用于全网同步。针对图 4-21a 中的节点 1 和节点 9，由于节点 9 和节点 4 处于以节点 C 为发送节点的单跳网络区域中，由局部同步 RBS 协议可知，它们的本地时间可以相互转换。节点 1 和节点 4 处于以节点 A 为发送节点的单跳网络区域中，它们的本地时间可以相互转换。因此，经由节点 4、节点 1 和节点 9 的本地时间可以相互转换。但是，在网络规模较大时，依靠静态指定中转节点不能够保证同步协议的健壮性，如节点因电量耗尽而失效，通信过程中拓扑结构发生变化，等等。因此，在经过扩展的 RBS 协议中，采用"时间路由"寻找一条连接同步源节点和目标节点本地时间的转换路径。图 4-21b 是与图 4-21a 相对应的逻辑拓扑结构。在每个单跳网络范围内，如果两个节点可以直接进行本地时间转换，在逻辑拓扑结构中，两个节点之间就有一条边（据此，在单跳范围内的所有节点之间构成一个完全图）。通过在该逻辑结构中寻找一跳连接源节点和目标节点的最短路径，那么沿着该路径可以逐跳进行时间同步。

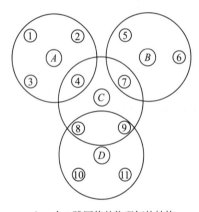
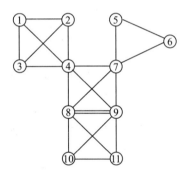

a）一个 3 跳网络的物理拓扑结构   b）图 a 中 3 跳网络对应的逻辑拓扑结构

图 4-21 一个 3 跳网络的物理和逻辑拓扑结构

2. TPSN

虽然在 RBS 协议中，采用了接收者－接收者同步方法提高同步精确度，并认为发送者－接收者同步方法的同步精度较低。但是，在 TPSN（Timing-sync Protocol for Sensor Network）看来，发送者－接收者同步方法同步精度较低的原因在于：基于单向消息所估算的消息传播延迟不够精确。如果采用双向消息，基于消息传输的对称性，有可能精确地计算出消息的传输延迟。由此可以看出，TPSN 借鉴了 NTP 在 Internet 中的同步思路，可以看作是 NTP 在无线传感器网络节点上的扩展。TPSN 的同步过程分为两个阶段。第一个阶段，在无线传感器网络中建立层次结构。首先，确定一个顶层节点，并作为第 0 层，然后，为每一个节点分配一个层次编号。第 i 层的节点至少能够与第 i-1 层的一个节点通信。第二个阶段，逐层同步所有节点，首先，由第 1 层的所有节点与顶层节点同步，第 i 层的节点与第 i-1 层的一个节点同步。

第一个阶段。由顶层节点广播一个层次发现消息，消息中包含发送节点的 ID 和层次编号。顶层节点的邻居节点收到发送的消息后，将自己的层次编号设置为消息中的层次编号加 1，作为自己的层次编号，接着将广播自己的层次发现消息，消息中的层次编号是当前节点的层次编号。任何节点在收到第 i 级的节点的广播消息后，记录发送这个广播消息的节点 ID，设置自己的层次编号为 $(i+1)$，广播消息中的层次编号也为 $(i+1)$。持续广播这些消息直到所有节点都已经拥有自己的层次编号。节点在第一次建立自己的层次编号后，忽略任何接收到的其他层次发现消息，防止产生过多的广播消息。

第二个阶段。在第一个阶段完成后，顶层节点将广播时间同步消息开始时间同步过程。同步过程如图 4-22 所示。第 i 层的节点 A 在 $T1$ 时刻向第 $i-1$ 层的一个节点 B 发送一个同步请求消息，节点 B 在接收到该消息后，记录下接收时刻 $T2$，并在 $T3$ 时刻向节点 A 返回一个同步应答消息，并把时间戳 $T2$ 和该消息的发送时刻 $T3$ 置入应答消息。当节点 A 收到该消息时，记录下接收时刻 $T4$。基于消息的传输的对称性，假设消息的传输时间为 d，且节点 A 与节点 B 在 $T1 \sim T4$ 时间段时钟漂移不变且为 T，则有：

$$T2 = T1 + T + d$$
$$T4 = T3 - T + d$$

可以得出 $T = [(T2 - T1) - (T4 - T3)]/2$，$d = [(T2 - T1) + (T4 - T3)]/2$。因此，在 $T4$ 时刻，如果节点 A 在其本地时间上增加修正量 T，就能够和节点 B 达到瞬时的时间同步。如果为 TPSN 增加对时钟漂移的补偿，可以在非瞬时时间同步时提高同步的精度。由此，每一层的所有节点都与其上一层的一个节点进行同步，就能够达到全网同步。

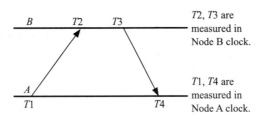

图 4-22　双向消息交换及时间记录过程

TPSN 的同步方法中，采用了类似于 NTP 中双向消息发送的方法，有助于提高同步精度。另外，在 TPSN 的节点间时间偏差估计中，要求消息的传输具有对称性。在网络环境噪音存在或者在较强干扰的情况下，消息在来回传输时链路状况可能不对称，因此，这一条件可能无法保证。

下面介绍一个例子，说明磁阻传感器网络在对机动车辆进行测速过程中的时间同步机制。为了实现这个用途，网络必须先完成时间同步。由于对机动车辆的测速需要两个探测传感器节点的协同合作，测速算法提取车辆经过每个节点的磁感应信号的脉冲峰值（如图 4-23 所示），并记录时间。如果将两个节点之间的距离 d 除以两个峰值之间的时差 Δt，就可以得出机动目标通过这一路段的速度（V）：

$$V = \frac{d}{\Delta t} \tag{4-16}$$

时间同步是测速算法对探测节点的要求，即测速系统的两个探测节点要保持时间上的高度同步以保证测量速度的精确。在系统设计中，可以采用由网关作为汇聚节点周期性地发布同步命令解决网络内各传感器节点的时间同步问题，例如，每隔 4 分钟发布一次。同步命令发布的优先级可以低于处理接收数据的优先级，防止丢失测量的数据。

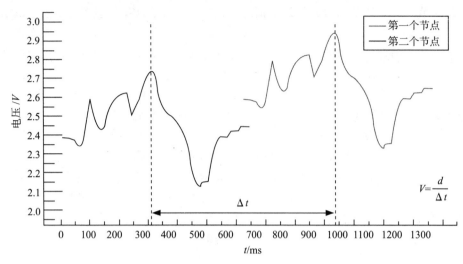

图 4-23　目标测速算法的实现原理

　　机动车辆测速技术应用的主要步骤设计如下：

　　1）由网关发送命令：指定两个测速的磁阻传感器节点；实现网络时间同步；发出测速过程开始；两个测速节点上报目标通过的时刻。

　　2）网关根据传感器网络两个节点之间的距离、机动车辆通过节点的时刻差值，计算出车辆运行速度。

　　测速算法的精度主要取决于一对传感器节点的时间同步精度和传感器感知的一致性指标。这里实现的 TPSN 的根节点指定为网关，即根据有线网络上的主机时钟来同步所有的传感器节点时钟，网络节点充当"时标"节点，周期性地广播时钟信号，使得网络内的其他节点被同步。由于测速过程需要一对传感器节点，通常这两个节点最好安装在道路的中间，可以增大传感信号的输出，并且两个节点之间相距一定的距离，例如，可以将两个节点设置为相距 5 ～ 10 米。

　　3. FTSP

　　在 RBS 中，需要大量交换消息，而且 RBS 针对大规模多跳网络的扩展较为复杂；TPSN 虽然采用 NTP 的层次结构进行全网同步，并采用双向消息提高同步的精确度，但是并不对时钟漂移补偿。FTSP（Flooding Time Synchronization Protocol）则采用 MAC 层时间戳的方法减少时间同步中的不确定性因素，并且采用洪泛方法处理大规模网络时的全网同步。

　　在典型的 Mica2 节点上，Radio（射频芯片）CC1000 具有面向位的接口，MCU（微控制器芯片）Atmega128L 是一个 8 位的低功耗单片机。Radio 和 MCU 之间采用 SPI 总线连接。在发送一个字节时，MCU 将一个字节写入 SPI 接口中，由 SPI 硬件负责将该字节逐位发送给 Radio 并最终由 Radio 通过天线发送出去。当该字节发送结束后，SPI 硬件将生成一个中断通知 MCU。在接收时，每当 Radio 接收到一个位的数据时，通过 MCU 的 SPI 硬件，将该位移入 SPI 数据寄存器中。每接收到 8 位时，SPI 硬件产生中断，通知 MCU 取走 SPI 数据寄存器中的数据。而一个数据消息的传输则要依次传输一定数量的前导字节、同步字、数据部分和校验字。前导字节用于接收节点锁相到发送节点的载波频率上，同步字用于判断数据部分的开始。所有的前导字节、同步字都可由编程人员控制，因此易于实现 MAC 层时间戳。

发送节点在 MAC 层向发送的消息嵌入多个时间戳，接收节点也在 MAC 层记录接收时刻。根据发送节点和接收节点嵌入的多个时间戳，接收节点可以估计出中断等待时间。接收节点根据估计出的中断等待时间信息以及静态设置的编解码时间对接收时间戳进行补偿，从而能够得到更准确的同步时间。在进行全网同步时，网络中所有节点与网络中的时间基准节点保持同步。时间基准节点周期性地广播同步消息，同步消息中包含时间戳、本次消息的发送节点的 ID、当前同步的次数（标识当前是第几次同步）。根据消息中同步的次数信息是否比接收节点存储的已知的最新一次同步次数大，以及同步消息中的 ID 是否与接收节点存储的 ID 一致判断接收到的消息要么丢弃要么更新节点存储的值，并计算出时间基准节点的时间，然后广播一个新的同步消息，继续同步其他节点，直到所有节点都已同步完成。

4.5 节点定位

对于无线传感器网络的许多应用来说，节点位置信息都是必需的基本信息，因此节点准确地进行自身定位是无线传感器网络应用的重要条件。本节对无线传感器网络的节点定位机制与算法进行了介绍，并对基于测距的和不基于测距的两大类方法进行了较为全面的叙述。

另外，如果节点工作区域是人类不适合进入的区域，或者是敌对区域，传感器节点有时甚至需要通过飞行器抛撒于工作区域，因此节点的位置都是随机并且未知的。然而在许多应用中，节点所采集到的数据必须结合其在测量坐标系内的位置信息才有意义，否则，如果不知道数据所对应的地理位置，数据就失去意义。除此之外，无线传感器网络节点自身的定位还可以在外部目标的定位和追踪以及提高路由效率等方面发挥作用。因此，实现节点的自身定位对无线传感器网络有重要的意义。

4.5.1 概述

1. 节点定位问题

对于大多数应用，不知道网络中传感器节点的位置而感知的数据是没有意义的。传感器节点必须明确自身的位置才能详细指出"在什么位置或区域发生了特定事件"，实现对外部目标的定位和追踪。此外，了解传感器节点的位置信息还可以提高路由效率，为网络提供命名空间，向部署者报告网络的覆盖质量，实现网络的负载均衡、网络的拓扑自动配置以及网络的管理。

由于人工部署和为网络中的所有传感器节点安装 GPS 接收器都会受到成本、功耗、扩展性等问题的限制，甚至在某些场合可能根本无法实现，因此需要采用定位算法与机制解决 WSN 中节点自身定位的问题。

2. 节点定位基本概念

为了理解节点定位的技术和方法，有必要对其中涉及的一些重要基本概念予以介绍。本节中，将 WSN 中需要定位的节点称为未知节点（unknown node）；而已知位置，并协助未知节点定位的节点称为锚节点（anchor node）或信标节点，它是未知节点的定位参考点。锚节点定位通常依赖人工部署或 GPS 实现，人工部署锚节点的方式不仅受网络部署环境的限制，还严重制约了网络和应用的可扩展性。而使用 GPS 定位，锚节点的费用会比普通节点高两个数量级，这就意味着即使网络中仅有 10% 的节点是锚节点，整个网络的价格也将增加 10 倍。锚节点密度就是指网络中已知位置的节点数占全部节点的比例，它是衡量定位系统能力的一个重要指标。邻居节点是指在一个节点通信半径内，可以与其直接通信的节点。定位精度是评价定位技术的首要评价指标，一般用误差值与节点无线射程的比例表示。例如，定位精度为 20% 表示定位误差相当于节点无线射程的 20%。也有部分定位系统将二维网络部署区域划分为网格，其定位结果的精度也就是网格的大小，如微软的 RADAR。定位规模一般包含两种含义：第一种是指定位系统或算法实现定位的地理区域或范围，例如不同的定位系统可在园区内、建筑物内或一层建筑物内，甚至仅仅是一间房屋内实现定位；第二种是指给定一定数量的基础设施或在一段时间内，一种定位技术可以定位目标的数量，例如 RADAR 系统仅可在建筑物的一层内实现目标定位，剑桥的 ActiveOffice 定位系统每 200 ms 即可定位一个节点。节点密度是指单位面积内包含的节点数量。在 WSN 中，节点密度增大不仅意味着网络部署费用的增加，而且会因为节点间的通信冲突问题带来有限带宽的阻塞。节点密度通常以网络的平均连通度来表示，许多定位算法的精度受到节点密度的影响，例如，DV-Hop 算法仅可在节点密集部署的情况下才能合理地估算节点位置。

3. 节点定位系统和算法分类

不同的定位系统按照定位结果、参照坐标、实现方式、计算模式、定位次序、定位所需信息的粒度、锚节点是否移动以及是否实际测量节点间的距离分成不同的类型。本节我们将简要地介绍其中的 8 种分类。

（1）物理定位与符号定位（physical vs. symbolic）

定位系统可提供两种类型的定位结果：物理位置和符号位置。例如，某个节点位于 47° 39′ 17″ N，122° 18′ 23″ W 就是物理位置；而某个节点在建筑物的 123 号房间就是符号位置。一定条件下，物理定位和符号定位可以相互转换。与物理定位相比，符号定位更适于某些特定的应用场合。例如，在安装监测烟火 WSN 的智能建筑物中，管理者更关心某个房间或区域是否有火警信号，而并不需要知道火警发生地的经纬度。大多数定位系统和算法都提供物理定位服务，符号定位的典型系统和算法有 Active Badge、微软的 Easy Living 等，MIT 的 Cricket 定位系统则可根据配置实现物理定位与符号定位。

（2）绝对定位与相对定位（absolute vs. relative）

绝对定位将定位结果用一个标准的坐标位置来表示，例如，经纬度。而相对定位通常是以网络中部分节点为参考，建立整个网络的相对坐标系统。绝对定位可为网络提供唯一的命名空间，受节点移动性影响较小，有更广泛的应用领域。但相对定位由于定位时不需要锚节点，因此更加灵活。在相对定位的基础上能够实现部分的路由协议，特别是基于地理位置的路由（geo-routing）协议。大多数定位系统和算法都可以实现绝对定位服务，典型的相对定位算法和系统有 SPA（Self-Positioning Algorithm）、LPS（Local Positioning System）、SpotON，而 MDS-MAP 定位算法可以根据网络配置的不同分别实现绝对和相对两种定位。

（3）紧密耦合与松散耦合（tightly coupled vs. loosely coupled）

紧密耦合定位系统是指锚节点不仅被仔细地部署在固定的位置，并且通过有线介质连接到中心控制器；而松散型定位系统的节点采用无中心控制器的无线协调方式。

典型的紧密耦合定位系统包括 AT&T 的 Active Bat 系统和 Active Badge、HiBallTracker等。它们的特点是适用于室内环境，具有较高的精确性和实时性，时间同步和锚节点间的协调问题容易解决。但这种部署策略限制了系统的可扩展性，代价较大，无法应用于布线工作不可行的室外环境。

典型的松散耦合定位系统有 Cricket、AHLos。它们以牺牲紧密耦合系统的精确性为代价而获得了部署的灵活性，依赖节点间的协调和信息交换实现定位。在松散耦合系统中，因为网络以 ad hoc 方式部署，节点间没有直接的协调，所以节点会竞争信道并相互干扰。这种分类方法与基于基础设施和无需基础设施（infrastructure-based versus infrastructure-free）的分类方法相似，不同之处在于，后者是以除了传感器节点以外整个系统是否还需要其他设施为标准。

（4）集中式与分布式（centralized vs. distributed）

集中式定位是指把所需信息传送到某个中心节点（例如，一台服务器），并在那里进行节点定位计算的方式；分布式定位是指依赖节点间的信息交换和协调，由节点自行计算的定位方式。集中式定位的优点在于从全局角度统筹规划，计算量和存储量几乎没有限制，可以获得相对精确的位置估算。其缺点包括与中心节点位置较近的节点会因为通信开销大而过早地消耗完电能，导致整个网络与中心节点信息交流的中断，无法实时定位等。集中式定位包括凸规划（convex optimization）、MDS-MAP 等。分布式定位包括 DV-Hop、近似三角形内点测试法（APIT）等。N-hop multil ateration primitive 定位算法可以根据应用需求采用集中和分布两种不同的定位计算模式。

（5）递增式与并发式（incremental vs. concurrent）

依据各节点定位的先后时序不同可将定位算法和系统分为递增式算法和并发式算法。递增式算法通常从锚节点开始，锚节点附近的节点首先开始定位，依次向外延伸，各未知节点逐次定位。AHLos 是典型的递增式定位系统，由于各节点定位是逐次迭代的结果，因此在此过程中存在累计误差情况。并发式算法中所有节点则是同时进行位置计算。

（6）粗粒度与细粒度（fine-grained vs. coarse-grained）

依据定位所需信息的粒度可将定位算法和系统分为根据信号强度或时间等来度量与锚节点距离的细粒度定位和根据与锚节点的接近度（proximity）来度量的粗粒度定位。其中细粒度定位又可细分为基于距离和基于方向性测量两类。另外，利用信号模式匹配（signal pattern matching）来进行的定位也属于细粒度定位范畴。粗粒度定位是利用某种物理现象来感应是否有目标接近一个已知的位置，例如，Active Badge、凸规划、Xeror 的 ParcTAB系统、佐治亚理工学院的 Smart Floor 等。

（7）静点定位与动点定位（static vs. mobile）

按照定位过程中锚节点是否移动可将定位系统和算法分为静点定位和动点定位。静点定位就是在定位过程中，一旦节点部署完成，便不再移动节点，现在的 WSN 中大多属于此类。动点定位，顾名思义即节点部署完成后，移动坐标已知的锚节点，根据锚节点移动的坐标和时间对未知节点定位。静点定位相对于动点定位的优点是实时性要求较低，能耗分布均匀，但是对锚节点的比例有一定要求；动点定位的优势是对锚节点的比例要求较低，但锚节点的能耗过大，此外由于网络的连通性较低时，动点定位信息的传输会有一定的延时，这必然引入一定的定位误差，所以较高的实时性要求也是动点定位需要解决的问题。

（8）测距定位与非测距定位（range-based vs. range-free）

测距定位（range-based）通过测量节点间点到点的距离或角度信息，使用三边测量（trilateration）、三角测量（triangulation）或最大似然估计（multilateration）法计算未知节点位置。非测距定位（range-free）则无须距离和角度信息，仅根据网络连通性等信息即可确定未知节点的位置。

测距定位常用的测距技术有 RSSI、TOA、TDOA 和 AOA。接收信号强度指示（Received Signal Strength Indicator，RSSI）技术虽然符合低功率、低成本的要求，但有可能产生 ±50% 的测距误差；到达时间（Time of Arrival，TOA）技术需要节点间精确的时间同步；到达时间差（Time Difference on Arrival，TDOA）技术受限于超声波传播距离有限（WSN 所使用的超声波信号通常传播距离仅为 20~30 英尺，因而网络需要密集部署）和 NLOS 问题对超声波信号传播的影响；到达角度（Angle of Arrival，AOA）也受外界环境影响，而且需要额外硬件。除上述测距技术的局限性以外，测距定位机制使用各种算法来减小测距误差对定位的影响，包括多次测量、循环定位求精，这些都要产生大量计算和通信开销。因此测距定位机制虽然在定位精度上具有可取之处，但并不一定适用于低功耗、低成本的应用领域。

非测距定位因功耗、成本及粗精度定位已能满足大多数 WSN 应用要求（当定位误差小于传感器节点无线通信半径的 40% 时，定位误差对路由性能和目标追踪精确度的影响不会很大），非测距定位在 WSN 中倍受关注。

我们将在介绍计算节点位置的基本方法之后，对测距定位和非测距定位技术分别进行阐述。

4.5.2 节点位置的基本计算方法

在传感器节点的定位阶段，未知节点在测量或估计出对于邻近锚节点的距离（或与邻近锚节点的相对角度）后，一般会利用以下基本的节点位置计算方法计算自己的位置（或坐标）。

1. 三边测量法

三边测量法是当未知节点获取其到 3 个（或 3 个以上）信标节点的距离时，便可通过距离公式计算出自己的坐标，如图 4-24 所示。

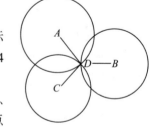

图 4-24 三边测量法图示

假设 A、B、C 为锚节点，它们的坐标分别为 (X_a, Y_a)、(X_b, Y_b)、(X_c, Y_c)，D 为未知节点，其坐标为 (x, y)，D 点到 A、B、C 三点的距离分别为 d_a、d_b、d_c，则它们之间存在下列公式：

$$\begin{cases} \sqrt{(x-x_a)^2+(y-y_a)^2} = d_a \\ \sqrt{(x-x_b)^2+(y-y_b)^2} = d_b \\ \sqrt{(x-x_c)^2+(y-y_c)^2} = d_c \end{cases} \tag{4-17}$$

由上式可得未知节点 D 的坐标为：

$$\begin{bmatrix} x \\ y \end{bmatrix} = \begin{bmatrix} 2(x_a-x_c) & 2(y_a-y_c) \\ 2(x_b-x_c) & 2(y_b-y_c) \end{bmatrix}^{-1} \begin{bmatrix} x_a^2-x_c^2+y_a^2-y_c^2+d_c^2-d_a^2 \\ x_b^2-x_c^2+y_b^2-y_c^2+d_c^2-d_a^2 \end{bmatrix} \quad (4\text{-}18)$$

2. 三角测量法

三角测量法的基本思想是在已知 3 个锚节点的坐标和未知节点相对于锚节点的 3 个角度的情况下，先通过平面几何关系求出 3 个已知角度对应圆的圆心坐标和半径，再利用三边测量法，计算出未知节点坐标，具体如图 4-25 所示。已知 3 个锚节点 A、B、C 坐标分别为 (X_a,Y_a)、(X_b,Y_b)、(X_c,Y_c)。D 为未知节点，它与节点 A、B、C 的角度分别为 $\angle ADC$、$\angle ADB$、$\angle BDC$，假设节点 D 的坐标为 (x,y)。对于节点 A、C 和角 $\angle ADC$，如果弧段 AC 在 $\triangle ABC$ 内，那么可以唯一确定一个圆，设圆心为

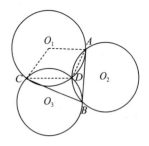

图 4-25 三角测量法图示

$O_1(X_{O_1},Y_{O_1})$，半径为 r_1，则 $\angle AO_1C = (2\pi-2\angle ADC)$，假设 $\alpha = \angle AO_1C$。则存在下列公式：

$$\begin{cases} \sqrt{(x_{O_1}-x_a)^2+(y_{O_1}-y_a)^2} = r_1 \\ \sqrt{(x_{O_1}-x_b)^2+(y_{O_1}-y_b)^2} = r_1 \\ \sqrt{(x_a-x_c)^2+(y_a-y_c)^2} = 2r_1^2-2r_1^2\cos\alpha \end{cases} \quad (4\text{-}19)$$

由上式可得 r_1 和圆心 O_1 的坐标。同理可得 r_2、r_3 及圆心 O_2 和 O_3 的坐标。由此获得三边测量法的已知量，最后利用三边测量法，由三个圆的圆心坐标 $O_1(X_{O_1},Y_{O_1})$、$O_2(X_{O_2},Y_{O_2})$、$O_3(X_{O_3},Y_{O_3})$ 和半径 r_1、r_2、r_3 计算未知点 D 的坐标。

3. 最大似然估计法

最大似然估计法（maximum likelihood estimation）类似于三边测量法。如图 4-26 所示，当已知未知节点 $D(x,y)$ 到锚节点 1 (x_1,y_1)，2 (x_2,y_2)，…，n (x_n,y_n) 的距离分别为 d_1，d_2，…d_n 时，则存在下列公式：

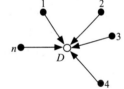

图 4-26 最大似然估计法图示

$$\begin{cases} (x_1-x)^2+(y_1-y)^2=d_1^2 \\ \vdots \\ (x_n-x)^2+(y_n-y)^2=d_n^2 \end{cases} \quad (4\text{-}20)$$

从第一行到倒数第二行减去最后一行，得：

$$\begin{cases} x_1^2-x_n^2-2(x_1-x_n)x+y_1^2-y_n^2-2(y_1-y_n)y=d_1^2-d_n^2 \\ \vdots \\ x_{n-1}^2-x_n^2-2(x_{n-1}-x_n)x+y_{n-1}^2-y_n^2-2(y_{n-1}-y_n)y=d_{n-1}^2-d_n^2 \end{cases} \quad (4\text{-}21)$$

上式中的线性方程组可用矩阵表示为：$AX=B$，其中：

$$A=\begin{bmatrix} 2(x_1-x_n) & 2(y_1-y_n) \\ \cdots & \cdots \\ 2(x_n-x_n) & 2(y_{n-1}-y_n) \end{bmatrix}, B=\begin{bmatrix} x_1^2-x_n^2+y_1^2-y_n^2d_n^2-d_1^2 \\ \vdots \\ x_{n-1}^2-x_n^2+y_{n-1}^2-y_n^2+d_n^2-d_{n-1}^2 \end{bmatrix}, x=\begin{bmatrix} x \\ y \end{bmatrix} \quad (4\text{-}22)$$

使用标准的最小均方差可得到节点 D 的坐标为：$x=(A^{\mathrm{T}}A)^{-1}A^{\mathrm{T}}B$。

4.5.3 测距定位

测距定位需要测量相邻节点间的距离或方向，然后使用前一节介绍的位置计算方法计

算出未知节点的位置。测距定位通常分为 3 个阶段：测距、定位、修正。测距阶段首先由未知节点测量到邻居节点的距离或角度，然后进一步计算到邻近的锚节点的距离或方向，可以使用未知节点到锚节点的直线距离，也可以使用未知节点到锚节点的路段数量（跳数）近似表示两者的直线距离；定位阶段首先由未知节点计算到达 3 个或以上的锚节点的距离或方向角，然后使用前一节介绍的 3 种位置计算方法计算未知节点的坐标位置；修正阶段的目的是提高由前两个阶段得到的位置的精度（例如，可以使用多次测距定位的计算结果求取平均值），减少误差。

测距定位的距离和方向的测量方法，包括测量 RSSI、TOA、TDOA 和 AOA 等。下面分别介绍这些方法。

1. 基于到达时间的定位方法

在基于到达时间的定位机制中，已知某一信号的传播速度，只需计算出传播时间便可得到两个节点之间的距离，然后通过三边测量法或者最大似然估计法可以计算出未知节点的位置。

文献 [21] 中给出了一种简单的基于到达时间的定位实现方案。在这一方案中，利用伪噪声序列信号作为声波信号，通过计算声波的传播时间测量两个节点间的距离。如图 4-27 所示，节点的定位部分主要由扬声器模块、麦克风模块、无线电模块和 CPU 模块组成。假设两个节点间的时间已同步，发送节点的扬声器模块在发送伪噪声序列信号的同时，无线电模块通过无线电同步消息通知接收节点伪噪声序列信号发送的时间，接收节点的麦克风模块在检测到伪噪声序列信号后，根据声波信号的传播时间和速度计算发送节点和接收节点之间的距离。节点在计算出到多个临近锚节点的距离后，可以利用三边测量法或者最大似然估计法计算出自己的位置。与无线射频信号相比，声波频率低、速度慢，对节点硬件的成本和复杂度的要求都低，但是声波的缺点是传播速度容易受到大气条件的影响。

基于到达时间的定位方法精度较高，但是节点间需要保持精确的时间同步。

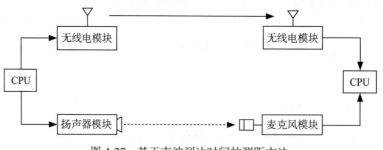

图 4-27　基于声波到达时间的测距方法

2. 基于到达时间差的定位方法

在基于到达时间差的定位机制中，发射节点同时发射两种不同传播速度的无线信号，接收节点根据两种信号的到达时间差和两种信号的传播速度，计算两个节点之间的距离，再通过前面介绍的位置计算方法计算节点的位置。

如图 4-28 所示，发射节点同时发射无线射频信号和超声波信号，接收节点记录两种信号到达的时间 T_1、T_2，无线射频信号和超声波信号的传播速度为 c_1、c_2，那么两个节点之间的距离为 $(T_2-T_1) \times S$，其中 $S = \dfrac{c_1 c_2}{c_1 - c_2}$。下面结合 Cricket 系统和 AHLos 系统进一步说明基于到达时间差的定位方法。

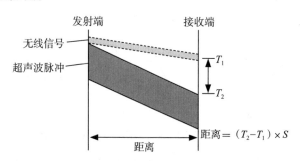

图4-28 基于到达时间差的定位原理

（1）Cricket系统

室内定位系统Cricket系统是麻省理工学院的Oxygen项目的一部分，用来确定移动或静止节点在大楼内的具体房间位置。

在Cricket系统[22]中，每个房间都安装有锚节点，锚节点周期性地发射无线射频信号和超声波信号。无线射频信号中含有锚节点的位置信息，而超声波信号仅仅是单纯脉冲信号，没有任何语义。由于无线射频信号的传播速度要远大于超声波的传播速度，未知节点在收到无线射频信号时，会同时打开超声波信号接收机，根据两种信号到达的时间间隔和各自的传播速度，计算出未知节点到该锚节点的距离。然后通过比较到各个临近锚节点的距离，选择出离自己最近的锚节点，从该锚节点广播的信息中取得自身的房间位置。

（2）AHLos系统

AHLos系统[23]是典型的递增式定位系统。定位过程可以如下描述：

未知节点首先利用基于到达时间差的方法测量与其邻居节点的距离；当未知节点的邻居节点中锚节点的数量大于或等于3时，利用最大似然估计法计算该节点自身的位置，随后该节点转变成新的锚节点，并将自身的位置广播给邻居节点，随着系统中锚节点的增多，原来邻居节点中锚节点数量少于3的未知节点将逐渐能够检测到更多的锚节点邻居，进而利用最大似然估计法确定自己的位置。重复这一过程直至所有节点都计算出自身的位置。

在AHLos系统中，未知节点根据周围锚节点的不同分布情况分别利用相应的多边（大于等于3）定位算法计算自身位置。

1）原子多边算法。原子多边算法（atomic multilateration）如图4-29a所示，在未知节点的邻居节点中至少有3个原始锚节点（不是由未知节点转化而成的），这个未知节点基于原始锚节点利用最大似然估计法计算自身位置。

2）迭代多边算法。迭代多边算法（iterative multilateration）是指邻居节点中锚节点数量少于3个，在经过一段时间后，其邻居节点中部分未知节点在计算出自身位置后变成锚节点。当邻居节点中锚节点数量大于或等于3个时，这个未知节点就可以利用最大似然估计法计算自身位置。

3）协作多边算法。协作多边算法（collaborative multilateration）是指在经过多次迭代定位以后，部分未知节点的邻居节点中，锚节点的数量仍然少于3个，此时必须要通过其他节点的协助才能计算自身位置。如图4-29b所示，在经过多次迭代定位以后，未知节点2的邻居节点中只有节点1和节点3两个锚节点，节点2要通过计算到锚节点5、6的多跳距离，再利用最大似然估计法计算自身位置。

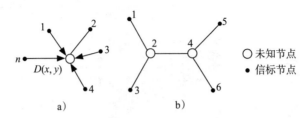

图 4-29　原子多边算法与协作多边算法图示

AHLos 算法对信标节点的密度要求高，不适用于规模大的传感器网络，而且迭代过程中存在累积误差。文献 [24] 中引入了 n 跳多边算法（n-hop multilateration），是对协作多边算法的扩展。在 n 跳多边算法中，未知节点通过计算到信标节点的多跳距离进行定位，减少了非视线关系对定位的影响，对信标节点密度要求也比较低。此外，节点定位之后引入了修正阶段，提高了定位的精度。

TDOA 技术对硬件的要求高，成本和能耗使得该种技术对低能耗的传感器网络提出了挑战。但是 TDOA 技术测距误差小，有较高的精度。

3．基于到达角度的定位方法

在基于到达角度 AOA 的定位机制 [25] 中，接收节点通过天线阵列或多个超声波接收机感知发射节点信号的到达方向，计算接收节点和发射节点之间的相对方位或角度，再通过三角测量法计算出节点的位置。

如图 4-30 所示，接收节点通过麦克风阵列感知发射节点信号的到达方向。下面以每个节点配有两个接收机为例，简单阐述 AOA 测定方位角和定位的实现过程，定位过程可分为三个阶段。

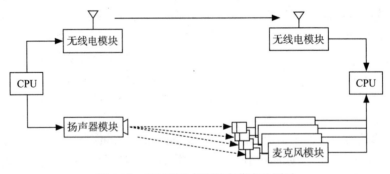

图 4-30　基于到达角度的定位方法图示

（1）相邻节点之间方位角的测定

如图 4-31 所示，节点 A 的两个接收机 R_1 和 R_2 间的距离是 L，接收机连线中点的位置代表节点 A 的位置。将两个接收机连线的中垂线作为节点 A 的轴线，该轴线作为确定邻居节点方位角度的基准线。

在图 4-32 中，节点 A、B、C 互为邻居节点，节点 A 的轴线方向为节点 A 处箭头所示方向，节点 B 相对于节点 A 的方位角是角 $\angle ab$，节点 C 相对于节点 A 的方位角是角 $\angle ac$。

在图 4-32 中，节点 A 的两个接收机收到节点 B 的信号后，利用 TOA 技术测量出 R_2 到节点 B 的距离 x_2，再根据几何关系，计算节点 B 到节点 A 的方位角，它所对应的方位角

为∠ab，实际中利用天线阵列可获得精确的角度信息，同理再获得方位角∠ac，进而有
∠CAB=∠ac−∠ab。

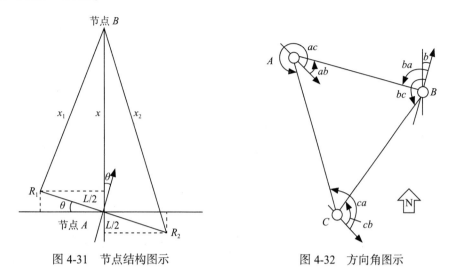

图 4-31　节点结构图示　　　　　　　　图 4-32　方向角图示

（2）相对信标节点的方位角测量

在图 4-33 中，节点 L 是信标节点，节点 A、B、C 互为邻居。利用上节方法计算出 A、
B、C 三点之间的相对方位信息。假定已经测得信标节点 L、节点 B 和 C 之间的方位信息，
现在需要确定信标节点 L 相对于节点 A 的方位。

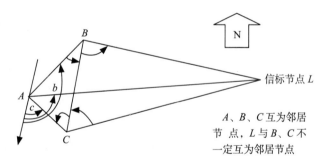

A、B、C互为邻居
节　点，L 与 B、C 不
一定互为邻居节点

图 4-33　方位角测量

如上所述△ABC、△LBC 的内部角度已经确定，从而能够计算出四边形 ACLB 的角度
信息，进而计算出信标节点 L 相对于节点 A 的方位。通过这种方法，与信标节点不相邻的
未知节点就可以计算出与各信标节点之间的方位信息。

（3）利用方位信息计算节点的位置

如图 4-34 所示，节点 D 是未知节点，在节点 D 计算出 $n(n \geqslant 3)$ 个信标节点相对于自
己的方位角度后，从 n 个信标节点中任选 3 个信标节点 A、B、C。LADB 的值是信标节点
A 和 B 相对于节点 D 的方位角度之差，同理可计算出∠ADC 和∠BDC 的角度值，这样就
确定了信标节点 A、B、C 和节点 D 之间的角度。

当信标节点数目 n 为 3 时，利用三角测量算法直接计算节点 D 坐标。当信标节点数目
n 大于 3 时，将三角测量算法转化为最大似然估计算法来提高定位精度，如图 4-35 所示，
对于节点 A、B、D，能够确定以点 O 为圆心，以 OB 或 OA 为半径的圆，圆上的所有点都

满足 ∠ADB 的关系,将点 O 作为新的信标节点,OD 长度就是圆的半径。因此,从 n 个信标节点中任选两个,可以将问题转化为有 $\binom{n}{2}$ 个信标节点的最大似然估计算法,从而确定 D 点坐标。

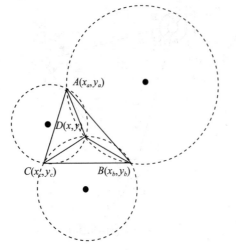 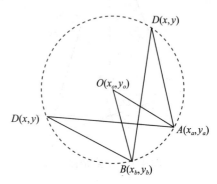

图 4-34 三角测量法图示   图 4-35 三角测量法转化为三边测量法

AOA 定位不仅能确定节点的坐标,还能提供节点的方位信息。但 AOA 测距技术易受外界环境影响,且 AOA 需要额外硬件,在硬件尺寸和功耗上不适用于大规模的传感器网络。

4. 基于接收信号强度指示的定位方法

在基于接收信号强度指示 RSSI 的定位中,已知发射节点的发射信号强度,接收节点根据收到信号的强度计算出信号的传播损耗,利用理论和经验模型将传输损耗转化为距离,再利用已有的算法计算出节点的位置。

RADAR[26] 是一个基于 RSSI 技术的室内定位系统,用以确定用户节点在楼层内的位置。如图 4-36 所示,RADAR 系统在监测区域中部署了 BS1、BS2 和 BS3 三个基站,用星号指示所在的位置,覆盖 50 个房间。基站和用户节点均配有无线网卡,接收并测量信号的强度。用户节点定期发射信号分组,且发射信号强度已知,各基站根据接收到的信号强度计算传播损耗,通常使用两种方法计算节点位置。

(1)利用信号传播的经验模型

实际定位前,在楼层内选取若干测试点,如图 4-36 中的小黑点所示,记录在这些点上各基站收到的信号强度,建立各个点上的位置和信号强度关系的离线数据库(x, y, ss_1, ss_2, ss_3)。实际定位时,根据测得的信号强度(ss_1', ss_2', ss_3')和数据库中记录的信号强度进行比较,信号强度均方差 $sqrt[(ss_1-ss_1')^2+(ss_2-ss_2')^2+(ss_3-ss_3')^2]$ 最小的那个点的坐标作为节点的坐标。

为了提高定位精度,在实际定位时,可以对多次测得的信号强度取平均值。也可以选取均方差最小的几个点,计算这些点的质心作为节点的位置。这种方法有较高的精度,但是要预先建立位置和信号强度关系数据库,当基站移动时要重新建立数据库。

(2)利用信号传播的理论模型

在 RADAR 系统中,主要考虑建筑物的墙壁对信号传播的影响,建立了信号衰减和传播距离间的关系式。根据 3 个基站实际测得的信号强度,利用式(4-23)实时计算出节点与 3 个基站间的距离，然后利用三边测量法计算节点位置：

$$P(d)[dBm]=P(d_0)[dBm]-10\log(\frac{d}{d_0})-\begin{cases} nW \times WAF, & nW < C \\ C \times WAF, & nW \geq C \end{cases} \tag{4-23}$$

其中，$P(d)$ 表示基站接收到用户节点的信号强度；$P(d_0)$ 表示基站接收到在参考点 d_0 发送信号的强度，假设所有节点的发送信号强度相同；n 表示路径长度和路径损耗之间的比例因子，依赖于建筑物的结构和使用的材料；d_0 表示参考节点和基站间的距离；d 表示需要计算的节点和基站间的距离；nW 表示节点和基站间的墙壁个数；C 表示信号穿过墙壁个数的阀值；WAF 表示信号穿过墙壁的衰减因子，依赖于建筑物的结构和使用的材料。

这种方法不如上一种方法精确，但可以节省费用，不必提前建立数据库，在基站移动后不必重新计算参数。

虽然在实验环境中 RSSI 表现出良好的特性，但是在现实环境中，温度、障碍物、传播模式等条件往往都是变化的，使得该技术在实际应用中仍然存在困难。

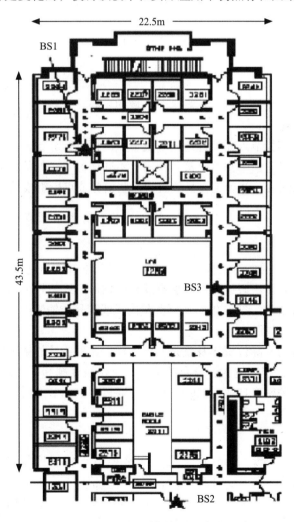

图 4-36　RADAR 系统检测区域平面图

4.5.4 非测距定位

虽然基于距离的定位能够实现精确定位，但往往对无线传感器节点的硬件要求高。出于硬件成本、能耗等考虑，人们提出了距离无关的定位技术。距离无关的定位技术无需测量节点间的绝对距离或方位，降低了对节点硬件的要求，但定位的误差也相应有所增加。

目前提出了两类主要的距离无关的定位方法：一类方法是先对未知节点和信标节点之间的距离进行估计，然后利用三边测量法或极大似然估计法进行定位；另一类方法是通过邻居节点和信标节点确定包含未知节点的区域，然后把这个区域的质心作为未知节点的坐标。距离无关的定位方法精度低，但能满足大多数应用的要求。

距离无关的定位方法主要有质心定位、DV-Hop 定位、APIT 定位、Rendered Path 定位等，下面分别介绍它们。

1. 质心定位方法

多边形的几何中心称为质心，多边形顶点坐标的平均值就是质心节点的坐标。如图 4-37 所示，多边形 *ABCDE* 的顶点坐标分别为 $A(x_1, y_1)$、$B(x_2, y_2)$、$C(x_3, y_3)$、$D(x_4, y_4)$，$E(x_5, y_5)$ 其质心坐标 $(x,y) = \left(\dfrac{x_1+x_2+x_3+x_4+x_5}{5}, \dfrac{y_1+y_2+y_3+y_4+y_5}{5} \right)$。质心定位算法首先确定包含未知节点的区域，计算这个区域的质心，并将其作为未知节点的位置。

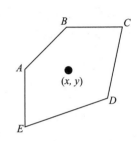

图 4-37　质心定位方法图示

在质心算法中，信标节点周期性地向邻近节点广播信标分组，信标分组中包含信标节点的标识号和位置信息。当未知节点接收到来自不同信标节点的信标分组数量超过某一个门限 k 或接收一定时间后，就确定自身位置为这些信标节点所组成的多边形的质心：$(X_{est},$ $Y_{est}) = \left(\dfrac{X_{i1}+\cdots+X_{ik}}{k}, \dfrac{Y_{i1}+\cdots+Y_{ik}}{k} \right)$，其中 $(X_{i1}, Y_{i1}),\cdots,(X_{ik}, Y_{ik})$ 为未知节点能够接收到其分组的信标节点坐标。

质心算法完全基于网络连通性，无需信标节点和未知节点之间的协调，因此比较简单，容易实现。但质心算法假设节点都拥有理想的球形无线信号传播模型，而实际上无线信号的传播模型并非如此，图 4-38 是实际测量的无线信号传输强度的等高线，可以看到与理想的球形模型有很大差别。

另外，用质心作为实际位置本身就是一种估计，这种估计的精确度与信标节点的密度以及分布有很大关系，密度越大，分布越均匀，定位精度越高。文献 [27] 对质心算法进行了改进，提出了一种密度自适应 HEAP 算法，通过在信标节点密度低的区域增加信标节点，以提高定位的精度。

2. DV-Hop 定位方法

DV-Hop (DistanceVector-Hop) 定位机制非常类似于传统网络中的距离向量路由机制 [28]。在距离向量定位机制中，未知节点首先计算与信标节点的最小跳数，然后估算平均每跳的距离，利用最小跳数乘以平均每跳距离，得到未知节点与信标节点之间的估计距离，再利用三边测量法或极大似然估计法计算未知节点的坐标。

（1）DV-Hop 定位过程

DV-Hop 算法的定位过程分为以下三个阶段。

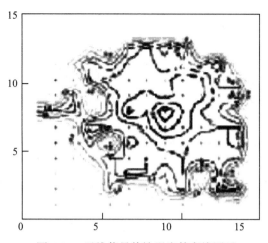

图 4-38　无线信号传输强度等高线图示

1）计算未知节点与每个信标节点的最小跳数。信标节点向邻居节点广播自身位置信息的分组，其中包括跳数字段，初始化为 0。接收节点记录具有到每个信标节点的最小跳数，忽略来自同一个信标节点的较大跳数的分组。然后将跳数值加 1，并转发给邻居节点。通过这个方法，网络中的所有节点能够记录下到每个信标节点的最小跳数。如图 4-39 所示，信标节点 A 广播的分组以近似于同心圆的方式在网络中逐次传播，图中的数字代表距离信标节点 A 的跳数。

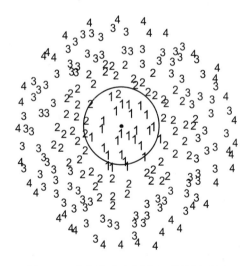

图 4-39　信标节点广播分组的传播过程

2）计算未知节点与信标节点的实际跳数距离。每个信标节点根据第一个阶段中记录的其他信标节点的位置信息和相距跳数，利用式 (4-24) 估算平均每跳的实际距离，

$$HopSize_i = \frac{\sum_{j \neq i} \sqrt{(x_i - x_j)^2 + (y_i - y_j)^2}}{\sum_{j \neq i} h_j}$$
（4-24）

其中，(x_i, y_i)、(x_j, y_i) 是信标节点 i 和 j 的坐标，h_j 是信标节点 i 与 $j (j \neq i)$ 之间的跳段数。

然后，信标节点将计算的每跳平均距离用带有生存期字段的分组广播至网络中，未知节点仅记录接收到的第一个每跳平均距离，并转发给邻居节点。这个策略确保了绝大多数节点从最近的信标节点接收每跳平均距离值。未知节点接收到平均每跳距离后，根据记录的跳数，计算到每个信标节点的跳段距离。

3）利用三边测量法或最大似然估计法计算自身位置。未知节点利用第二阶段中记录的到各个信标节点的跳段距离，再利用三边测量法或最大似然估计法计算自身坐标。

（2）DV-Hop 定位举例

如图 4-40 所示，经过第一阶段和第二阶段，能够计算出信标节点 L_1、L_2、L_3 之间的实际距离和跳数。那么信标节点 L_2 计算的每跳平均距离为 $(40+75)/(2+5)$。假设 A 从 L_2 获得每跳平均距离，则节点 A 与 3 个信标节点之间的距离分别为 L_1:3×16.42，L_2:2×16.42，L_3:3×16.42，最后利用三边测量法计算出节点 A 的坐标。

距离向量算法使用平均每跳距离计算实际距离，对节点的硬件要求低，实现简单。其缺点是利用跳段距离代替直线距离，存在一定的误差。

3. APIT 定位方法

近似三角形内点测试法（Approximate Point-in-triangulahon Test，APIT）[29] 首先确定多个包含未知节点的三角形区域，这些三角形区域的交集是一个多边形，它确定了更小的包含未知节点的区域；然后计算这个多边形区域的质心，并将质心作为未知节点的位置。

（1）APIT 定位方法的基本思路

未知节点首先收集其邻近信标节点的信息，然后从这些信标节点组成的集合中任意选取 3 个信标节点。假设集合中有 n 个元素，那么共有 C_n^3 种不同的选取方法，确定 C_n^3 个不同的三角形，逐一测试未知节点是否位于每个三角形内部，直到穷尽所有 C_n^3 种组合或达到定位所需精度；最后计算包含目标节点所有三角形的重叠区域，将重叠区域的质心作为未知节点的位置。如图 4-41 所示，阴影部分区域是包含未知节点的所有三角形的重叠区域，黑点指示的质心位置作为未知节点的位置。

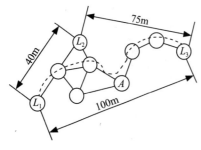

图 4-40　DV-Hop 定位方法举例

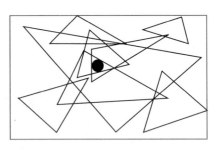

图 4-41　APIT 定位原理图示

（2）APIT 定位方法的理论基础

APIT 算法的理论基础是最佳三角形内点测试法 PIT(perfect point-in-triangulation test)。PIT 测试原理如图 4-42 所示，假如存在一个方向，节点 M 沿着这个方向移动会同时远离或接近顶点 A，B，C，那么节点 M 位于 △ ABC 外；否则，节点 M 位于 △ ABC 内。

在传感器网络中，节点通常是静止的。为了在静态的环境中实现三角形内点测试，提出了近似的三角形内点测试法：假如在节点 M 的所有邻居节点中，相对于节点 M 没有同时远离或靠近 3 个信标节点 A、B、C，那么节点 M 在 △ ABC 内；否则，节点 M 在 △ ABC 外。

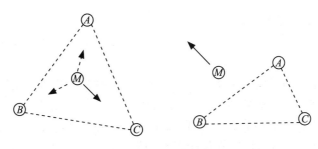

图 4-42 PIT 原理图示

近似的三角形内点测试利用网络中相对较高的节点密度来模拟节点移动，利用无线信号的传播特性来判断是否远离或靠近信标节点，通常在给定方向上，一个节点距离另一个节点越远，接收到信号的强度越弱。邻居节点通过交换各自接收到信号的强度，判断距离某一信标节点的远近，从而模仿 PIT 中的节点移动。

（3）APIT 测试举例

如图 4-43a 所示，节点 M 通过与邻居节点 1 交换信息可知，节点 M 接收到信标节点 B、C 的信号强度大于节点 1 接收到信标节点 B、C 的信号强度，而节点 M 接收到信标节点 A 的信号强度小于节点 1 接收到信标节点 A 的信号强度。那么根据两者接收信标节点的信号强度判断，如果节点 M 运动至节点 1 所在位置，将远离信标节点 B 和 C，但会靠近信标节点 A。依次对邻居节点 2、3、4 进行相同的判断，最终确定节点 M 位于△ ABC 中；而由图 4-43b 可知，节点 M 假如运动至邻居节点 2 所在位置，将同时靠近信标节点 A、B、C，那么判定节点 M 在△ ABC 外。

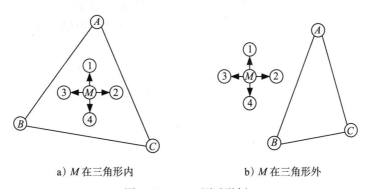

a) M 在三角形内　　　　　　b) M 在三角形外

图 4-43 APIT 测试举例

（4）APIT 定位方法的具体步骤

1）收集信息：未知节点收集邻近信标节点的信息，如位置、标识号、接收到的信号强度等，邻居节点之间交换各自接收到的信标节点的信息；

2）APIT 测试：测试未知节点是否在不同的信标节点组合成的三角形内部；

3）计算重叠区域：统计包含未知节点的三角形，计算所有三角形的重叠区域；

4）计算未知节点位置：计算重叠区域的质心位置，作为未知节点的位置。

在无线信号传播模式不规则和传感器节点随机部署的情况下，APIT 算法的定位精度高，性能稳定，但 APIT 测试对网络的连通性提出了较高的要求。相对于计算简单的类似的质心定位算法，APIT 算法精度高，对信标节点的分布要求低。

4. Rendered Path 定位方法

Rendered Path 定位算法 [30] 着眼于如何解决在非均匀部署的传感器网络中准确确定未知节点的位置。

由于前面介绍的非测距定位方法中，大都假定网络中节点的部署情况较为均匀，然后由信标节点间的直线距离和跳数估计平均每跳的距离，未知节点则依据每跳距离乘以到达信标节点的跳数得出距离信标节点的距离。然而在实际应用环境中，所有节点的电量消耗并不相同，会导致某一地区出现的节点由于电量枯竭无法通信产生"空洞"，这种情况就说明节点的部署情况很难保证均匀部署。如果信标节点之间有"空洞"，会导致估算的平均每跳的距离不准确，进而影响所有节点的距离估算值，图 4-44 说明了这一情况，其中，由信标节点 s 和 t 之间的直线距离与跳数得出的平均每跳的距离在有"空洞"时误差较大。

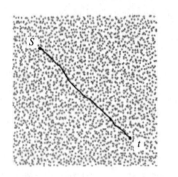
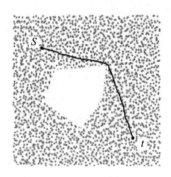

图 4-44　节点部署的某一区域出现"空洞"

Rendered Path 方法借助在"空洞"的边界的点将信标节点的距离用折线段的距离之和取代，而非使用节点间的直线距离，图 4-45 说明了该定位方法的距离计算原理。

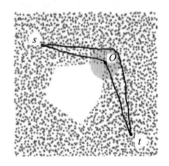
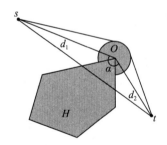
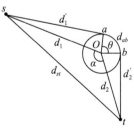

图 4-45　Rendered Path 定位方法的距离计算原理图示

在图 4-45 中，信标节点 s 和 t 之间的距离由折线段 sa、弧线段 ab、折线段 bt 的距离之和得到。图中节点 O 为"空洞"的边界节点，由节点 O 确定一个虚拟的小圆用以排除"空洞"对距离计算的影响。

4.6　本章小结与进一步阅读的文献

本章重点介绍了传感网的主要关键技术：命名与寻址、拓扑控制、能量管理、时间同步、节点定位。本章中介绍的这些关键技术分布在协议栈的多个层次，并不是每个应用都使用到了所有的关键技术。在介绍这些关键技术时，我们尽量按照关键技术之间依赖关系的先后顺序逐一展开。

首先，我们介绍了最基础的命名与寻址技术。命名与寻址技术是无线传感器网络中最基础的组成要素，对于大部分应用来说是必须的。我们介绍了无线传感器网络中的地址管理和地址分配策略，基于此，又进一步引出更高层次的基于内容和地理位置的寻址。

其次，我们介绍了无线传感器网络研究中的核心问题：拓扑控制。拓扑控制是传感网中许多其他研究问题的基础，对于延长网络的生存时间、减小通信干扰、提高 MAC（Media Access Control）协议和路由协议的效率等具有重要意义。在介绍无线传感器网络中的拓扑控制技术时，我们按照功率控制型和层次控制型分类介绍了几种典型的拓扑控制算法。

然后，我们对传感器网络的能源管理作了全面的介绍，并且系统地分析了传感器节点各个部分的能源消耗情况和节能策略。无线传感器网络中的节点一般由电池供电且不易更换，所以传感器网络最关注的问题是如何高效利用有限的能量，对感知节点各部分的功耗分析更是有助于定位出系统中的能耗瓶颈，明确传感器网络能量管理策略的设计和优化方向。

最后，分别介绍了传感器网络中的时间同步和节点定位技术。

时间同步是传感器网络研究领域里的一个热点，它是无线传感器网络应用的重要组成部分，很多无线传感器网络的应用都要求传感器网络节点的时钟保持同步。在简要介绍了集中式管理的系统中的事件同步后，我们重点介绍了分布式系统中的几种典型的同步方法。为了达到易于理解和掌握的目的，我们先介绍局部同步的设计方法，然后介绍如何将局部同步方法扩展成为全网同步方法。

节点定位在无线传感器网络的许多应用中都是必须的。我们首先简要介绍了节点的定位机制与算法，然后较为全面地介绍了基于测距的和不基于测距的定位方法。

无线传感器网络作为当今信息领域的研究热点，有非常多的关键技术有待发现和研究。下面列出部分进一步阅读的参考文献。

[1] John Heidemann, Fabio Silva, Chalermek Intanagonwiwat, et al. Building efficient wireless sensor networks with low-level naming. In Proceedings of the eighteenth ACM symposium on Operating systems principles (SOSP '01). ACM, New York, NY, USA, 146-159, 2001.

[2] Chalermek Intanagonwiwat, Ramesh Govindan, Deborah Estrin. Directed diffusion: a scalable and robust communication paradigm for sensor networks. In Proceedings of the 6th annual international conference on Mobile computing and networking (MobiCom '00). ACM, New York, NY, USA, 56-67, 2000.

[3] Ali M, Uzmi Z A. An energy-efficient node address naming scheme for wireless sensor networks. In Networking and Communication Conference, 2004. INCC 2004. International, p.25-30, June 2004.

[4] William Adjie-Winoto, Elliot Schwartz, Hari Balakrishnan, et al. The design and implementation of an intentional naming system. SIGOPS Oper. Syst. Rev. 33, 5 (December 1999), 186-201, 1999.

[5] Kazem Sohraby, Daniel Minoli, Taieb Znati. Wireless Sensor Networks: Technology, Protocols, and Applications. 2007, WILEY.

[6] Paolo Santi. Topology control in wireless ad hoc and sensor networks. ACM Comput. Surv. 37, 2 (June 2005), 164-194, 2005.

[7] Wattenhofer R, Li Li, Bahl, etal. Distributed topology control for power efficient operation in multihop wireless ad hoc networks. IN INFOCOM 2001. Twentieth Annual Joint Conference of the IEEE Computer and Communications Societies. Proceedings, IEEE, vol. 3, 1388-1397, Apr 2001.

[8] Althaus E, Calinescu G, Mandoiu I, et al. Power efficient range assignment in ad hoc wireless

networks. In Proceedings of the IEEE Wireless Communications and Networking Conference (WCNC'03).

[9] Bahramgiri M, Hajiaghayi M, Mirrokni V. Fault-tolerant ad 3-dimensional distributed topology control algorithms in wireless multihop networks. In Proceedings of the IEEE International Conference on Computer Communications and Networks. 392-397.

[10] Ramanathan R. Rosales-Hain R. Topology control of multihop wireless networks using transmit power adjustment. In Proceedings of IEEE Infocom 00. 404-413, 2000.

[11] Paolo Santi. The Critical Transmitting Range for Connectivity in Mobile Ad Hoc Networks, IEEE Transactions on Mobile Computing, vol. 4, no. 3, 310-317, May 2005.

[12] Alec Woo, David E Culler. A transmission control scheme for media access in sensor networks. In Proceedings of the 7th annual international conference on Mobile computing and networking (MobiCom '01). ACM, New York, NY, USA, 221-235.

[13] Liu J, Baochun Li. Distributed topology control in wireless sensor networks with asymmetric links. In Global Telecommunications Conference, 2003. GLOBECOM '03. IEEE , vol.3, 1257-1262, Dec. 2003.

[14] Li Li, Joseph Y Halpern, Paramvir Bahl, et al. Analysis of a cone-based distributed topology control algorithm for wireless multi-hop networks. In Proceedings of the twentieth annual ACM symposium on Principles of distributed computing (PODC '01). ACM, New York, NY, USA, 264-273, 2001.

[15] Li Li, Halpern Joseph Y, Bahl P, et al. A cone-based distributed topology-control algorithm for wireless multi-hop networks. In Networking, IEEE/ACM Transactions on , vol. 13, no. 1, 147-159, Feb. 2005.

[16] Douglas M Blough, Mauro Leoncini, Giovanni Resta, et al. The K-Neigh Protocol for Symmetric Topology Control in Ad Hoc Networks. In Proceedings of the 4th ACM international symposium on Mobile ad hoc networking & computing (MobiHoc '03). ACM, New York, NY, USA, 141-152, 2003.

[17] Xiang-Yang Li, Wen-Zhan Song, Yu Wang. Localized topology control for heterogeneous wireless sensor networks. ACM Trans. Sen. Netw., vol. 2, no. 1 (February 2006), 129-153, 2006.

[18] Mohsen Bahramgiri, Mohammadtaghi Hajiaghayi, Vahab S Mirrokni. Fault-tolerant and 3-dimensional distributed topology control algorithms in wireless multi-hop networks. Wirel. Netw. Vol. 12, no. 2 (March 2006), 179-188, 2006.

[19] Li N, Hou J.C Lui Sha. Design and analysis of an MST-based topology control algorithm. Wireless Communications, IEEE Transactions on , vol. 4, no. 3, 1195-1206, May 2005.

[20] Ning Li, Jennifer C Hou. FLSS: a fault-tolerant topology control algorithm for wireless networks. In Proceedings of the 10th annual international conference on Mobile computing and networking (MobiCom '04). ACM, New York, NY, USA, 275-286, 2004.

[21] Thomas Moscibroda, Rogert Wattenhofer, Aaron Zollinger. Topology control meets SINR: the scheduling complexity of arbitrary topologies. In Proceedings of the 7th ACM international symposium on Mobile ad hoc networking and computing (MobiHoc '06). ACM, New York, NY, USA, 310-321, 2006.

[22] Victor Shnayder, Mark Hempstead, Bor-rong Chen, et al. Simulating the power consumption of large-scale sensor network applications. In Proceedings of the 2nd international conference on Embedded networked sensor systems (SenSys '04). ACM, New York, NY, USA, 188-200, 2004.

[23] A El-Hoiydi, J D Decotignie, C Enz, et al. Poster abstract: wiseMAC, an ultra low power MAC protocol for the wiseNET wireless sensor network. In Proceedings of the 1st international conference on Embedded networked sensor systems (SenSys '03). ACM, New York, NY, USA, 302-303, 2003.

[24] Qin Wang, Hempstead M, Woodward Yang. A Realistic Power Consumption Model for Wireless Sensor Network Devices. In Sensor and Ad Hoc Communications and Networks, 2006. SECON '06. 2006 3rd Annual IEEE Communications Society on , vol. 1, 286-295, Sept. 2006.

[25] Miller M J, Vaidya N F. A MAC protocol to reduce sensor network energy consumption using a wakeup radio. In Mobile Computing, IEEE Transactions on , vol. 4, no. 3, 228-242, 2005.

[26] Sivrikaya F, Yener B. Time synchronization in sensor networks: a survey. Network, IEEE , vol. 18, no. 4, 45-50, 2004.

[27] Weilian Su, Akyildiz I F. Time-diffusion synchronization protocol for wireless sensor networks. Networking, IEEE/ACM Transactions on , vol. 13, no. 2, 384-397, April 2005.

[28] Santashil PalChaudhuri, Amit Kumar Saha, David B Johnson. Adaptive clock synchronization in sensor networks. In Proceedings of the 3rd international symposium on Information processing in sensor networks (IPSN '04). ACM, New York, NY, USA, 340-348, 2004.

[29] Kyoung-lae Noh, Serpedin E, Qaraqe K. A New Approach for Time Synchronization in Wireless Sensor Networks: Pairwise Broadcast Synchronization. Wireless Communications, IEEE Transactions on , vol. 7, no. 9, 3318-3322, September 2008.

[30] Syed A A, Heidemann J. Time Synchronization for High Latency Acoustic Networks. In INFOCOM 2006. 25th IEEE International Conference on Computer Communications. Proceedings , 1-12, April 2006.

[31] Philipp Sommer, Roger Wattenhofer. Gradient clock synchronization in wireless sensor networks. In Proceedings of the 2009 International Conference on Information Processing in Sensor Networks (IPSN '09). IEEE Computer Society, Washington, DC, USA, 37-48, 2009.

[32] Sundararaman B, Buy U, Kshemkalyani D. Clock synchronization for wireless sensor networks: A Survey. Ad-hoc Networks, vol. 3, no. 3, 281-323, May 2005.

[33] Vijay Chandrasekhar, Winston KG Seah, Yoo Sang Choo, and How Voon Ee. Localization in underwater sensor networks: survey and challenges. In Proceedings of the 1st ACM international workshop on Underwater networks (WUWNet '06). ACM, New York, NY, USA, 33-40, 2006.

[34] Rudafshani M, Datta S. Localization in Wireless Sensor Networks. In Information Processing in Sensor Networks, 2007. IPSN 2007. 6th International Symposium on , 51-60, April 2007.

[35] Tian He, Chengdu Huang, Brian M Blum, et al. Stankovic, and Tarek F. Abdelzaher. Range-free localization and its impact on large scale sensor networks. ACM Trans. Embed. Comput. Syst. 4, 4 (November 2005), 877-906, 2005.

习题 4

1. 请简述传感器网络中的一些寻址方式，它们与 Internet 的寻址方式有什么差别？

2. 查找资料，说明目前传感器网络中采用的寻址方式。

3. 拓扑控制的方法有几种类型？原理是什么？

4. 简要列举并叙述两种基于功率控制的拓扑生成方法。

5. 请说明 XTC 算法的优劣之处，并罗列出它和其他拓扑控制算法的优劣性。

6. 简要叙述两种层次拓扑控制方法。

7. 请从通信和计算等角度说明传感器网络的能量消耗特征。

8. 查找资料，列出传感器网络中常见的几种节点的处理器芯片、通信芯片的具体特征。

9. 简要叙述一下传感器网络中的节能策略以及对应的能量优化思路。

10. 传感器网络中的能量优化可以划分为几种类型？
11. 简述传感器网络中的时间同步和 Internet 的时间同步的异同。
12. 传感器网络中的时间同步的方法有哪些？
13. 简述 RBS 的局部同步策略以及全网同步策略。
14. 简述 FTSP 的同步原理。
15. 简要对比各全网同步方法。
16. 查找资料，列出时间同步方法还有哪些分类方式，试说明各分类方式的异同。
17. 传感器网络为什么需要定位？
18. 传感器网络的定位方法有哪些？
19. 简要叙述传感器网络中节点位置的计算方法。
20. 简要叙述三种测距定位方法。
21. 简要叙述两种非测距定位方法。
22. 简要对比分析一下不同的测距定位方法的定位精度。
23. 查找资料，试描述一种传感器网络中的定位应用实例。

参考文献

[1] 谢希仁. 计算机网络 [M]. 5 版. 北京：电子工业出版社，2008.

[2] V Rajendran, K Obraczka, J J Garcia-Luna-Aceves. Energy-Efficient, Collision-Free Medium Access Control for Wireless Sensor Networks. The First ACM Conference on Embedded Networked Sensor Systems (Sensys'03), November 2003.

[3] 特南鲍姆，等. 计算机网络 [M]. 5 版. 严伟，等译. 北京：清华大学出版社，2012.

[4] C E Perkins, J T Malinen, R Wakikawa, et al. IP Address Autoconfiguration for Ad Hoc Networks draft-ietfmanet-autoconf-01.txt. Internet Engineering Task Force, MANET Working Group, July 2000.

[5] S Nesargi, R Prakash. MANETconf:Configuration of Hosts in a Mobile Ad HocNetwork. Proceedings of IEEE Infocom 2002, pp. 1597-1596, June 2002.

[6] Schurgers C, Kulkarni G, Sricastava M B. Distributed On Demand Address Assignment in Wireless Sensor Network[J].IEEE Transactions on Parallel and Distributed Sysems,2002，13(10):1056-1065.

[7] 孙利民，李建中，陈渝，等. 无线传感器网络 [M]. 北京：清华大学出版社，2005.

[8] Holger Karl，Andreas Willig. Protocols and Architectures for Wireless Sensor Networks. WILEY，2005.

[9] 张学，陆桑璐，陈贵海，等. 无线传感器网络的拓扑控制 [J]. 软件学报，2006.

[10] 李方敏，徐文君，刘新华. 无线传感器网络功率控制技术 [J]. 软件学报，2007.

[11] Kubisch M, Karl H, Wolisz A, Zhong LC, Rabaey J. Distributed algorithms for transmission power control in wireless sensor networks. In: Yanikomeroglu H, ed. Proc. of the IEEE Wireless Communications and Networking Conf. (WCNC). New York: IEEE Press, 2003, 16-20.

[12] Yu CS, ShinKG, Lee B. Power-Stepped protocol: Enhancing spatial utilization in a clustered mobile ad hoc network. IEEE Journal on Selected Areas in Communications, 2004, 22(7):1322-1334.

[13] Li N, Hou JC. Topology control in heterogeneous wireless networks: Problems and solutions. In: Proc. of the IEEE Conf. on Computer Communications (INFOCOM). New York: IEEE Press, 2004,232-243.

[14] Narayanaswamy S, Kawadia V, Sreenivas RS, et al. Power control in ad-hoc networks: Theory,architecture,algorithm and implementation of the COMPOW protocol. In: Proc. of the

European Wireless Conf. Florence, 2002, 156-162.

[15] Chen B, Jamieson K, Balakrishnan H, et al. SPAN: An energy efficient coordination algorithm for topology maintenance in ad hoc wireless networks. ACM Wireless Networks, 2002,8(5):481-494.

[16] Wendi Rabiner Heinzelman, Anantha Chandrakasan, Hari Balakrishnan. Energy-Efficient Communication Protocol for Wireless Microsensor Networks. Proceedings of the 33rd Hawaii International Conference on System Sciences, 2000.

[17] Xu Y, Heidemann J, Estrin D. Geography-Informed energy conservation for ad hoc routing. In: Rose C, ed. Proc. of the ACM Int'l Conf. on Mobile Computing and Networking (MobiCom). New York: ACM Press, 2001, 70-84.

[18] Jianping Pan，Y Thomas Hou，Lin Cai，et al. Topolgy Control for Wireless Sensor Networks. MobiCom，2003.

[19] Paolo Santi. Topology Control in Wireless Ad Hoc and Sensor Networks. ACM Computing Surveys，2005.

[20] 王福豹，史龙，任丰原. 无线传感器网络中的自身定位系统和算法 [J]. 软件学报，2005.

[21] Girod L, Estrin D. Robust range estimation using acoustic and multimodal sensing. In: Proc IEEE/RSJ Int'l Conf Intelligent Robots and Systems (IROS'01), Vol. 3, Maui, Hawaii,USA, 2001. 1312-1320.

[22] Priyantha N, Chakraborthy A, Balakrishnan H. The cricket location-support system. In: Proc Int'l Conf on Mobile Computing and Networking, August 6-11, 2000, Boston,MA. 32-43.

[23] Savvides A, Han C C, Srivastava M B. Dynamic finge-grained localization in ad-hoc networks of sensors. In: Proc 7th Annual lnt'l Conf on Mobile Computing and Networking (MobiCom). Rome, Italy, July 2001, 166-179.

[24] Savvides A, Park H, Srivastava M. The bits and flops of the N-hop multilateration primitive for node localization problems. In: Proc lst ACM Int'l Workshop on Wireless Sensor Networks and Application, Atlanta, GA, September 2002, 112-121.

[25] Niculescu D, Nath B. Ad hoc positioning system (APS）using AOA. In: Proc 22nd Annual Joint Conf of the IEEE Computer and Communications Societies (INFOCOM'2003), IEEE,Vol. 3, 2003.

[26] Bahl P, Padmanabhan V N. RADAR: An in-building RF-based user location and tracking system. In: Proc of INFOCOM'2000, Tel Aviv, lsrael, 2000, Vol. 2: 775-784.

[27] Bulusu B, Heidemann J, Estrin D. Density adaptive algorithms for beacon placement in wireless sensor networks. In: IEEE ICDCS'Ol, Phoenix, AZ, April 2001.

[28] Bulusu N, Heidemann J, Estrin D. GPS-Iess low cost outdoor localization for very small devices, IEEE Personal Communications, 2000, 7(5): 28-34.

[29] He T, Huang C, Blum B M, et al. Range-free localization schemes for large scale sensor networks. In: Proc 9th Annual Int'l Conf on Mobile Computing and Networking (MobiCom), San Diego, CA, 2003, 81-95.

[30] Mo L, Yunhao L. Rendered path: range-free localization in anisotropic sensor networks with holes, In: Proc 13th annual ACM international conference on Mobile computing and networking (MobiCom), 2007, 51-62.

[31] Raghunathan V, et al. Energy-aware wireless microsensor networks. Signal Processing Magazine, IEEE, 2002, 19(2): p. 40-50.

[32] Pottie G J W J Kaiser. Wireless integrated network sensors. Commun. ACM, 2000, 43(5): p. 51-58.

[33] Estrin D. Tutorial "Wireless Sensor Networks" Part Ⅳ: Sensor Network Protocols. MobiCom, 2002, http://nest1.ee.ucla.edu/tutorials/mobicom02/.

[34] Healy, M, T Newe, E. Lewis. Power Management in Operating Systems for Wireless Sensor Nodes. in Sensors Applications Symposium, 2007. SAS '07. IEEE. 2007.

[35] Pantazis, N A, D D Vergados. A SURVEY ON POWER CONTROL ISSUES IN WIRELESS SENSOR NETWORKS. Ieee Communications Surveys and Tutorials, 2007. 9(4): p. 86-107.

[36] A Wang, S-H Cho, C G Sodini et al. "Energy-efficient modulation and MAC for asymmetric microsensor systems," in Proc. ISLPED, 2001, p. 106-111.

[37] C Schurgers, O Aberthorne, M. Srivastava. Modulation scaling for energy aware communication systems. Proc. ISLPED, 2001, p. 96-99.

[38] Schurgers, C, V Raghunathan, et al. Power management for energy-aware communication systems. ACM Trans. Embed. Comput. Syst., 2003. 2(3): p. 431-447.

[39] Demirkol, I, C Ersoy, F Alagoz MAC protocols for wireless sensor networks: a survey. Communications Magazine, IEEE, 2006. 44(4): p. 115-121.

[40] Mahfoudh, S, P. Minet. Survey of energy efficient strategies in wireless ad hoc and sensor networks. in 7th International Conference on Networking, ICN 2008, April 13, 2008 - April 18, 2008. Cancun, Mexico: Inst. of Elec. and Elec. Eng. Computer Society.

[41] Anastasi, G, et al. Energy conservation in wireless sensor networks: A survey. Ad Hoc Networks, 2009. 7(3): p. 537-568.

[42] T Armstrong. Wake-up based power management in multi-hop wireless networks. http://www.eecg. toronto.edu/~trevor/Wakeup/index.html.

[43] Dutta, P.K, D E Culler. System software techniques for low-power operation in wireless sensor networks, in Proceedings of the 2005 IEEE/ACM International conference on Computer-aided design. 2005, IEEE Computer Society: San Jose, CA. p. 925-932.

[44] Wang, L. Y Xiao. A survey of energy-efficient scheduling mechanisms in sensor networks. Mobile Networks & Applications, 2006. 11(5): p. 723-740.

[45] M C Vuran, O B Akan, I F Akyildiz. Spatio-temporal correlation: theory and applications for wireless sensor networks, Computer Networks Journal 45 (3)(2004)245-261.

[46] D Chu, A Deshpande. J M Hellerstein, et al. Approximate data collection in sensor networks using probabilistic models, in: Proc. 22nd International Conference on Data Engineering (ICDE06), Atlanta, GA, April 3–8, 2006, p. 48.

[47] B Kanagal, A Deshpande. Online filtering, smoothing and probabilistic modeling of streaming data, in: Proc. 24th International Conference on Data Engineering (ICDE 2008), Cancún, México, April 7-12, 2008.

[48] D Tulone, S Madden. PAQ: time series forecasting for approximate query answering in sensor networks, in: Proc. 3rd European Conference on Wireless Sensor Networks (EWSN06), February 21-37, 2006.

[49] D Tulone, S Madden. An energy-efficient querying framework in sensor networks for detecting node similarities, in: Proc. 9th International ACM Symposium on Modeling, Analysis and Simulation of Wireless and Mobile Systems (MSWIM06), October 2006, pp. 291-300.

[50] S Goel, T Imielinski. Prediction-based monitoring in sensor networks: taking lessons from MPEG, ACM Computer Communication Review 31 (5)(2001).

[51] S Goel, A Passarella, T Imielinski. Using buddies to live longer in a boring world, in: Proc. IEEE International Workshop on Sensor Networks and Systems for Pervasive Computing (PerSeNS 2006), Pisa, Italy, March 13, 2006.

[52] S S Pradhan, K Ramchandran. Distributed source coding using syndromes (DISCUS): design and

construction, IEEE Transactions on Information Theory 49 (3)(2003)626-643.

[53] C Tang, C S Raghavendra. Compression Techniques for Wireless Sensor Networks, Book Wireless Sensor Networks, Kluwer Academic Publishers., 2004, pp. 207-231 (Chapter 10).

[54] Z Xiong, A D Liveris, S Cheng, Distributed source coding for sensor networks, IEEE Signal Processing Magazine 21 (5)(2004)80-94.

[55] E Fasolo, M Rossi, J Widmer, et al. In-network aggregation techniques for wireless sensor networks: a survey, IEEE Wireless Communications 14 (2)(2007)70-87.

[56] R C Shah, S Roy, S Jain, Data MULEs: modeling a three-tier architecture for sparse sensor networks, in: Proc. IEEE International Workshop on Sensor Network Protocols and Applications (SNPA 2003), May 11, 2003, p. 30-41.

[57] Seah, W K G, E Zhi Ang et al. Wireless sensor networks powered by ambient energy harvesting (WSN-HEAP)- Survey and challenges. in Wireless Communication, Vehicular Technology, Information Theory and Aerospace & Electronic Systems Technology, 2009. Wireless VITAE 2009. 1st International Conference on. 2009.

[58] Gilbert, J, F Balouchi. Comparison of energy harvesting systems for wireless sensor networks. International Journal of Automation and Computing, 2008, 5(4): p. 334-347.

第 5 章 传感网应用

传感器网络是实现物联网的重要基础，其广泛获取客观物理信息的能力，使它在很多领域具有广阔的应用前景。作为一种全新的感知计算方式，传感器网络应用的设计、开发、部署与维护等方面都较传统应用有着很大的不同。本章通过几个典型案例详细介绍传感器网络的应用开发技术。

5.1 概述

传感器网络的主要应用领域大致可分为军事、环境监测、医疗健康、智能人居环境、工业、农业及其他应用 7 个方面。传感器网络的应用具有很强的应用定制特性，不同的应用在功能、性能、部署方式、部署环境、组网模式、通信方式等方面的需求都不尽相同。根据传感器网络监测对象的不同，可将传感器网络应用分为空间监测（monitoring space）、活动监测（monitoring activity）和目标监测（monitoring object）三类；根据传感器网络采集数据的特点，还可将其分为连续采集（continuous）、事件驱动（event-driven）和按需获取（on-demand）三类。表 5-1 对传感器网络应用的这两种分类进行了总结。

表 5-1　传感器网络应用分类表

依监测对象分类	空间监测	监测对象为物理环境本身，如监测环境温度或空气污染状况
	活动监测	监测物理环境中的活动信息，如动物习性观测、城市交通监测等
	目标监测	监测对象为物理环境中的特定事物，如在战场环境中跟踪敌方坦克
依数据采集特点分类	连续采集	传感器网络周期性采集环境数据，并将数据发送到汇聚节点
	事件驱动	传感器网络检测到特定事件发生后，将数据发送到汇聚节点
	按需获取	根据用户的需求，采集并发送特定区域或特定属性的环境信息

5.2 传感网应用设计基本原理

本节首先介绍构建传感器网络应用时需要考虑的一些设计因素，然后从系统的架构、硬件以及软件三个方面分析应用设计时的关键问题。

5.2.1 设计因素

传感器网络具有应用定制的特性，为了满足不同的应用需求，应用设计需要结合实际需求在相应的设计空间（design space）中的不同维度（dimension）上进行选择与权衡，设计空间中每一个维度代表了应用设计时需要考虑的一个因素。应用设计中主要考虑的因素包括以下几点 [2]。

1）节点部署方式。传感器节点可以随机部署，如战场上可以通过飞机将传感器节点抛洒到目标监测区域，也可以安装放置在特定的位置。在初次部署后，由于节点失效或者提高覆盖度等原因，可能需要进行增量部署。不同的部署方式会影响到节点的位置、密度以及拓扑结构。

2）移动性。传感器节点位置在部署后可能会由于各种原因而发生改变。这种改变可能是受到自然环境等外界因素的影响，也可能是节点所附着的物体发生了移动，还可能是节点本身具有一定的移动能力。这里前两种移动性是被动的，第三种移动性是主动的。此外，对于不同的应用，节点在移动性程度方面也会有所区别，有的可能是偶尔移动，有的则可能是持续移动。节点移动性会带来网络的动态性，进而影响网络通信协议的设计。

3）基础设施。网络建立可借助于基础设施，也可采用自组网的形式。在基于基础设施的网络中，传感器节点直接与基站通信；在自组网方式下，传感器节点相互协助，通过多跳的方式进行通信。由于基础设施网络部署成本较高，大部分应用常常采用自组网的形式完成组网。这两种网络也可以一起使用，例如，可以通过基站将多个传感器节点子网进行互连，形成层次化的网络。此外，如果应用需要定位、时间同步等服务，则需考虑相关基础设施服务使用的可行性。

4）网络拓扑。在单跳网络中，网络中的所有节点可以和其他任意节点直接通信，具有一个基站的基础功能，可构成一个星形网络。多跳网络的拓扑结构可以形成一个任意的图结构，但通常是在其基础上构建一个较简单的网络结构，如树形网络结构或多个星形网络连接在一起的网络结构。网络拓扑结构通常会对网络的一些特性造成影响，如时延、健壮性、容量等。此外，路由和数据处理的复杂度也同拓扑相关。

5）感知覆盖度。传感器节点的有效感知范围决定了一个传感器节点的感知覆盖范围。感知覆盖度是指目标区域被传感器节点覆盖的程度。稀疏部署时，只有部分目标区域被传感器节点覆盖；密集部署时目标区域被完全或几乎完全覆盖；而冗余部署时，同一区域被一个以上的传感器节点覆盖。一个应用的感知覆盖度通常由观测精度和需要的冗余度决定。

6）连通性。节点物理位置和节点的通信范围决定了网络的连通性。如果任意两个节点间都存在连接（单跳或多跳），则认为网络是连通的。如果网络偶尔发生断裂，则连通性是间歇的。如果节点大部分时间处于孤立状态，偶尔进入其他节点的通信范围内，则连通性是偶发的。连通性的差异会影响通信协议和数据分发机制的设计。

7）生存期。依据应用需求的不同，传感器网络生存期可能会是几天，也可能会是数年的时间。对于依靠电池工作的传感器节点，其生存期会受到能量效率的影响，因此低功耗技术对于增加传感器网络的生存期十分重要。此外，节点自身健壮性也会对生存期造成影响。例如，部署在自然环境中的节点，可能会因为封装问题，受雨水侵蚀而失效。

8）异构性。受到应用实际需求、成本等因素的影响，构成传感器网络的节点并非总是同构的，这些节点可能具有不同的感知、计算、存储和通信等能力。传感器网络异构性的程度也是设计时需要考虑的一个重要因素，它会对节点软件的复杂度以及整个系统的管理带来影响。

9）网络规模。传感器网络的规模与网络连通性、感知覆盖度、感知目标区域大小等方面的需求有关。网络规模决定了通信协议和算法在可扩展性方面的要求。

10）体积、资源与造价。不同应用可能会使传感器节点的大小有特定的需求与约束。同时，节点的能耗、存储、计算和通信等资源会受到节点体积和成本的约束。这些因素往往密切相关，因此需要根据应用的实际需要在设计时进行充分的分析与权衡。

11）其他服务质量需求。应用设计中除了要考虑上述因素外，传感器网络还要根据应用需求对一些特殊的服务质量提供支持，如实时性（在规定时间内上报检测事件）、可靠性（在某些特定失效发生后网络仍然保持运行）、安全性（网络数据不被监听）等。

5.2.2　架构设计

架构设计主要是通过对应用的需求分析，明确应用中的观测对象，建立与之相适应的感知模型，在综合多种应用设计因素的情况下，确定应用系统所需的各类元素以及这些元素之间的关系。这里的元素是指具有不同功能的节点，而元素间关系是指节点间如何通信构成网络的方式。

1. 节点类型

传感器网络应用中常见的节点有 5 类，分别是传感器节点、簇头节点、基站、定位锚节点和时间基准节点。其中，基站有时也被称为汇聚节点或 Sink 节点，而后两类节点分别在网络需要定位和时间同步服务时才会使用。下面是对这几类节点的简单介绍：

1）传感器节点。传感器节点负责感知数据的采集、处理、存储和传输，是传感器网络的主要组成元素。当网络中的数据传输无法通过单跳完成时，传感器节点还会承担数据的转发工作。通常情况下，相比簇头节点和基站，传感器节点在存储、计算、通信、能量等资源方面较弱。

2）簇头节点。在应用中，有时受到部署环境的限制或出于系统寿命、数据处理和管理、传输时延等方面的需要，传感器网络会被划分为若干个簇。每个簇由一个簇头节点和若干个传感器节点构成。簇头节点负责收集和处理簇内节点感知数据，并将处理后的数据发送回基站。通常情况下，簇头可以使用专门的传输网络将数据发送回基站。根据应用的不同，簇头节点可以事先确定，也可以在系统运行时由某种特定算法动态选举产生。

3）基站。基站是能够和 Internet 相连的一台计算机，它将传感器网络获取的感知数据通过 Internet 发送到数据处理中心，通常它还具有一个本地数据库副本以缓存最近一段时间内的感知数据。用户可以通过 Internet 向基站发送命令，远程完成一些特定的传感器网络管理工作。

4）定位锚节点。在很多应用中，只有当感知数据同特定的地理区域相关联时，节点上报的感知数据才有意义，因此节点位置信息十分重要。此外，位置信息还可以用在通信协议中以提高传输效率。节点部署后如果无法通过 GPS 全球定位系统等定位基础设施获取自身位置信息，则需要借助传感器网络自身的定位技术进行定位。在传感器网络自身定位系统中，锚节点是位置已知节点，其他位置未知节点借助锚节点进行定位。

5）时间基准节点。在很多应用中，为了进行感知数据的处理与融合，上报的感知数据需要包含相关的时间信息。这些时间信息通常在相同时间基准前提下才有意义，因此时间同步服务对于传感器网络十分重要。在进行全网同步时，网络中所有节点与网络中的基准节点保持同步，时间基准节点周期性地广播同步消息。

2. 网络结构

星形、多跳和分层是传感器网络中常见的 3 种基本结构，实际应用设计中还可根据需要对这 3 种基本结构进行组合，图 5-1 给出了 3 种基本结构的示意图。

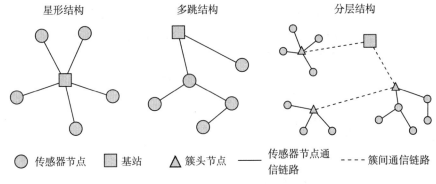

图 5-1　传感器网络的 3 种基本结构

1）星形结构。传感器节点将感知数据通过单跳方式直接发送给中心节点（如基站、簇头），中心节点位于传感器节点的传输覆盖范围内，因此不需要路由。其优点是结构简单，便于管理，但该方式的感知覆盖范围会受到传感器节点通信距离的限制。星形结构在室内、目标感知范围不大，且基础设施较为完善的场景中较为常见，如智能家庭领域的应用。

2）多跳结构。当传感器节点无法以一跳的方式将感知数据直接发送给中心节点时，需要将其感知数据发送给相邻的传感器节点，再由这些节点直接或间接地转发给中心节点。感知数据从源节点到中心节点转发过程中会经历多个传感器节点。与星形结构相比，多跳网络结构不会受到传感器节点与中心节点距离的限制，在缺乏基础设施的情况下，可以实现更大范围的感知。

3）分层结构。采用分层结构时，网络被分为若干个簇，每个簇包括一个簇头和若干个传感器节点，簇头负责簇内感知数据的收集和处理，并将处理后的数据传回基站。簇内可以根据需要选择星形或者多跳的网络结构。分层结构可以解决因网络过大带来的一些扩展性问题，分层还可以通过簇头对数据的处理减少网络中冗余数据传输，降低网络能耗开销，延长网络寿命。

5.2.3　硬件设计

传感器网络具有很强的应用相关性，不同的应用需求会导致传感器节点在硬件设计上有很大的差别。传感器节点硬件设计需要考虑以下几个方面：

1）低功耗：传感器网络自身的特点决定了在传感器节点设计时需要考虑能耗问题。为了达到长时间独立工作的需要，节点设计必须采用低功耗技术。从硬件的角度来讲，包括低功耗微控制器技术、低功耗无线通信技术、低功耗数字电路设计、低功耗 IC 设计、电池与可再生能量技术等。

2）可扩展性与灵活性：传感器网络应用定制的特性决定了节点硬件必须具有良好的可

扩展性与灵活性。面对应用需求的变化，节点硬件需要定义统一、完整的外部接口，当需要添加新的硬件部件时可以在现有节点上直接添加，而不需要开发新的节点。通过标准接口连接的模块化结构是节点硬件系统可扩展性与灵活性的体现。

3）健壮性：节点被部署在各种环境中感知物理世界信息，很容易受到外界和自然环境的影响而失效，因此健壮性对于节点硬件设计十分重要。在硬件上采用模块化设计方法，使得各个功能部分相对独立，这样当一个部分出现问题时并不会影响其他模块的正常工作。此外，节点的外形和封装也是与健壮性设计相关的一个重要方面。

4）低成本：低成本对于传感器节点十分重要，低成本硬件有利于在目标区域中部署更多的传感器节点，充分发挥传感器网络的优势。硬件设计应该在满足需求的前提下尽量采用市面上已有、量产的高集成度器件。

5）体积微小：节点的体积对于传感器网络的部署有很大的影响，通常较小的节点方便部署在更多的应用场合。因此，节点的设计基本上采用小封装、高集成度的芯片，同时结合多层电路板设计尽量减小节点的体积。对于有特殊要求的场合，节点也可采用专用集成电路（Application Specific Integrated Circuit，ASIC）设计技术。

传感器节点硬件由计算、通信、感知、供电和存储等几个主要模块组成，下面将对这些模块常用的设计技术逐一地进行分析。

1. 计算处理模块设计

计算处理模块是传感器节点的核心部件，负责处理数据并协调整个系统。通常选取低功耗、带有混合信号处理能力的微控制器（Micro-Controller Unit，MCU）。这类微控制器在单个芯片上集成了各种常用的接口和存储器。运算处理能力、数据和程序存储空间大小、功耗、外围接口是微控制器选择时需要考虑的主要因素。传感器节点采用的微控制器一般需要包括 UART、SPI、I^2C 等通用接口；另外由于需要获取传感器采集的数据，同时还应具备多通道的模/数转换器；最后，微控制必须具备电源管理功能，使得节点在不工作时可以切换到低功耗甚至超低功耗模式下运行。当数据处理要求较高，而通用微控制器无法满足数据处理需求时，节点应增加数字信号处理器（Digital Signal Processor，DSP）或现场可编程门阵列（Field Programmable Gate Array，FPGA）等专用的处理单元完成应用中算术密集型的算法。表 5-2 列出一些传感器网络应用中常见的微处理器及其主要特性参数。

表 5-2　常见的微处理器及其主要特性参数

厂商	型号	Arch	VCC(V)	RAM(KB)	ROM(KB)	Active(mA)	Sleep(uA)
Atmel	ATmega128L	RISC/8	2.7～5.5	4	128	0.95	5
	ATmega1281	RISC/8	1.8～5.5	8	128	0.9	1
	ATmega2561	RISC/8	1.8～5.5	8	256	0.9	1
TI	MSP430F149	RISC/16	1.8～3.6	2	60	0.42	1.6
	MSP430F1611	RISC/16	1.8～3.6	10	48	0.5	2.6
	MSP430F2618	RISC/16	1.8～3.6	8	116	0.5	1.1
	MSP430F5437	RISC/16	1.8～3.6	16	256	0.28	1.7
	CC2430	8051	2.0～3.6	8	128	5.1	0.5
Freescale	HC08	8-bit	4.5～5.5	1	32	1	20
	HCS08	8-bit	2.7～5.5	4	60	7.4	1
	MC13213	8-bit	2.0～3.4	4	60	6.5	35
Jennic	JN5121	RISC/32	2.2～3.6	96	128	4.2	5
	JN5139	RISC/32	2.2～3.6	192	128	3.0	3.3

2. 通信模块设计

作为与其他节点交换信息的接口，无线通信射频模块是传感器节点另外一个重要的单元。无线射频芯片的选择涉及芯片的数据传输速率、工作频段、通信距离、对已有标准的支持、对安全加密的支持、接收与发送功率、休眠的能耗、启动稳定时间和信号调制方式等。数据传输速率与通信频率、带宽、调制编码方式相关，典型应用中的数据传输速率是 100 ~ 200 kbit/s。由于无线频谱的资源非常有限，很多频段的使用是需要授权的，因此应用中一般使用免许可证频段——2.4 GHz 的 ISM（工业、科学和医疗）频段。通信模块对现有标准的支持也是应用设计中互操作性需要考虑的一个重要问题，IEEE 802.15.4 是目前传感器网络无线通信中最常见的一种标准。无线传输的特点使得无线通信具有很多潜在的安全问题，由于数据加密和认证时的计算开销较大，当通信有安全方面的需求时，应考虑带有硬件安全加密和认证支持的通信模块。表 5-3 列出了一些传感器网络应用中常见的无线芯片及其主要特性参数。

表 5-3 常见的无线芯片及其主要特性参数

芯片型号	频段 (MHz)	速率 (kbit/s)	Active (mA)	灵敏度 (dBm)	调制方式
TR1000	916	115	3.0	−106	OOK/FSK
CC1000	300 ~ 1000	76.8	5.3	−110	FSK
CC1010	402 ~ 904	153.6	19.9	−118	GFSK
CC2420	2400	250	19.7	−94	O-QPSK
AT86RF230	2400	250	16.5	−101	O-PQSK

3. 感知模块设计

感知模块用于获取各种物理信息，而传感器选型是感知模块设计中最重要的一个环节。不同的物理量或者相同物理量不同的测量方式，都会对传感器精度、最小采样时间、功耗、灵敏度、工作条件、耦合方式、测量范围等特性带来很大的影响。设计时应在满足应用各种检测指标前提下，综合考虑体积、功耗、成本、耦合方式、接口等因素，为应用选取合适的传感器件。在各项特性参数都满足应用需求的条件下，数字量输出传感器较模拟量输出传感器在硬件设计、控制、校准操作方面都更具优势。最后，传感器电源的供电电路设计对节点低功耗来说十分重要。对于小电流工作的传感器，可以是使用处理器 I/O 实现直接的驱动与控制；对于大电流工作的传感器，需要为其设计专门的供电电路并通过集成的模拟开关芯片实现电源控制。

4. 电源模块设计

电源模块作为传感器节点运行的基础，是节点正常工作的重要保证。由于部署环境的限制，在很多场景下无法或不易采用普通的工业电能，节点只能从电池或者自然环境中获取能源，如太阳能、洋流波动、风能、电磁能等。如果采用电池供电，设计时需要考虑电池的容量、体积、工作温度、成本和充放电能力等因素，选择合适的电池类型。由于节点部署数量或者部署环境等因素，很多情况下传感器节点的电池更换往往难以实施，而这时如果需要节点长期工作，则可以考虑为节点增加额外的能源获取方式，如太阳能等。

5. 其他外围模块设计

虽然不少微控制器自带了 EEPROM 用于数据存储，但其容量通常十分有限。对于传感器节点来说，拥有一个相对容量更多的、非易失的数据存储区域是十分必要的。例如，远程节点代码更新、节点配置信息、日志信息的保存等都需要更多的存储空间才能得以应用。存储器容量、功耗、最低操作电压、擦写次数、读写速度以及误码校正是非易失存储器选择时需要考虑的几个主要特性。此外，为了便于开发与调试，节点硬件在设计时常需要有 ISP 编程接口、JTAG 编程调试接口、调试用串口和 LED 状态指示灯等。

5.2.4 软件设计

软件设计是在应用需求明确的情况下，设计适用于节点硬件的软件程序。软件设计中除了遵循通用的设计准则外，还应该重点注意以下两个方面：

- 低功耗：无线通信是传感器节点能量消耗的一个主要因素，节点传输 1 bit 信息 100 m 距离需要的能量大约相当于执行 3000 条计算指令消耗的能量。在软件算法和通信协议中，使节点在不工作时关闭各种外设并进入睡眠状态，同时尽量借助本地计算减少网络通信量，是软件实现低功耗的主要手段。
- 健壮性：短距离无线通信容易受到各种因素的影响，测试仿真环境与实际部署环境的差异也使软件容易隐含更多的缺陷，因此健壮性是传感器网络软件设计需要考虑的另一个重要内容。对各种异常和错误的处理与隔离，可以有效地控制错误传播的范围，增强软件的健壮性。

除了操作系统，传感器节点软件主要由感知、通信、管理三部分功能组成。另外，根据应用的需要，节点软件还可能包括拓扑控制、时间同步和定位等功能。下面将对感知、通信、管理三部分设计技术进行简要的分析。

1）感知功能。根据应用中感知模型的不同，感知功能的复杂程度各异。对于空间监测类应用，感知功能仅仅是从传感器读取相应的数据；对于活动监测类应用，感知功能则可能需要进一步处理读取的传感器数据，对不同事件进行识别与分类；对于目标监测类应用，感知功能除了传感器数据处理，还需要邻近节点的协作才能完成监测任务。感知功能软件设计时需要考虑传感器的低功耗操作、读数校准、感知数据处理算法复杂度、多节点协作的通信开销等因素。

2）通信功能。通信功能用于满足节点的各种数据传输需求，按照网络协议栈的层次可划分为 MAC 层、路由层、传输层和应用层。不同的应用需求，会导致不同的通信模式，同时也会对传输服务质量有不同的要求，这些都是在设计通信功能软件时需要重点考虑的问题。在大多数实时性要求不高的应用中，常采用基于竞争的 MAC 协议，如 S-MAC 和 B-MAC 等。多对一通信和一对多通信是传感器网络常见的两种通信模式，分别对应汇聚和分发两类路由协议。由于相当一部分传感器网络应用的数据较少，可以容纳在一个数据包内，所以通信中一般较少使用专门的传输协议。

3）管理功能。传感器网络的部署环境会发生动态、不确定的变化，而感知任务也会根据用户的需求发生动态的变化。为了让应用程序适应这些变化，软件设计时需要考虑应用的管理问题。管理功能主要涉及系统的各个部分的配置、节点和网络状态的监测、系统日志、软件远程更新等功能。

5.3 应用开发、部署与维护技术

这一部分将对传感器网络应用开发、部署以及维护三个阶段中涉及的关键技术进行详细介绍。

5.3.1 开发技术

应用开发技术主要涉及节点操作系统、编程模型和测试调试技术三个方面。

1. 节点操作系统

传感器网络节点硬件较为简单，软件的设计可以跨越操作系统层次直接在硬件上实现应用程序。但是这种方式存在两个问题：首先，操作系统的缺失使得应用开发人员必须直接对硬件进行编程，无法得到像传统操作系统那样提供的丰富服务；其次，软件重用性低，程序员无法继承已有的软件成果。因此，传感器节点上需要操作系统层的存在。

已有嵌入式操作系统面向的应用与传感器网络应用在需求上有所不同，其功能也较为复杂，如提供内存动态分配、虚拟支持、实时性支持、文件系统支持等，系统代码尺寸相对较大，部分操作系统还提供了 POSIX 标准的支持。传感器网络的硬件资源极其有限，上述操作系统很难在这样的硬件资源上运行。因此，需要针对传感器网络应用的多样性、硬件功能有限、资源受限、节点微型化和分布式任务协作等特点，研究和设计新的适合于传感器网络的操作系统及相关软件。根据传感器网络应用的特点，节点操作系统需要满足以下要求：

- 小代码量：节点的程序与数据存储空间非常有限，因此操作系统核心代码量必须足够精简，使其可以在有限的空间中，具备高效管理硬件的能力。
- 模块化：传感器网络设计具有应用定制的特性，不同应用所需硬件平台是不同的。在特定的硬件平台上，根据不同应用快速便利地结合软件模块实现应用是非常重要的。
- 并发操作性：在传感器网络节点上存在着大量的并发操作，如数据采集、数据处理、数据转发可能同时进行，所以操作系统要能够支持高度并发操作。

目前，针对传感器网络的特点，各个科研机构设计并实现了一些面向传感器网络专用网络化嵌入式的操作系统，例如，加州大学伯克利分校的 TinyOS[2]、加州大学洛杉矶分校的 SOS[3]、科罗拉多州大学的 MANTIS[4]、瑞士联邦理工学院的 BTnut[5] 以及瑞典计算机科学院的 Contiki[6] 等。虽然它们在实现上各不相同，但都在设计上强调了小代码量、低功耗、模块与组件化、并发操作等特点，从而满足传感器网络的需求。常见操作系统的比较如表 5-4 所示。

表 5-4 常见节点操作系统比较

操作系统	开发语言	线程支持	文件系统	动态重编程
TinyOS	nesC	No	No	Yes
Contiki	ANSI C	Yes	Yes	Yes
SOS	C	No	No	Yes
MANTIS	C	Yes	No	No
BTnut	C	Yes	No	No

2. 编程模型

操作系统提供了传感器节点各种硬件资源的抽象，开发人员使用这些抽象实现应用中所需的各种功能。然而，在使用这些抽象进行应用开发时，开发人员除了需要实现应用本身的逻辑，由于运行环境的动态变化与不确定、节点和通信链路不可靠以及资源上的高度受限等因素，他们还需要处理很多应用逻辑之外的实现细节。随着应用复杂度的增加，这种开发方式会变得越来越不可行。因此，需要为传感器网络提供新的编程模型，向用户提供更高级的抽象支持用以简化开发，以及借助编译技术对节点资源使用进行优化，是编程模型的两个主要目标。

传感器网络编程模型可以分为低级编程模型和高级编程模型两类：低级编程模型以平台为中心（platform-centric），强调对硬件的抽象和对节点的灵活控制，典型的有 TinyOS/nesC[1]、Prototthreads[7] 和 Mate/ASVM[8] 等；高级编程模型以应用为中心（application-centric），强调对应用逻辑的简化表达，典型的有 TinyDB[9]、MacroLab[10] 和 Abstract Regions[11] 等。相对低级编程模型，很多高级编程模型还不够成熟，仍处于研究阶段，对各种硬件平台的支持以及相关的开发工具也不够完善，所以并不十分适合在应用开发中使用。这部分首先重点讲解 TinyOS/nesC 和 Prototthreads 两类较为成熟且已在实际应用开发中广泛使用的低级编程模型，然后以 MacroLab 为例对高级编程模型进行简要介绍。

（1）TinyOS/nesC

TinyOS 是一款流行的传感器网络操作系统，它使用 C 的扩展语言 nesC 编写，采用了组件化的设计思想，允许开发人员使用组件进行模块化的程序设计。组件之间的交互通过命令（command，向下调用）和事件（event，向上调用）实现。组件分为模块（module）和配置（configuration）两类。配置的主要作用是将多个组件组装成一个新的组件，组装通过将使用接口的组件与提供接口的组件连接在一起完成。应用程序可以看作是一种特殊的配置类型组件。图 5-2 给出了一个 nesC 代码的实例。图的上半部分是 TimerM 模块的规格说明，该模块提供了 StdControl 和 Timer 接口，使用了 Clock 接口。图的下半部分给出了一个配置的例子，TimerC 配置将 TimerM 和 HWClock 模块连接在一起，同时提供两个接口。nesC 通过实现一个包含事件驱动执行、弹性并发和面向组件程序设计等特征的编程模型，来满足传感器网络程序设计的特定要求。然而，过于严格的事件驱动风格以及非阻塞的执行语义是造成 nesC 程序编写困难的主要原因。

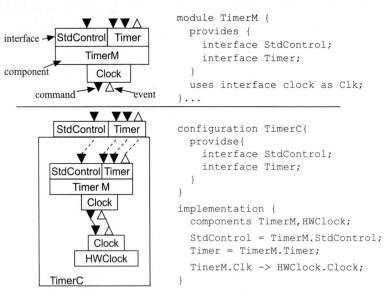

图 5-2　nesC 代码实例

（2）Prototthreads

事件驱动模型可以解决传感器节点资源受限与并发性操作需求之间的矛盾，但事件驱动模型同时也会带来控制流反转、函数分裂、调用栈重构和代码侵入等问题，这些问题影响了程序流程的表达，降低了程序的可读性和可调试性。Protothreads 则借助 C 语言的宏机制，使用标准预处理器实现了简化的多线程模型到事件驱动模型的转换，从而允许开发人员在线程语义上进行事件驱动程序的开发。由于 Protothreads 是简化了的线程模型，所以在使用上存在一些限制，但 Contiki 项目的大量实践表明，Protothreads 可以较好地解决大多数控制流描述问题。表 5-5 给出了低功耗监听的事件驱动程序与 Protothreads 程序的伪代码，可以看出 Protothreads 程序代码在表达上优于事件驱动程序代码。

表 5-5　实现低功耗监听的事件驱动与 Protothreads 伪代码

低功耗监听事件驱动伪代码	低功耗监听 Protothreads 伪代码
<pre>state: {ON, WAITING, OFF}

radio_wake_eventhandler:
if (state = ON)
  if (expired(timer))
    timer ← tawake
      if (not communication_
complete())
        state ← WAITING
        wait_time ← twait_max
    else
      radio_off()
      state   OFF
elseif (state = WAITING)
  if (communication_complete() or
      expired(wait_timer))
      state ← OFF
    radio_off()
elseif (state = OFF)
  if (expired(timer))
    radio_on()
    state   ON
    timer ← tawake</pre> | <pre>radio_wake_protothread:
PT_BEGIN
  while (true)
  radio_on()
  timer ← tawake
  PT_WAIT_UNTIL(expired(timer))
  timer ← tsleep
  if (not communication_complete())
    wait_timer ← twait_max
      PT_WAIT_UNTIL(communication_
complete() or
            expired(wait_timer))
    radio_off()
    PT_WAIT_UNTIL(expired(timer))
PT_END</pre> |

（3）MacroLab

宏编程不考虑单个节点的低级行为，隐藏了节点通信协议、数据交换等细节，用户使用编程抽象和原语描述高级任务和撰写程序，这些程序最终通过编译器翻译成单个节点上运行的程序。MacroLab 提供了与 Matlab 类似的向量编程抽象，开发人员使用类似 Matlab 的各种运算符为整个网络编写程序，该程序经编译变成在节点上运行的程序。下面的代码段给出了一个用 MacroLab 编写的目标追踪应用。在应用中，节点每 1000 ms 读取一次磁力传感器并将这些结果同自己的邻居节点共享，如果在一个邻近的区域中有三个以上节点读数超过设定阈值，则从中选出一个作为 leader，并将跟踪摄像头对准 leader。不难看出，MacroLab 宏编程代码描述应用要比用低级编程模型编写的程序简洁许多。

```
1  motes = RTS.getMotes('type', 'tmote')
2  magSensors = SensorVector(motes , 'magnetometer')
3  magVals = Macrovector(motes)
4  neighborMag = neighborReflection(motes , magVals)
5  THRESH = 500
6  every(1000)
7     magVals = magSensors.sense()
8     active = find(sum(neighborMag >THRESH , 2) > 3)
9     maxNeighbor = max(neighborMag , 2)
10    leaders = find(maxNeighbor(active) == magVal(active))
```

```
11    focusCameras(leaders);
12 end
```

3. 测试调试技术

由于与物理世界紧密耦合,传感器网络的功能和行为在很大程度上受到部署环境影响。这就导致部署前对系统进行的各种测试仅能对实际部署后系统的正确性与各项性能参数做出一个大致评估。如果测试不够充分,系统可能隐含更多潜在的缺陷,进而导致部署后的系统出现各类不可预期的问题甚至是失效。而传感器网络自身实时性、分布式以及资源高度受限的特性,使得传统的调试技术无法适用于传感器网络开发。为了保证系统可以持续、可靠的运行,需要适用于传感器网络的测试与调试技术。

(1)测试技术

在测试环境方面,通用网络模拟器(如 ns-2 等)可以用于系统设计初期网络协议的性能分析与评价,但通用模拟器存在两点不足:首先,开发人员需要对协议进行二次实现;其次,二次实现代码在实际运行前缺乏有效的验证手段。这大大增加了系统实际运行时出现故障的可能,从而加重后续的系统调试工作。针对通用模拟器的不足,集成模拟开发环境如 TOSSIM[12] 等,将通用模拟器与系统开发环境进行集成,使用户可以直接使用编写的应用程序代码进行网络模拟。为了屏蔽不同硬件平台的差异,集成模拟开发环境一般是在相关操作系统的某一组 API 上构建模拟器,将应用代码与相关操作系统 API 的模拟库链接实现集成开发环境中的模拟。由于集成模拟开发环境是在特定 API 上进行模拟,所以无法完全反映代码在节点上运行的真实情况。指令级精度模拟器直接使用交叉编译生成的目标代码进行模拟(如 AVRORA[13] 和 Cooja[14]),进而使该环境下的测试可以对因中断等一些时序问题引发的故障进行检测。然而,指令级精度模拟器的使用受限于特定的节点硬件平台,通用性较差。虽然各类模拟器可控的执行环境以及详尽的执行记录为故障检测带来了很大的便利,但大量真实世界的简化模型(如无线传输和能耗等)使得很多实际部署中的故障无法在模拟器中再现。测试台(如 Motelab[15] 等)则允许开发人员以相对可控的方式,对由真实节点构成的传感器网络进行各方面性能和功能的测试,增加了系统测试的真实性。表5-6 对不同测试环境可扩展性与真实性之间的差别进行了对比。

表 5-6 不同测试环境可扩展性与真实性的对比

比较内容	类 ns-2 通用模拟器	集成模拟开发环境	指令集精度模拟器	测试台
可扩展性	+++	+++	++	+
真实性	+	++	+++	++++

在测试方法方面,当使用真实节点进行测试时,由于测试可能涉及多个节点、多类节点硬件平台以及不同计算能力的设备(如 PC、节点和移动基站等),因此传统的测试方法与自动化测试框架无法直接应用于传感器网络的开发。TUnit⊖针对上述问题,对现有测试软件架构进行扩展,为 TinyOS 设计了自动化单元测试框架。然而,TUnit 需要用户使用 TinyOS 编写测试用例,且测试断言只能引用节点的本地状态。MUnit 则利用 Embedded RPC 技术,允许用户在 PC 端使用更加简洁的脚本语言编写测试用例,并对涉及多个节点的分布式状态进行断言[16]。这些技术都在不同程度上简化和改进了传感器网络部署前的测试过程,使开发人员可以将传统测试技术应用于传感器网络开发。

⊖ TUnit, http://docs. tinyos. met/tinywiki/index.php/TUnit。

（2）调试技术

调试中常见的技术主要有源码调试器、程序执行记录、重放和检查点技术，下面依次对这些技术进行简要的介绍。

1）源码调试器：源码调试器（source-level debugger）允许用户在程序中任意位置设置断点，并在断点激活后对程序状态进行检查与修改，是一种常用的故障定位与分析工具。借助编译器生成的源码 / 机器码符号映射表，源码调试器——有时又被称作符号调试器（symbolic debugger）或者被简称为调试器——向用户提供了源代码级别的调试视图。源码调试器常见的实现方式有 4 种。大多数调试器借助处理器内置特殊寄存器实现断点以及监测变量地址的存储，当程序计数器或内存访问地址与这些寄存器中的内容相匹配时，处理器会通过特殊的调用将控制权交给调试器。然而由于大多数传感器节点使用的处理器不包含这样的功能，因此该方法不适用于传感器网络。第二种方法是通过程序运行时系统提供的控制接口 (如 Java Debug API) 实现，然而由于资源的限制，大多数传感器网络程序直接在硬件而非某种运行时系统上执行，因此该方法也不具有普遍性。第三种方法是通过 In-Circuit Emulator (ICE) 硬件仿真实现，调试器借助 ICE 通过 JTAG(IEEE 1149.1) 接口实现对节点处理器的控制以及内部状态的提取。由于该方法需要每个被调试节点与一个单独的 ICE 物理相连，因此并不适用于部署后或由过多节点构成的传感器网络。第四种方法是通过目标码动态插装实现程序断点和控制权的转移，该方法不用修改源代码且无需额外硬件的支持，因此可用于部署后传感器网络的远程调试 [17]。

2）程序执行记录：程序执行记录一般通过代码插装实现。与传统日志使用方式相比，节点有限的资源以及潜在故障的不可预知性，使得用户需要一种更加便捷的手段，根据实际运行需要设置插装代码。AOP（Aspect Oriented Programming）技术可以有效地分离系统业务逻辑与监测逻辑，使用户以简洁的方式对代码插装进行描述。例如，为了监测系统某一变量的状态，用户需要在变量修改的相关位置安放插装代码，非 AOP 的手工方式下用户可能会遗漏某些安置点，而 AOP 则向用户提供了基于模式匹配的插装描述方式，允许指定在某变量每次修改后实施插装。AOP 技术可以让用户更加高效地对程序实施插装，减少了插装过程中因人工介入而导致的错误。例如，Cao 等人采用 AOP 和动态目标码插装技术，允许用户在程序运行中根据需要动态地对程序执行记录进行调整 [18]。事件日志 (event logging)、函数调用记录 (call tracing) 以及控制流追踪 (control-flow tracing) 从不同的粒度上反映了程序的执行情况，用户可以利用这些记录对故障进行事后的定位与分析。SNMS[19] 用标识符对日志中字符常量进行再编码，减少了事件日志中不必要的存储，但仍然无法解决大量事件带来的存储问题。借助局部调用日志技术 (local call logging)，LIS[20] 可以有效地减少传统基于全局标识符生成的函数调用记录中的冗余，用户通过指定关注区域 (Region of Interest, ROI) 获取可能产生故障模块的函数调用记录。Sundaram 等人基于路径编码算法为 TinyOS 发明了一种高效的控制流追踪技术，该技术通过记录系统运行过程中的事件、任务以及这些执行单元内部的控制流 [21]。

3）重放和检查点技术：某些传感器网络应用的行为，如目标追踪应用，主要受感知的外部事件影响，而动态部署环境中感知事件的异步性与不可重复性为这类应用的故障定位以及性能分析带来巨大的挑战。重放技术最早被用于分布式系统调试，一般通过对非确定事件，如中断、I/O 以及消息的记录实现。通过对系统故障进行重放，用户可以调整相关参数并对程序的执行进行分析，确定导致系统故障的原因。EnviroLog[22] 向用户提供了异步感知事件的记录与重放服务。在记录阶段，日志模块为用户感兴趣的事件创建带有时间戳的记录并保存在 Flash 存储器中；在重放阶段，重放模块依据先前保存记录和时间戳进行事件的重放。与重放技术类似，检查点 (checkpointing) 技术通过在程序执行过程中周期性创建检查点，使用户可以利用故障发生前后附近的检查点将系统恢复到相应的状态，从而实现故障的再现。由于需要存储整个系统的状态，检查点技术通常无法应用于资源受限且已部署的传感器网络。Osterlind 等人为传感器网络测试台设计了一种检查点技术，该技术可以为测试台上的运行程序周期性创建检查点，并允许用户将检查点对应的系统状态转移到模拟器中，实现检查点跨平台加载 [23]。

5.3.2 部署技术

传感器节点可以通过飞机、炮弹、火箭以抛洒的方式部署在目标区域，也可以通过人工或者机器人逐一放置在需要监测的地方。通常节点部署规划时需要考虑以下 4 个方面 [24]：

1）减少安装成本。

2）尽量减少任何事先的组织与规划。

3）增加部署的灵活性。

4）尽量利用传感器网络自组织与容错特性。

由于传感器节点的传输距离有限，传感器网络常以多跳的方式进行通信。因此连通度是部署需要考虑的一个重要因素。另外，由于传感器网络监测的物理现象具有一定的时空特性，因此节点的部署会影响观测现象的采样精度，所以覆盖是部署需要考虑的另一个重要因素。因此，为了对目标区域进行可靠有效的感知，传感器网络部署时需要根据应用的需求保证目标区域网络连通与感知覆盖。部署问题有时也被称为覆盖控制，大体分为区域覆盖与目标覆盖两类问题。

区域覆盖是指传感器网络要完成目标区域或目标点的覆盖，这其中又分为确定性覆盖和随机覆盖两类问题。确定性覆盖是指网络已知节点位置的情况下对监测区域或点的覆盖，与之相关的两个著名计算几何问题为艺术馆走廊监控问题和圆周覆盖问题。这类部署问题可以从几何以及图论的角度，对网络进行建模（如使用二维或者三维的网格），并选择在合适的区域或格点配置传感器节点来完成区域或者目标点的覆盖。然而确定性覆盖并不适用于所有情况，有时节点可能是随机部署在目标区域的，随机覆盖主要考虑在网络中传感器节点随机分布，利用概率分析方法保证传感器网络对监测区域的覆盖任务。

目标覆盖有时也被称为栅栏覆盖，用于考察目标穿越传感器网络时被检测或者没有被检测的情况，反映了给定传感器网络所能提供的传感、监视能力。现在这方面的研究大体分为两类：一类是从节能部署的角度来考虑目标检测问题，采用轮换活跃与休眠节点的节能覆盖方案，有效地提高网络生存时间；另一类方法通过定义传感器模型和检测模型对不同的部署方案性能进行分析，从而指导网络节点的配置来改进整体网络的覆盖。

覆盖控制是一个复杂的理论问题，同应用的需求、传感器检测模型、节点的工作方式等因素密切相关，这里我们只做了一些非常简单的介绍，更加深入的内容读者可以参考文献 [25] 的相关内容。

5.3.3 维护技术

系统维护的目的是对部署后的传感器网络应用进行缺陷排除、功能升级和性能优化，以适应周边物理环境和自身动态系统的变化。维护主要有两个阶段：第一个阶段是通过对系统运行监测发现问题，第二个阶段是根据问题采取相应的维护措施，如通过增加节点来修复因节点失效导致的网络断裂，重新调整运行参数以适应环境的变化，或者远程更新节点程序，修复软件中的缺陷。下面对维护中的系统状态监测和代码更新技术进行重点介绍。

1. 系统状态监测

带内收集即利用传感器网络自身的无线传输带宽将收集的数据发送回基站。带内收集可以使用应用程序已有的路由，但有时为了避免应用失效对数据收集的影响，也可以使用独立于应用的收集协议。带内收集不需要额外基础设施或硬件的支持，是最常用有时甚至是唯一的收集方式，但这种方式会占用传感器网络的传输带宽并可能对应用产生影响。因此在使用带内收集方式时，应尽可能地通过聚合、捎带、分布式处理以及优化轻量级监测方案等手段减少带内传输开销。

网络监听借助无线信道共享特性，使用额外部署的监听节点 (sniffer) 进行数据收集。该技术最早被应用于 WLAN 的监测与分析，可以在最大程度上减少数据收集过程对原有系统的影响。根据监听节点能力的不同，监听可分为在线和离线两种模式。在线监听节点一般配备能力较强且不会对传感器网络通信造成干扰的通信模块 (如 WLAN 或蓝牙等)，可以将监听到的数据实时传送回数据处理中心。离线监听节点与普通节点类似，将监听到的消息存储到本地 Flash 存储器中供事后分析，但用户需要解决监听节点的回收或监听数据的提取问题。除了网络通信时产生的正常输出外，用户还可以让节点利用带内通信以广播的形式向监听节点发送程序内部状态，这种方法与带内收集方式相比具有更小的开销。采用监听方式进行数据收集时，关键要解决多个监听节点记录的同步问题以及监听丢包导致的非确定状态的推断问题。

2. 代码更新技术

代码更新是传感器网络软件故障修复的主要手段，根据不同的故障修复能力，可将传感器网络代码更新方法分为 3 类：全映像更新、模块级更新和虚拟机级更新。

1）全映像更新：有些节点操作系统（如 TinyOS 和 MANTIS）通过在编译时静态优化代码的方法，达到对处理器和存储资源的合理使用，以提高系统的运行效率。在这样的执行环境中，操作系统和应用程序混合编译成一个单一的可执行代码，因此不管是应用程序还是操作系统，在修复时都需要对整个程序映像进行更新。这种情况下代码传输代价会很大，给故障修复带来巨大挑战。这类更新技术研究的重点是如何降低大块数据分发时的网络传输开销，并尽可能减少整个网络代码更新的时间。其中，具有代表性的技术有 Deluge[26] 和 MNP[27] 等。增量式更新是对全映像更新的一种改进，它假设每次更新只修改了少量的代码，通过只传输更新映像与原映像的不同部分，有效地减少更新时代码的传输量。

2）模块级更新：这类更新技术一般需要节点执行环境具有动态模块加载功能 (如 SOS 和 Contiki)。由于模块之间是一种松散的耦合，所以模块之间的调用比简单的函数调用需要更大的开销，同时由于缺乏编译时的全局优化，因此在代码体积和执行效率上，比单一化执行环境要低。但是模块化执行环境具有动态的模块加载能力，使得在传感器网络故障修复时，只需更新部分程序模块，而不用将整个程序的代码全部更新。模块级更新在传输和更新代价上比全映像更新要小，因此可以节省更多的能量，延长传感器网络的生命周期。

3）虚拟机级更新：如果故障修复涉及的代码执行环境是虚拟机时（如 Mate[8]），由于传输的是虚拟机脚本，其更新代码量远低于二进制映像代码量。因此在虚拟机执行环境中，更新修复在网络中的传输开销比前两种执行环境都要小。此外，虚拟机解释执行的特点使程序在执行时不能直接访问硬件，而只能间接地通过虚拟机完成，因此虚拟机的故障修复具有良好的执行安全性。但是中间代码解释执行的效率比前两种执行环境都低。另外，如何选定适合的虚拟机指令集是一个挑战性的问题。

5.4　环境监测类案例：精准农业应用

精准农业（precision agriculture）是近年来国际上科学研究的热点领域。它将现代化的高新技术带入农业生产中，使得农业生产更加自动化、智能化。这一部分将以传感器网络在精准农业的应用为例，对传感器网络环境监测类应用进行介绍。

5.4.1　概述

精准农业是根据空间变异，定位、定时、定量地实施一整套现代化农事操作技术与管理的系统，其基本含义是根据农作物生长的土壤性状，调节对农作物的投入，即一方面查清田块内部的土壤性状与生产力空间变异，另一方面确定农作物的生产目标，进行定位的"系统诊断、优化配方、技术组装、科学管理"，调动土壤生产力，以最少的或最节省的投入达到同等收入或更高的收入，并改善环境，高效地利用各类农业资源，取得经济效益和环境效益。

有效地获取农作物生长环境数据是农业生产精准管理的前提。传统数据采集系统通常基于有线方式，无法应用在大田环境，而基于无线的监控系统又存在成本过高、耗电量大等缺陷。传感器节点具有低成本、微型化和低功耗等优势，利用传感器节点组成的传感器网络进行环境数据采集，可以克服传统方式的不足。在农作物生长环境中布置少量的节点，就可以采集足够的土壤温湿度、光照、二氧化碳浓度以及空气温湿度等信息，从而方便对农作物的管理。这样不仅可以实现灾害预防，还能提前采取防护措施，大大提高了农产品的产量和质量。目前，国内外许多著名大学以及研究机构都已开展了基于传感器网络的精准农业中相关技术的研究，并取得了一定的成果。下面以国家科技支撑计划项目"西部优势农产品生产精准管理关键技术研究与示范"为例，简要介绍传感器网络在精准农业中的应用[28]。

5.4.2　系统架构

图 5-3 给出了传感器网络精准农业应用的系统架构图。在该结构中，网关节点可以看作具有 Internet 接入功能的簇头节点，而通信服务器承担了汇聚节点的角色。传感器节点被部署在温室、果园或中草药大田，监测部署区域中的大气温度、湿度、光照、CO_2（温室需要）以及土壤参数（土壤温度及水分）等环境信息。节点之间自组织构成多跳网络，周期性地将监测数据发送到网关节点。整个区域内的环境数据通过网关打包，传输到远端通信服务器，由通信服务器对数据进行解析并存入数据库。决策支持系统 (DSS) 从数据库中读取数据，并对数据进行分析与处理，在必要情况下将灌溉、病虫害管理以及灾害天气预警等生产指导信息发送到相应网关，再由网关节点以短信方式通知所属区域农户。此外，决策支持系统还可以通过网关对连接到节点的灌溉系统和温室控制柜实施相关的控制。Web服务器提供了简单的数据浏览、查询和分析功能，管理人员还可以借助浏览器实施简单的

系统管理工作。最后，农业专家还可下载并分析历史数据，对农作物生长模型进行分析与
优化。

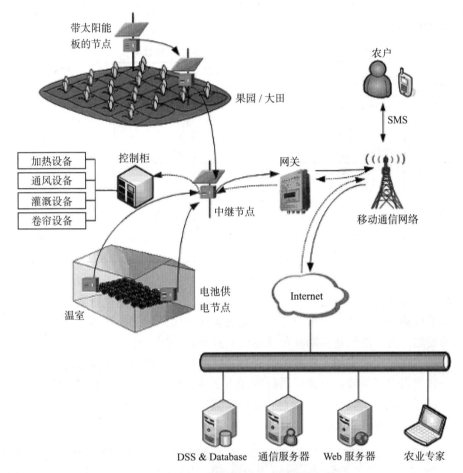

图 5-3 传感器网络精准农业应用系统架构图

5.4.3 软硬件介绍

1. 系统硬件

硬件主要包括传感器节点和用于接入 Internet 的网关节点。虽然在立项之初，市场上
已经有了像 eKo 这类较为完整的基于传感器网络的农业监测解决方案，但是该系统使用了
定制化的传感器节点。这主要出于三点原因：首先，当时现有传感器节点产品的市场价格
太高；其次，自定制节点便于根据农业研究人员需求集成专用传感器，并且可以根据不同
的部署环境进行合理的适应性设计。最后，已有的研究与实践证明，基于自定制硬件和开
源软件构建传感器网络系统具有非常好的灵活性与可行性。

无线射频芯片和微处理器是传感器节点的核心部件。在所有开源社区所支持的平台
中，MSP430 + CC2420 和 ATmega1281 + AT86RF230 是两种较为成熟的组合。表 5-7 依据
相关数据手册总结了这两种平台的特性数据。在处理器方面，MSP430 在工作模式下的电
流几乎是 ATmega1281 的一半，但在无线传输方面，AT86RF230 的灵敏度要比 CC2420 高
出 9 dBm。虽然 MSP430 以低功耗著称，但实际系统出于两点考虑选择了第二款平台。首

先，被测物理量较好的同质性以及部署成本的限制决定了稀疏的部署方案，AT86RF230 可以在不增加功放的前提下获得更远的传输距离。其次，由于使用了射频芯片，处理器不再是决定节点功耗的主导因素，因此不会对节点总体功耗产生太大影响。此外，每个节点还配备了 4 MBit 容量的 AT45DB041 NOR Flash 存储器，用于日志信息和远程无线软件更新。

表 5-7　两类主流传感器节点平台特性对比

芯片	平台	MSP430F1611 CC2420	ATmega1281 AT86RF230
MCU	Flash(KB)	48	128
	RAM(KB)	10	8
	Active (mA)	0.50	0.90
	Sleep (uA)	2.60	1.00
Radio	RxSens (dBm)	−95	−101
	TxPwr (dBm)	0	+3
	Rx (mA)	18.80	15.5
	Tx (mA)	17.40	16.5
	Sleep (uA)	1.00	0.02
	IEEE 802.15.4 (y/n)	y	y

传感器主要根据农业研究人员的需求来选择，数字传感器优于模拟传感器。因为数字传感器具有自校准功能和较为丰富的访问控制接口，可以方便地进行数据读取和运行模式选择。除了传感器，每个节点可以选择性地配备两个额外的继电器用于灌溉、加热和通风等设备的控制。为了使配备高功耗传感器的节点能够长期工作，节点还配备了太阳能供电模块。最后，在设计中采用了特殊的外壳封装以增加节点硬件在部署环境中的可靠性，同时还可以在节点出现故障后方便地进行拆卸与更换。经过特殊封装的传感器直接安置在外壳上或者通过线缆引出以便于放置在合适的位置。图 5-4 为部署在大田中配备太阳能板的传感器节点以及分解后节点的实物图。

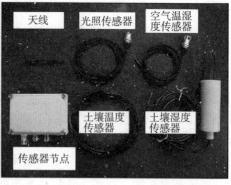

图 5-4　部署在大田的节点（左）和分解了的节点及各类传感器（右）

网关节点是连接传感器网络和 Internet 的中介，为典型的嵌入式系统。网关选用 XScale PXA270 处理器，搭配 32MB SDRAM 和 32MB Flash，通过串口接插 AT86RF230 模块与传感器、网络通信，并使用 GPRS 通信模块接入 Internet。此外，网关节点还集成了以太网控制器，用于与有线网或外部计算机相连。网关提供的 CF 卡接口可以方便地进行诸如存储、WLAN 等各类功能的扩展。

2. 系统软件

整个系统软件由数据采集、通信传输和数据分析处理三部分组成。数据采集对应传感器节点软件，通信传输对应网关部分的软件，数据分析处理为传统的信息管理系统。节点和网关软件分别基于 TinyOS 和 Linux 操作系统进行开发，信息管理系统则采用了常见的 Windows+IIS+SQL Server+ASP.NET 的 WISA 架构。这里仅对节点软件和网关软件进行简要的介绍。

开源社区中有不少传感器节点操作系统可供选择，如 TinyOS、Contiki、MantisOS 和 SOS 等。考虑到社区的活跃度、代码的成熟度、文档完善性和软件许可协议等因素，项目最终选择 TinyOS-2.x 作为传感器节点操作系统。所有节点运行由 nesC 编写的 TinyOS 应用程序，除去硬件平台相关的部分软件（主要是传感器、外设驱动和硬件管脚配置），节点软件主要包括以下一些组件：TinyOS-2.x 默认的异步低功耗监听 MAC 层协议；TinyOS-2.x 为环境监测专门设计的核心网络协议 Collection Tree Protocol (CTP) 组件；TinyOS-2.x 核心网络协议 dissemination protocol 组件，用于支持全网管理服务时的可靠数据分发；构建于 CTP 和分发协议之上的管理服务组件，主要包括节点感知任务管理、节点和系统相关状态查询、系统配置、日志管理、软件更新和静态路由配置等功能。

网关节点运行 Linux 操作系统，根据精准农业管理需求开发的上层应用软件，包括数据通信、数据缓存、系统管理和配置等功能。数据通信主要完成传感器网络发送消息的解析，以及将通信服务器下发的各类管理命令组装成消息，发送到传感器网络。为了便于未来扩展与集成，屏蔽底层传感器网络通信协议的差异，针对农业监测与控制应用，在 TCP/IP 层上，基于 ASCII 文本为网关设计了可扩展的应用层控制访问协议。数据缓存将最近一个月节点上报的感知数据存储到网关本地的 Flash 存储器中，该功能可以防止因 GPRS 网络暂时失效造成的数据丢失。系统管理主要维护节点网络拓扑以及节点相关状态信息，供外部管理人员查询和设置，并可实现对传感器网络的命令控制以及空中代码刷新。系统配置供管理人员对系统参数进行设置，包括传感器节点与大棚的对应关系，用于接收生产指导信息的农户手机号码等功能。图 5-5 为信息管理系统以 Web 形式向用户呈现的感知数据浏览和查询界面。图 5-6 给出了大棚中某节点测量的 40 天的温度（左上）、日照（左下）、湿度（右上）和 CO_2 浓度（右下）。

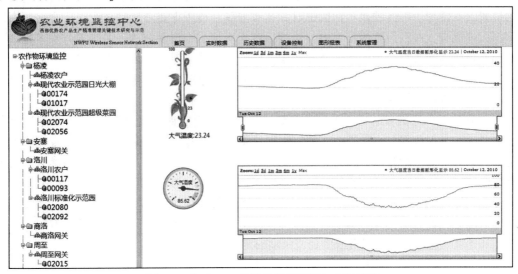

图 5-5　基于 Web 的简单数据浏览与查询界面

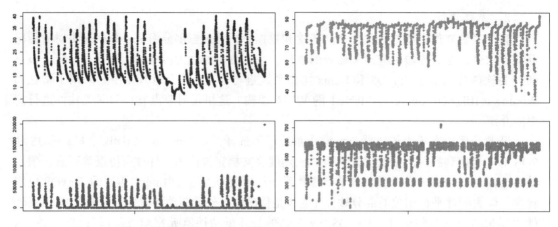

图 5-6 大棚 40 天的温度（左上）、日照（左下）、湿度（右上）和 CO_2 浓度（右下）

5.5 事件检测类案例：反狙击系统

除了物理环境监测，传感器网络还能用于监测物理环境中的各种活动，如动物习性、城市交通状况等。事件检测是这类应用需要解决的一个关键问题。本节以基于传感器网络的反狙击系统为例对这类应用进行介绍[29-32]。

5.5.1 概述

狙击是恐怖分子实施恐怖活动的一种常用方式，随着狙击步枪射程、精度、威力的提高，狙击手成为维和、反恐等行动中最主要的威胁之一。在中东地区持续不断的恐怖袭击事件中，一些反美武装的狙击小组利用汽车在城市中运动，对没有装甲车和防护的美军士兵进行远距离的袭击。当美军采取行动时，恐怖分子早已离去。如果在这类恐怖活动发生时能迅速定位狙击手的位置，则反恐人员可以很快采取相应的作战行动。

随着新型技术不断涌现，很多国家研制出了各类基于声音、红外和激光探测技术的狙击手探测系统。由于价格低廉、测定精确，基于声音信号的探测系统在实际应用中使用最为广泛。这类系统主要通过接收并测量枪口激波和子弹飞行中产生的冲击波来确定狙击手的位置。不使用消声器的武器在射击时，其膛内高温高压火药燃气喷出枪口，会突然膨胀并与大气混合，并以声波的形式向外传播，产生所谓的枪口激波——爆炸声。除了枪口激波，子弹在高速飞行中会与空气摩擦产生飞行噪声，当子弹速度超过声速时，会形成冲击波。基于声信号探测系统利用一系列声音传感器，通过精确测定枪口激波和子弹飞行产生的冲击波到达每个传感器的时间差，计算出弹道和射击位置。

现有基于声音信号的狙击手定位系统通常采用少量麦克风阵列（1～3 个）来确定子弹的弹道和发射位置。这种集中式的方法允许采用各种复杂的信号处理算法对麦克风阵列记录的声音信号进行分析。然而，由于受到传感器单元的数目的限制，这类系统只能覆盖有限的区域、易受到多径效应的影响，且容易遭受攻击。与传统基于声音信号的狙击手定位系统相比，基于传感器网络的狙击手定位系统在覆盖区域、成本、隐蔽性、准确度、抗多径效应等方面更具优势。基于传感器网络的狙击手定位系统设计的关键是在有限的通信带宽和计算处理平台上实现狙击手足够精确的定位。

5.5.2　系统架构

图 5-7 给出了基于传感器网络的狙击手定位系统结构图，主要包括基站、传感器节点和狙击手三个部分。系统使用前，传感器节点被事先部署在感兴趣的监测区域。目标区域部署的传感器节点位置信息对于实现狙击手的精确定位十分重要，然而由于现有的传感器网络自身定位技术精度有限，节点需要手工部署在目标区域的监测点。节点部署后以自组织的方式形成多跳网络。当监测区域有狙击手射击时，传感器节点通过声音传感器采集的声音信号，利用相关算法测量枪口激波和弹道冲击波的到达时间和到达角，并将数据传回基站，基站通过信息融合算法对射击点进行定位。这里基站通常为士兵携带的 PDA 或者手提电脑，士兵可以通过系统提供的用户界面获取输出定位结果，并对传感器网络进行相应的控制和管理。该系统定位精度高，在传感器网络覆盖的范围内或附近的目标，其三维坐标定位平均误差为 1 m，方位角和俯仰角精度为 1°；对于覆盖区域之外的目标，定位偏差为 10%。另外，该系统在声音信号复杂环境下具有很强的抗干扰能力，并且能对同时出现的多目标进行定位。

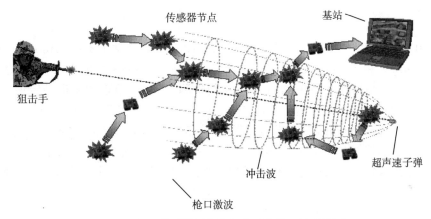

图 5-7　基于传感器网络的狙击手定位系统结构图

5.5.3　软硬件介绍

1. 系统硬件

传感器节点的硬件基于 Mica2 节点实现，Mica2 节点采用 Atmel 公司的 8 位 ATmega128L 低功耗微控制器，工作频率为 7.3 MHz；无线射频模块采用了 TI 的 CC1000 芯片，传输速率为 38.4 kbps。为了实现精确定位，节点需要对实时采集的声音信号进行大量计算处理。由于 Mica2 微控制器处理能力有限，因此系统中需要使用定制的具备数字信号处理能力的传感器板。由于 Mica2 节点较为常见，硬件部分主要对系统中使用的基于 FPGA 和基于 DSP 的两种传感器板进行简要介绍。

基于 FPGA 的传感器板采用了 Xilinx 公司的 XC3S1000 百万门大规模可编程器件，该 FPGA 内部具有 432 Kbit 的 Block RAM、24 个专用乘法器以及 4 个数字时钟管理模块，为狙击手定位提供了灵活而强大的信号处理平台。数据采集部分有 3 组麦克风模块组成，每个麦克风模块包括了一个高灵敏度的松下 WM-64PNT 麦克风，并配有增益可调的放大器，以及一个低功耗、12 bit 精度、采样速率高达 1 Mbps 的 AD7476 模 / 数转换器。图 5-8 为定制的 FPGA 传感器板与 Mica2 节点，两者通过 Mica2 的标准传感器板针接口相连。然而，FPGA 在应用中存在两方面的问题，一方面是功耗较大，另一方面是其规模也限制了算法的复杂度。基于 DSP 的传感器板可以解决基于 FPGA 的传感器板的信号路径和节能问题。基于 DSP 的传感器板采用了 16 位、运行频率 50 MHz 的定点 ADSP-218x 芯片。该芯片内部集成了 48 KB 的程序存储器和 56 KB 的数据缓存。图 5-9 为基于 DSP 的传感器板。

图 5-8 基于 FPGA 的传感器板与 Mica2 节点　　　　图 5-9 基于 DSP 的传感器板

2. 系统软件

图 5-10 给出了狙击手定位系统的软件结构图，包括基站（Base Station）、Mica2 节点（Mica2 Mote）和传感器板（Sensor Board）三部分。传感器板主要用于枪口激波（Muzzle Blast）和弹道冲击波（Shookwave）的检测。Mica2 节点主要提供传感器板接口（Sensorboard Interface）、时间同步（Time Sync）、声音事件编码（Acoustic Event Encoder）、消息路由（Message Routing）以及节点远程控制（Remote Control）等功能，实现分布式感知数据向基站的回传。基站是远程控制中心，它接收部署在监测区域中传感器节点发送的数据消息，利用收集到的数据进行传感器数据融合，完成狙击手定位的计算，并通过人机接口向用户提供可视化的界面。

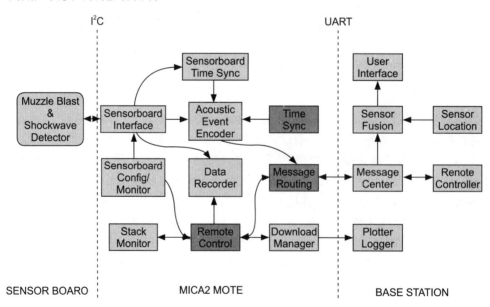

图 5-10 狙击手定位系统软件结构图

传感器板的软件通过 VHDL（基于 FPGA 的传感器板）或者 C 语言（基于 DSP 的传感器板）实现，其主要任务包括从模拟信道获取数据样本、处理采集的声音数据，并将处理结果及相关时间信息进行保存。Mica2 节点软件基于 TinyOS 操作系统，采用 nesC 语言开发相关的应用程序。这里节点通信使用了定向洪泛路由框架（Directed Flood-Routing Framework, DFRF[33]）完成网络中的数据转发，并使用路由集成时间同步协议（Routing Integrated Time Synchronization, RITS[34]）实现传感器网络的精确时间同步。图 5-11 为狙击手定位系统的控制台界面，界面中显示了被监测区域的实景地图，图中较大的圆点和由其引出的射线表示定位出的狙击手的位置和射击的弹道方向，其他圆点表示部署的传感器节点位置。

图 5-11　狙击手定位系统控制界面

5.6　目标追踪类案例：警戒网

由于传感器网络具有良好的自组织性和鲁棒性，且隐蔽性好、成本低、易于布置，所以非常适合用于探测和跟踪运动目标。目标的探测、分类和追踪是一项基本的战场监控应用，因此一直以来被重点关注着。本节以传感器网络军事应用项目——"警戒网（VigilNet[35]）"为例，对目标探测与追踪应用进行简单的介绍。

5.6.1　概述

在国防高级研究计划局（the Defense Advanced Research Projects Agency, DARPA）的

资助下，美国弗吉尼亚大学开展了"警戒网"的项目研究工作。该项目主要研究如何将低成本的传感器覆盖整个战场，获得准确的战场信息。警戒网项目集成了协作式、具有感知、计算和通信能力的节点，替换了以前手工布置、稀疏分布、非网络式的感知系统，对已有的地面战场探测系统进行了彻底改进。该项目的最终目标是完成一个基于传感器网络的战场监视的系统，实现对入侵物体的探测、分类和跟踪。

5.6.2 系统架构

图 5-12 给出了警戒网的系统结构图。系统运行前，节点被均匀地部署在需要监视的战场上，并根据事先设定的参数划分为若干个区域。每个区域中包含一个计算和通信能力较强的基站节点，多个基站通过多跳方式构成网络完成与控制中心的通信。系统一开始，所有节点处于唤醒状态，控制中心通过基站节点将系统配置信息发送到每个基站所属的区域，配置过程的同时会将每个区域设置为"警戒区"或者"休眠区"。随后，每个区域内节点开始执行区域内的时间同步和自身定位算法，并建立到达所属区域基站的通信骨干路由。之后，在保证感知覆盖的前提下，每个区域中节点通过选举方式确定哨兵节点。当哨兵节点确定后，非哨兵节点和休眠区域的哨兵节点进行低功耗睡眠状态，而活跃的哨兵开始对目标进行检测。一旦某一警戒区被目标触发后，该区域中距离目标较近的节点将被唤醒，唤醒的节点将协同对检测到的目标进行追踪和分类。相关的检测、追踪信息会通过基站节点发送给控制中心。

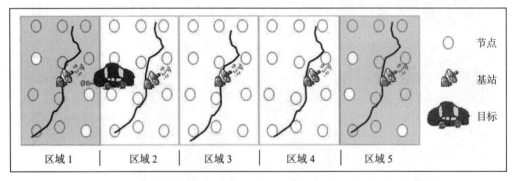

图 5-12　警戒网系统结构图

5.6.3 软硬件介绍

1. 系统硬件

警戒网的硬件使用了 XSM 节点[36]，如图 5-13 所示。XSM 节点使用 Atmel ATmega128L 微控制器，无线射频芯片使用的是工作在 433 MHz 的 CC1000 芯片。为了实现多目标的检测、分类和追踪，XSM 配备了 4 个红外传感器、1 个双轴的磁力传感器和 1 个声音传感器。由于节点需要部署在野外战场环境中，节点采用可在全天候条件下工作的外壳封装。XSM 在两节 AA 碱性电池供电的条件下，可以持续工作约 1000 个小时。

图 5-13　XSM 节点实物图

2. 系统软件

图 5-14 为警戒网系统的软件结构图，主要包括链路层（Data Link Layer）、网络通信层（Network Layer）、感知层（Sensing Layer）、中间件层（Middleware Layer）和应用层（Application Layer），图中灰色部分的工作周期调度（Duty Cycle Scheduling）、哨兵服务（Sentry Service）、警戒区管理（Tripwire Mngt）以及基于射频的唤醒（Radio-Base Wake）服务是专门为系统低功耗运行设计的能量管理模块。XSM 节点软件基于 TinyOS 操作系统，采用 nesC 语言开发相关的服务和应用。图 5-15 为警戒网监控中心界，这里节点被部署在一个 T 形的通道上，整个网络被划分成了 3 个区域，其中区域 1 和区域 3 处于活跃状态，为警戒区，区域 2 处于休眠状态，为休眠区。

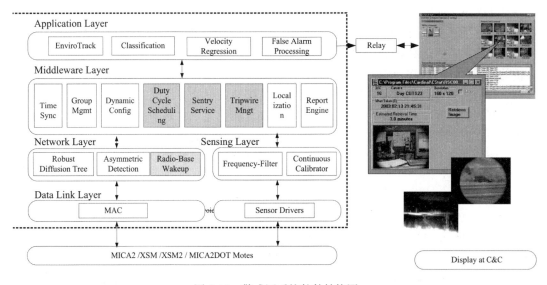

图 5-14　警戒网系统软件结构图

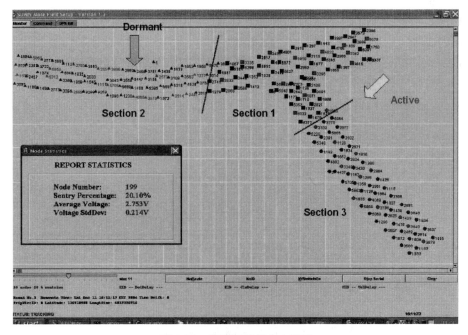

图 5-15　警戒网监控中心界面

5.7 案例分析：金门大桥震动监测

桥梁作为公路交通的重要组成部分，直接关系着行车的安全与畅通。桥梁结构健康监测（Structure Health Monitoring, SHM）是通过对桥梁结构状态的监控与评估，在桥梁运营状况异常时发出预警信号，为桥梁维护维修与管理决策提供依据和指导。因此，可靠而有效的桥梁结构健康监测技术是桥梁安全运行的重要保障。本节以金门大桥结构健康监测为例对传感器网络应用设计进行介绍[37]。

5.7.1 应用需求

金门大桥位于美国旧金山湾，设计和建造于20世纪30年代，于1937年投入使用。大桥塔高227 m，钢塔之间的跨度达1280 m，在建成时是世界上最长的吊桥。强风和地震是造成金门大桥承受极端负载的两个主要原因。因此，大桥震动信息成为大桥健康监测与状态评估的一项重要的监测指标，利用震动监测信息可以分析大桥运营过程中的震动响应，掌握大桥的震型、固有频率及阻尼等动力特性。传统震动监测是在桥梁关键部位安装加速度传感器，并通过有线的方式（如RS485总线等）连接至数据处理单元。然而，由于桥梁跨度较大，有线监测系统的安装和维护成本都非常高。相比之下，基于传感器网络的桥梁震动监测系统在安装和维护成本方面具有较大的优势。在金门大桥震动监测项目中，传统有线监测系统的单节点成本高达数千美元，而传感器网络监测系统的单节点成本仅为600美元左右。

根据金门大桥的震动监测要求，传感器网络设计应满足以下几点需求：

R1：数据采集系统可检测到的最小震动值为500 μG。

R2：根据大桥局部震动模态的需求，采样频率为1 KHz，采样精度为16位，采用抖动保持在250 μs以内。

R3：为了对大桥各个部位的震动进行相关分析，需要对网络中节点的采样数据进行时间同步。

R4：由于桥体跨度很大且基站只能部署在南面的桥塔上，需要采用多跳通信的方式完成数据的收集。

R5：基站节点发出的数据采集启动命令必须可靠地分发到网络中的所有节点。

R6：节点采集的震动数据必须可靠地上报到基站节点。

5.7.2 系统架构

根据大桥震动监测要求，震动监测传感器网络采用了多跳网络结构，如图5-16所示。

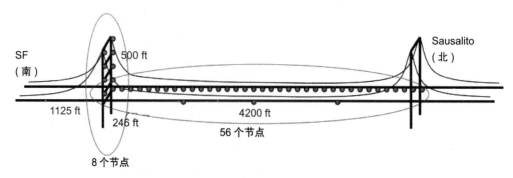

图5-16 金门大桥震动监测系统架构图

该网络由一个基站节点和多个震动监测节点组成。系统部署后，首先节点以自组织的方式形成多跳网络，在网络形成后节点进入就绪状态等待基站下发的数据采集命令。当收到基站下发的数据采集命令时，节点开始采集大桥震动数据并将数据以多跳方式上传到基站。最后，基站将收到的数据进行分析与处理，完成大桥健康状态的评估与预警。

5.7.3 硬件设计

传感器节点硬件由计算、通信、感知、供电和存储等几个主要模块组成，图 5-17 为传感器节点硬件结构图。由于没有特殊的计算、存储和通信需求，监测系统采用了较为流行的 MICAz 平台以实现相关功能。MICAz 节点采用 Atmel 的 8 位 ATmega128L 低功耗微控制器（Micro-Control Unit），工作频率为 7.3 MHz；无线射频模块采用了 TI 的 CC2420 芯片，传输速率为 250 kbps；外部 Flash 存储模块采用了 AT45DB 芯片，容量为 512 KB。低噪声加速度计模拟信号输出通过低通的抗锯齿滤波器，再经 16 位模数转换器变换为数字信号。MCU 将得到数据保存到 Flash 存储器，然后通过无线方式发送回基站。

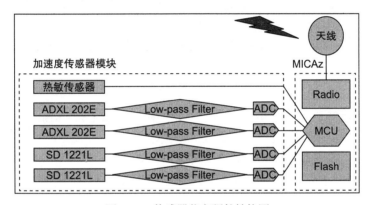

图 5-17　传感器节点硬件结构图

为了满足应用需求 R1，金门大桥震动监测系统使用了专门的加速度传感器模块，如图 5-18 所示。该传感器模块包含了 4 个独立的加速度测量通道，用于监测垂直和水平两个方向上的加速度。此外，该模块还包含了一个热敏传感器，用于对加速度传感器读数的温度补偿。金门大桥震动来源可分为两类，一类是由气流和交通造成的低幅度震动，另一类是由地震等造成的强烈震动。为了对这两类震动进行监测，传感器模块设计时包含了两类加速度传感器，Silicon Designs 1221L 二维加速度计用于第一类震动的测量，ADXL 202E 二维加速度计用于第二类震动的测量。表 5-8 给出了两类加速度传感器的特性参数。

表 5-8　两类加速度传感器比较

比较项	ADXL 202E	Silicon Designs 1221L
类型	MEMS	MEMS
系统测量范围（G）	$-2 \sim 2$	$-0.1 \sim 0.1$
系统本底噪声（$\mu G/\sqrt{H_2}$）	200	32
价格	\$10	\$150

MICAz 节点的输入电压为 3 V，加速度传感器模块的输入电压为 5 V，供电模块通过加速度传感器模块上的 DC/DC 电压调节器提供 3 V 和 5 V 的恒定电压。由于桥梁震动监测中节点的采样频率远高于环境监测应用中的采样频率，无线通信模块大部分时间处于工作

状态，节点低功耗休眠机制在这类应用中不再适用。因此，金门大桥震动监测系统没有采用低功耗休眠机制。表 5-9 给出了节点的功耗情况，通过分析节点在不同工作状态下的功耗，可以得到系统所需的电池类型。在实际系统中，每个节点使用 4 节 6 V 灯电池（lantern battery）。

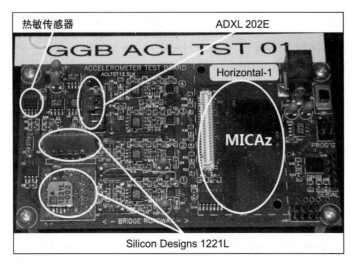

图 5-18　加速度传感器模块实物图

由于金门大桥部署环境恶劣（海风、下雨、强烈温差），为了保证系统的可靠运行，需要为节点设计专门的封装保护和可靠的固定装置。此外，由于大桥的几何形状为直线，无线信号在两个方向上传输。因此，节点使用双向天线替代原 MICAz 的全向天线，增强无线传输的距离，以减少桥体和其他设施对无线信号造成衰减。节点间的有效通信距离在 15 ～ 30 m。图 5-19 为实际安装在大桥上的震动监测节点。

表 5-9　不同状态下的节点功耗

状态	功耗（mW）
Board Only	240.3
Mote Only	117.9
Idle	358.2
One LED On	383.4
Erasing Flash	672.3
Sampling	358.2
Transferring Data	388.8

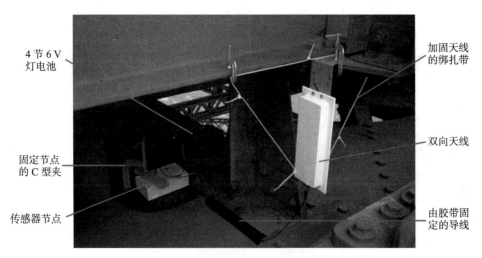

图 5-19　实际安装在大桥上的震动监测节点

5.7.4 软件设计

图 5-20 给出了金门大桥震动监测软件的整体结构图。最底层是最大努力交付单跳通信模块（Best-effort Single-hop Communication），在此之上是数据分发模块（Broadcast）、数据路由（MintRoute[38]）模块和时间同步模块（Flooding Time Synchronization Protocol, FTSP[39]）。在数据分发模块和路由模块之上是可靠数据传输模块（Scalable Thin and Rapid Amassment Without loss, Straw）。为了支持高采样频率下的数据记录，在底层 Flash 组件上提供了基于缓冲的数据记录模块（BufferedLog）。软件最顶部是应用层模块（Structural hEalth moNiToRing toolkIt Sentri）。Sentri 应用的工作方式与 RPC 服务器非常相似，网络中节点的各种操作以基站发送命令、节点响应命令的方式完成。

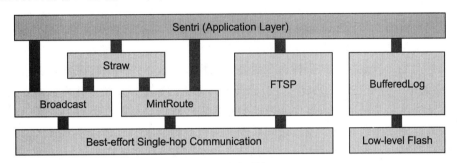

图 5-20　软件结构图

1. 应用需求 R2

一般桥梁的震动频率在 10 Hz 以下，由于环境噪声不可控，常采用过采样技术提高信噪比，震动监测的采样频率一般为 200 Hz。为了进一步减少噪声对原始信号的影响，金门大桥震动监测中使用了 1 kHz 的采样频率，对采样序列进行 5 点的数字平均滤波。在这样高的采样频率下，为了利用收集到的震动数据得到可信分析结果，系统必将抖动控制在一定范围内以保证数据的质量。抖动可分为时间抖动和空间抖动两种。时间抖动是指节点本身由于系统任务调度的实时性不够引起的抖动。空间抖动是由时间同步精度误差导致的节点间的抖动。在采样频率为 200 Hz 时，选取采样间隔的 5%（250 μs）作为抖动上限。考虑到造成时间抖动的原因主要来自于程序中的原子操作，通过减少采样时不必要的原子操作将时间抖动控制在 10 μs 之内，从而满足 250 μs 的抖动上限。当采用 FTSP 时间同步协议时，FTSP 提供的时间同步精度可以保证空间抖动满足系统要求。

2. 应用需求 R3、R4、R5

为了满足应用需求 R3，系统采用了 FTSP 时间同步协议，该协议可以提供最小的同步误差并且在实际应用中得到了验证。在 FTSP 中，每个节点周期性地广播带有时间戳的同步数据包。收到同步包的节点，根据包中的时间戳信息调整自己的本地时钟。为了减少 MAC 层中的不确定退避时延，FTSP 在节点获得了访问信道后才将时间戳写入同步包。在多跳同步时，线性回归被用于解决多节点同步信息的不匹配问题。

为了满足应用需求 R4，系统采用了广泛应用的 MintRoute 多跳路由数据收集协议。MintRoute 路由协议最终形成一棵以基站为根节点的路由树。在路由构建过程中，每个节点周期性地广播自己到达基站节点的路由代价，同时监听邻居节点发送的路由信息，并从中选择到达基站路由代价最小的邻居节点作为父节点。每个节点发送的数据包沿着路由树最终被转发到基站根节点。

为了满足应用需求 R5，系统需要实现基站命令的可靠分发。Deluge[26] 和 Drip[40] 是两类典型的可靠数据分发协议。Deluge 是为大块数据设计的分发协议，因此不适用于基站命令。Drip 协议虽然可以保证小块数据的可靠下发，但由于其时延较高，不符合应用的需求。系统采用了 Broadcast 组件实现基站命令的分发功能，并通过重复广播保证分发的可靠性。

3. 应用需求 R6

由于人们关注的那些引发桥梁震动的事件很少发生，而相关的监测数据又非常重要，因此需要保证这些数据在传输过程中不会丢失。为了满足应用需求 R6，需要为震动监测系统设计一个可扩展、低开销的可靠传输协议。信道容量与扩展性是这种协议设计时需要考虑的两个主要方面。与 MintRoute 类似，Straw 是一种多对一的数据收集协议。Straw 通过选择性的 NACK 技术实现数据的可靠传输。每次数据传输由基站发起，基站向网络中的节点下发采样命令，节点接收到采样命令后开始采集震动数据，同时将采集到的数据存储到 Flash 存储器中。当数据采集完成后，节点开始将采集的数据以多跳方式发送给基站。在所有数据发送完后，基站通过数据序号判断数据传输过程中是否存在丢失的数据包。如果有数据包丢失，则基站向相应节点发送一系列的丢包重传请求，即选择性 NACK，直到基站接收到所有数据包。图 5-21 为 Straw 接收节点和发送节点状态转换图。

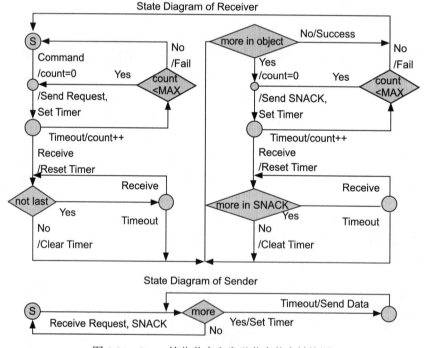

图 5-21　Straw 接收节点和发送节点状态转换图

在传输过程中，数据发送的时间间隔由数据发送端设定。由于无线信道的共享特性，相邻节点在发送数据时可能会发生冲突。随着网络规模逐渐增大，这一问题会使网络吞吐量急剧下降。根据大桥监测网络的通信模式和拓扑结构特点，Straw 在设计时采用了管道传输技术用以提高信道的利用率。确定数据发送的时间间隔是管道技术的关键，在 Straw 中发送节点根据自己距基站节点的跳数计算出相应的间隔。在实际应用中，Straw 管道传输技术在 64 个节点组成的 46 跳网络中为每个节点提供了 441 Byte/s 的稳定带宽。

5.8　光纤传感技术

光纤传感技术是 20 世纪 70 年代伴随光纤通信技术的发展而迅速发展起来的，以光波为载体，光纤为介质，感知和传输外界被测量信号的新型传感技术。光纤传感技术受到了我国有关部门的高度重视并得以快速发展，目前我国在光纤传感技术的研究以及相关产品的研制、应用上均处于国际领先水平。光纤传感技术已成为国家重大工程、重大装备、武器系统等国民经济诸多领域急需的关键技术之一，也是支撑传感网技术的重要组成部分。

光纤传感是利用外界因素使光在光纤中传播时光强、相位、偏振态以及波长（或频率）等特征参量发生变化，从而对外界因素进行检测（或计量）和信号传输的技术。

5.8.1　光纤传感器

光纤传感器 (Fiber Optical Sensor, FOS) 是 20 世纪 70 年代中期发展起来的一种基于光导纤维的新型传感器。它是光纤和光通信技术迅速发展的产物，它与以电为基础的传感器有本质区别。光纤传感器用光作为敏感信息的载体，用光纤作为传递敏感信息的媒质，其工作原理是将来自光源的光经过光纤送入调制器，使待测参数与进入调制区的光相互作用后，导致光的光学性质（如光的强度、波长、频率、相位、偏正态等）发生变化，称为被调制的信号光，再经过光纤送入光探测器，经解调后，获得被测参数[41]。因此，它同时具有光纤及光学测量的特点。

光纤传感器与电类传感器的结构对比如图 5-22 所示，特性对比如表 5-10 所示。

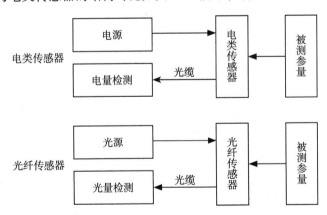

图 5-22　光传感器与电类传感器的结构对比

表 5-10　光传感器与电类传感器的特性对比

分 类 内 容	光纤传感器	电类传感器
调制参量	光的振幅、相位、频率、偏振态	电阻、电容、电感等
敏感材料	温 - 光敏、力 - 光敏、磁 - 光敏	温 - 电敏、力 - 电敏、磁 - 电敏
传输信号	光	电
传输介质	光纤、光缆	电线、电缆

光纤传感器具有以下优点：体积小、重量轻；电绝缘性好、无电火花、安全；抗电磁

干扰、灵敏度高，便于利用现有光通信技术组成遥测网等[42]，对传统的传感器能起到扩展、提高的作用，在很多情况下能完成传统的传感器很难甚至不能完成的任务，因此受到广泛重视。近年来，分布式光纤传感器是光纤传感技术中引人注目的新器件，它不仅具有一般光纤的优点，而且充分利用了光纤一维空间连续分布的特点，可以在沿光纤路径上同时得到被测量在时间和空间上的连续分布信息[43]，显示出十分独特的应用前景。

目前世界上已有光纤传感器过百种，诸如位移、速度、加速度、压力、液面、流量、振动、水声、温度、电压、电流、电场、磁场、核辐射、气体组分等物理量都实现了不同性能的光纤传感，新的传感原理及应用不断出现，传感用特殊光纤以及专用器件、技术的出现使许多光纤传感器的指标不断提高。

5.8.2 光纤传感系统组成

光纤传感系统一般由光源驱动部分、光源温控部分、传感探头部分、光电转换部分、锁相解调和信号处理部分构成[44]。光纤传感系统的一般构成如图 5-23 所示。

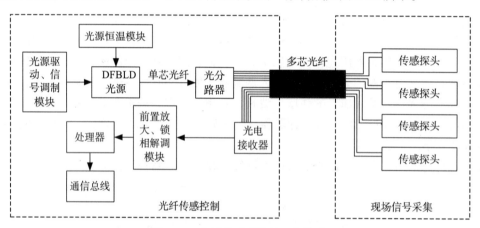

图 5-23 光纤传感系统的一般构成

光源驱动及信号调制模块主要根据被测对象的特性，产生特定信号并加到激光发射器上，形成具有与被测对象特性相关的激光束，如在甲烷气体光纤传感检测系统中[44]，光源驱动电路可以将低频锯齿波和高频正弦信号经运放叠加后加到激光器上，施加低频锯齿波调制的目的是保证激光器出光波长能够覆盖甲烷气体的吸收谱线[45]，而施加高频正弦波的目的是实现二次谐波检测。另外，由于受温度影响，光源波长会发生漂移，因而一般需要有温控电路使光源工作在恒温状态。

传感探头安装在被测对象环境中，如 CO 气体环境、被测温度环境等。光源发出的光通过光分路器，在多芯光纤中传输到传感探头，此时光源的调制特性会根据被测对象的特性发生变化，还有被测对象信息的光信号被光电接收器接收转换成电信号，然后通过前置放大电路和锁相解调电路提取二次谐波信号。在多点测量的情况下，光纤传感探头的安装位置各不相同，在远距离传输的光纤通道上产生的相位变化等光学特征也各不相同，因此必须设计专门的锁相解调电路[46]。

最后，在处理器进行信号处理后，就得到了被测对象的物理信息，通过通信总线即可送达上位机进行观察、监测和记录。

5.8.3 光纤传感技术的应用

光纤传感技术自诞生以来，至今已成功应用在多个领域，在某些特殊场合中，如分布式传感、连续边界监控等，占据着不可替代的地位。

（1）美国某空军军事基地边界监控

美国某空军军事基地建有周界报警系统，如图 5-24a 所示。该基地周界由网孔型围栏和铁栅栏组成，其上部还装有蛇腹式铁丝网。光纤传感系统安装在这些围栏和铁丝网上，同时安装地埋式光纤报警系统。该系统定位精度达到 50 m，并集成了高性能的 CCTV 系统。利用分布式光纤传感的优势，该系统可以监测连续分布的地理边界，并进行自动定位，当系统检测到非法入侵时可以自动激活相应的 CCTV 系统。该基地的周界长度为 23 km，使用光纤传感技术能带来高效且低成本的监控效果。

（2）光纤液体浓度传感器

光纤液体浓度 U 型敏感元件如图 5-24b 所示。放入液体中的光纤部分为裸芯，此时液体起到了包层的作用，液体的折射率 n_2 就是包层折射率 n_1。由于折射率的改变致使光在纤芯中传播的光束模式发生变化，部分光由低阶模式转化为高阶模式，故有一部分入射光不再满足全反射的条件，就会在两种介质的交界面发生光的折射现象，致使一部分光能量损失掉。通过光探测器接收入射光，并配合计算机检测算法分析其中的能量特征，便可检测出相应液体的浓度。

（3）光纤开关与定尺寸检测装置

光纤开关与定尺寸检测装置如图 5-24c 所示，该装置利用光纤中光强度的跳变来测出各种移动物体的极端位置，如定尺寸、定位、记数等，特别是对于小尺寸工件的某些尺寸的检测有其独特的优势。当光纤发出的光穿过标志孔时，若无反射，说明电路板方向放置正确。

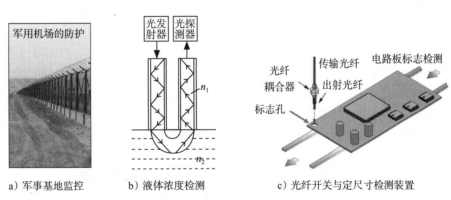

a）军事基地监控   b）液体浓度检测   c）光纤开关与定尺寸检测装置

图 5-24　光纤传感应用案例

5.9　本章小结与进一步阅读的文献

本章首先对传感器网络的应用进行分类，然后深入讲解了应用设计的基本原理以及应用开发、部署与维护中涉及的关键技术，接着分别以精准农业、反狙击和警戒网应用为例对环境监测、事件检测和目标追踪三类典型应用进行了详细的介绍，通过金门大桥震动监测的案例对传感器网络应用系统设计进行了全面的剖析，最后简单介绍了传感器网络研究的一个分支——光纤传感技术，作为对传感器网络知识的拓展。

希望对传感器网络应用做进一步深入了解的读者，除了本章后面列出的参考文献外，还可阅读参考以下文献。在应用系统设计方面，读者可参考 Sensys (The ACM Conference on Embedded Networked Sensor Systems) 和 IPSN (ACM/IEEE International Conference on Information Processing in Sensor Network) 等传感器网络领域重要国际会议中与应用相关的论文，中文资料则可参考由国防工业出版社出版、崔逊学等编著的《无线传感器网络的领域应用与设计技术》。在应用开发方面，如果使用 TinyOS 系统进行应用开发，除了 TinyOS 开源社区网站上提供的教程、文档以及 TEP (TinyOS Enhancement Proposals) 外，读者还可参考由剑桥大学出版社出版、TinyOS 开源项目核心成员 Philip Levis 和 DavidGay 合著的《TinyOS Programming》。

习题 5

1. 简述传感器网络的主要特点以及这些特点在不同应用领域中的潜在价值。
2. 传感器网络应用有哪几种常见的分类方法？分别对其进行简要介绍。
3. 传感器网络应用构建时需要考虑哪些设计因素？这些因素是如何影响系统的各方面设计的？
4. 传感器网络应用架构设计主要解决的问题是什么？
5. 传感器网络应用中常见的节点类型有哪些？
6. 传感器网络应用架构设计中常见的网络结构有哪几种？它们的特点以及所适用的应用场合分别是什么？
7. 传感器节点硬件主要包括哪几种模块？这些模块在设计时需要考虑的问题有哪些？
8. 传感器网络软件由哪几部分构成？在设计时需要考虑的主要问题是什么？
9. 为什么需要为传感器网络节点设计专门的操作系统？节点操作系统应具有什么样的特点？
10. 选取一款传感器网络专用的操作系统，通过课外文献阅读与学习，对其设计思想和主要特点进行简要介绍。
11. 传感器网络引入新的编程模型的作用是什么？编程模型是如何分类的？列举传感器网络中几种具有代表性的编程模型。
12. 传感器网络常见的测试环境有哪几种？各自的优缺点有哪些？
13. 传感器网络部署规划时需要考虑哪些方面的问题？
14. 简述区域覆盖和目标覆盖的定义，并分别结合一种应用场景加以说明。
15. 传感器网络系统状态监测的方法有哪些？各有什么特点？
16. 传感器网络代码更新的目的是什么？代码更新方法可分为哪几类？
17. 选取一篇传感器网络应用的相关论文，对其设计因素、架构、硬件和软件设计方案进行简要分析。
18. 结合实际生活，设想一种传感器网络应用，分别从设计因素、架构、软硬件几个方面进行分析。

参考文献

[1] Hill J, Szewczyk R, Woo A, et al. System architecture directions for networked sensors[C]. ASPLOS-IX, Cambridge, USA, 2000. Cambridge, USA: ACM, 2000: 93-104.

[2] Romer K, Mattern F. The design space of wireless sensor networks[J]. IEEE Wireless Communications. 2004, 11(6): 54-61.

[3] Han C, Kumar R, Shea R, et al. A dynamic operating system for sensor nodes[C]. MobiSys '05, Seattle, USA, 2005. Seattle, USA: ACM, 2005: 163-176.

[4] Bhatti S, Carlson J, Dai H, et al. MANTIS OS: an embedded multithreaded operating system for wireless micro sensor platforms[J]. ACM Journal of Mobile Networks and Applications. 2005, 10(4): 563-579.

[5] Beutel J. Fast-prototyping using the BTnode platform[C]. DATE '06, Munich, Germany, 2006. Munich, Germany: European Design and Automation Association, 2006: 977-982.

[6] Dunkels A, Gronvall B, Voigt T. Contiki - a lightweight and flexible operating system for tiny networked sensors[C]. LCN '04, Tampa, USA, 2004. Tampa, USA: IEEE Computer Society, 2004: 455-462.

[7] Dunkels A, Schmidt O, Voigt T, et al. Protothreads: simplifying event-driven programming of memory-constrained embedded systems[C]. SenSys '06, New York, NY, USA, 2006. New York, NY, USA: ACM, 2006: 29-42.

[8] Levis P, Culler D. Mate: A tiny virtual machine for sensor networks [C]. 2002. 2002.

[9] Madden S R, Franklin M J, Hellerstein J M, et al. TinyDB: an acquisitional query processing system for sensor networks[J]. ACM Trans. Database Syst. 2005, 30(1): 122-173.

[10] Hnat T W, Sookoor T I, Hooimeijer P, et al. MacroLab: a vector-based macroprogramming framework for cyber-physical systems[C]. SenSys '08, New York, NY, USA, 2008. New York, NY, USA: ACM, 2008: 225-238.

[11] Welsh M, Mainland G. Programming sensor networks using abstract regions[C]. NSDI '04, Berkeley, CA, USA, 2004. Berkeley, CA, USA: USENIX Association, 2004: 3.

[12] Levis P, Lee N, Welsh M, et al. TOSSIM: accurate and scalable simulation of entire TinyOS applications[C]. SenSys '03, Los Angeles, USA, 2003. Los Angeles, USA: ACM, 2003: 126-137.

[13] Titzer B L, Lee D K, Palsberg J. Avrora: scalable sensor network simulation with precise timing[C]. IPSN '05, Piscataway, USA, 2005. Piscataway, USA: IEEE Press, 2005.

[14] Eriksson J, O Sterlind F, Finne N, et al. COOJA/MSPSim: interoperability testing for wireless sensor networks[C]. Simutools '09, Rome, Italy, 2009. Rome, Italy: ICST, 2009: 21-27.

[15] Werner-Allen G, Swieskowski P, Welsh M. MoteLab: a wireless sensor network testbed[C]. IPSN '05, Los Angeles, USA, 2005. Los Angeles, USA: 2005: 483-488.

[16] Okola M, Whitehouse K. Unit testing for wireless sensor networks[C]. SESENA '10, New York, NY, USA, 2010. New York, NY, USA: ACM, 2010: 38-43.

[17] Yang J, Soffa M L, Selavo L, et al. Clairvoyant: a comprehensive source-level debugger for wireless sensor networks[C]. SenSys '07, Sydney, Australia, 2007. Sydney, Australia: 2007: 189-203.

[18] Cao Q, Abdelzaher T, Stankovic J, et al. Declarative tracepoints: a programmable and application independent debugging system for wireless sensor networks[C]. New York, NY, USA, 2008. New York, NY, USA: ACM, 2008: 85-98.

[19] Tolle G, Culler D. Design of an application-cooperative management system for wireless sensor networks[C]. EWSN '05, Istanbul, Turkey, 2005. Istanbul, Turkey: 2005: 121-132.

[20] Shea R S, Ch Y H, Srivastava M B. LIS is More: Improved Diagnostic Logging in Sensor Networks with Log Instrumentation Specifications[R]. University of California, Los Angeles2009.

[21] Sundaram V, Eugster P, Zhang X. Efficient diagnostic tracing for wireless sensor networks[C]. SenSys '10, New York, NY, USA, 2010. New York, NY, USA: ACM, 2010: 169-182.

[22] Luo L, He T, Zhou G, et al. Achieving repeatability of asynchronous events in wireless sensor networks with EnviroLog[C]. INFOCOM '06, Barcelona, Spain, 2006. Barcelona, Spain: 2006: 1-14.

[23] Osterlind F, Dunkels A, Voigt T, et al. Sensornet checkpointing: enabling repeatability in testbeds and realism in simulations[C]. EWSN '09, Cork, Ireland, 2009. Cork, Ireland: Springer-Verlag, 2009: 343-357.

[24] Akyildiz I, Vuran M C. Wireless Sensor Networks[M]. New York, NY, USA: John Wiley & Sons, Inc., 2010.

[25] Karl H, Willig A. Protocols and Architectures for Wireless Sensor Networks[M]. John Wiley & Sons, 2005.

[26] Hui J W, Culler D. The dynamic behavior of a data dissemination protocol for network programming at scale[C]. SenSys '04, Baltimore, USA, 2004. Baltimore, USA: ACM, 2004: 81-94.

[27] Kulkarni S S, Wang L. MNP: multihop network reprogramming service for sensor networks[C]. ICDCS '05, Columbus, USA, 2005. Columbus, USA: IEEE Computer Society, 2005: 7-16.

[28] Ma J, Zhou X, Li S, et al. Connecting agriculture to the Internet of Things through sensor networks[C]. IEEE iThings/CPSCom, Dalian, China, 2011. Dalian, China: 2011: 184-187.

[29] Simon G, Maroti M, Ledeczi A, et al. Sensor network-based countersniper system[C]. ACM SenSys 2004, Baltimore, USA:2004 1-12.

[30] Ledeczi A, Nadas A, Volgyesi P, et al. CounterSniper system for urban warfare[J]. ACM Transactions on Sensor Networsk, 2005, 1(2):153-177.

[31] Ledeczi A, Volgyesi P, Maroti M, et al. Multiple simultaneous acoustic source localization in urban terrain[C]. IEEE IPSN 2005, Los Angeles, USA: 2005:69.

[32] Volgyesi P, Balogh G, Nadas A, et al. Shooter localization and weapon classification with soldier-wearable networked sensors[C]. ACM MobiSys 2007, San Juan, Puerto Rico: 2007:113-126.

[33] Maroti M. Directed flood-routing framework for wireless sensor networks[C]. ACM Middleware 2004, Toronto, Canada:2004:99-114.

[34] Sallai J, Kusy B, Ledeczi A, et al. On the scalability of routing integrated time synchronization[C]. EWSN 2006, Zurich, Switzerland 2006:115-131.

[35] He T, Vicaire P, Yan T, et al. Achieving Long-Term Surveillance in VigilNet[C]. Infocom 2006, Barcelona, Spain.

[36] Dutta P, Grimmer M, Arora A, et al. Design of a wireless sensor network platform for detecting rare, random, and ephemeral events[C]. IEEE IPSN 2005, Los Angeles, USA: 2005.

[37] Sukun Kim. Wireless Sensor Networks for High Fidelity Sampling[D]. PhD, University of California at Berkeley, 2007.

[38] Alec Woo, Terence Tong, and David Culler. Taming the underlying challenges of reliable multihop routing in sensor networks[C]. In Proceedings of the first international conference on Embedded networked sensor systems, pages 14-27. ACM Press, 2003.

[39] Miklós Maróti, Branislav Kusy, Gyula Simon, and Ákos Lédeczi. 2004. The flooding time synchronization protocol[C]. In Proceedings of the 2nd international conference on Embedded networked sensor systems (SenSys '04). ACM, New York, NY, USA, 39-49.

[40] Gilman Tolle and David Culler. Design of an application-cooperative management system for

wireless sensor networks[C]. In the Proceedings of the 2nd European Workshop on Wireless Sensor Networks (EWSN 2005), Istanbul, Turkey, January 2005.

[41] http://baike.baidu.com/view/251998.htm.

[42] 廖延彪 . 光纤传感发展近况 [J]. 光电子技术与信息 , 2000, 13(3): 27-29.

[43] 贾振安 , 周晓波 , 乔学光 , 等 . 分布式光纤温度传感器发展状况及趋势 [J]. 光通信技术 , 2008, 32(11): 36-39.

[44] 谭玖 , 王洪海 . 甲烷多通道远程无源光纤传感检测系统 [J]. 仪表技术与传感器 , 2013 (4)：59-61.

[45] 赵磊 , 王洪海 , 余鑫 , 等 . CH_4 和 CO 一体化光纤传感检测技术的研究 [J]. 武汉理工大学学报 , 2009, 31(17):4-6.

[46] 李政颖 , 王洪海 , 姜宁 , 等 . 光纤气体传感器解调方法的研究 [J]. 物理学报 , 2009, 58(6): 3821-3826.

第6章 基于 TinyOS 的传感网应用开发

目前，基于无线传感器网络操作系统 TinyOS 的应用开发案例非常多，本章着重于基本应用的开发，主要涉及传感器驱动、射频基础开发以及网络协议实验，这些都是高级应用系统中不可或缺的组成部分。

6.1 典型的无线传感网开发套件

无线传感器网络的研究离不开节点硬件平台。目前，实用化的无线传感器节点主要有 Smart Dust、MICA、Telos、Mote 和 IRIS 等系列节点[1]。事实上，Smart Dust 和 Mote 这两种称谓都有尘埃和微粒的意思，是指传感器节点体积非常小。Mote 系列节点也是美国军方资助，由加州大学伯克利分校主持开发的低功耗、自组织、可重构的无线传感器节点系列。本章后续实验将基于 MICA 系列节点开展，因此本节重点介绍 MICA 系列节点，并介绍与其相关的开发工具。

6.1.1 MICA 系列节点

MICA 系列节点是由美国加州大学伯克利分校研究、Crossbow 公司生产的无线传感器节点，是目前无线传感器网络节点的典型代表之一。Crossbow 公司是第一家将智能微尘无线传感器引入大规模商业用途的公司。基于 Crossbow 的无线传感器平台，可实现基于无线的、功能强大的数据采集和监控系统。Crossbow 的产品的大部分部件属于即插即用，而且所有的组成部分是靠 TinyOS 操作系统运行的。MICA Processor/Radio boards（MPR）即所谓的 MICA 智能卡板组成硬件平台，由电池供能，传感器和数据采集模块与 MPR 集成在一起。该系列节点的射频标准采用 IEEE 802.15.4 协议，其体积、性能以及功耗等均专门针对嵌入式传感器网络设计，特别适用于小型无线测量系统。

图 6-1 是 MICA 系列节点的组网示意图。MICA 系列节点包括 WeC、Renee、MICA、MICA2、MICA2Dot、MICAz。WeC、Renee 和 MICA 节点均采用 TR1000 射频芯片，MICA2 和 MICA2Dot 采用 CC1000 射频芯片，MICAz 节点采用 CC2420 的 Zigbee 芯片。

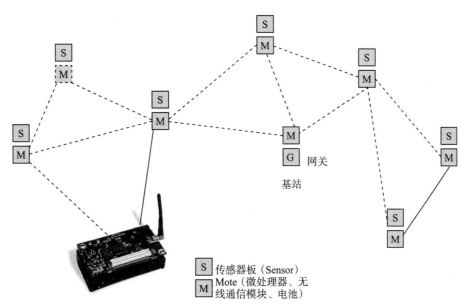

S 传感器板（Sensor）
M Mote（微处理器、无
线通信模块、电池）

图 6-1　MICA 系列节点的组网示意图

表 6-1 列出了 MICA 系列网关和网络接口板，表 6-2 列出了 MICA 系列数据处理和通信板。

表 6-1　MICA 系列网关和网络接口板

型号	功能	Mote 接口	编程口	数据口
MIB500	并口编程器	MICA、MICA2（51 针连接器） MICA 系列传感板（51 针连接器） MICA2Dot（19 针圆形连接器）	并口	串口 （RS232）
MIB510	串口编程器	MICA、MICA2（51 针连接器） MICA 系列传感板（51 针连接器） MICA2Dot（19 针圆形连接器）	串口 （RS232）	串口 （RS232）
MIB600	Ethernet 编程接口板	MICA、MICA2（51 针连接器） MICA2Dot（19 针圆形连接器）	Ethernet	Ethernet

表 6-2　MICA 系列数据处理和通信板

Mote 硬件平台		MICAz	MICA2	MICA2Dot	MICA
模块系列		MPR2400	MPR400/410/420	MPR500/510/520	MPR300/310
MCU	芯片	ATMega128L			ATMega103L
	参数	7.37 MHz，8 位		4 MHz，8 位	4 MHz，8 位
	存储器容量 /KB	128			
	SRAM 容量 /KB	4			
传感器 接口板	类型	51 脚		18 脚	51 脚
	10 位 A/D	7，0～3 V 输入		6，0～3V 输入	7，0～3V 输入
	UART	2		1	2
	其他接口	DIO，I²C		DIO	DIO，I²C
RF 收发器	芯片型号	CC2420	CC1000		TR1000
	RF 频率 /MHz	2400	300-1000		916
	数据速率（Kb/s）	250	78.6		115
	无线连接器	MMCX		PCB 焊孔	

（续）

Mote 硬件平台		MICAz	MICA2	MICA2Dot	MICA
Flash	芯片型号	AT45DB014B			
	通信接口	SPI			
	容量 /KB	512			
电源	类型	AA，2X		纽扣电池	AA，2X
	容量 / (mA·h)	2000		560	2000
	3.3 V 升降压转换器	无			有

Crossbow 有三种 MRP 模块，即 MICAz（MPR2400）、MICA2（MPR400）和 MICA2Dot（MPR500）。MICAz 用于 2.4 GHz ISM 频段，支持 IEEE 802.15.4 和 Zigbee 协议。MICA2 和 MICA2Dot 可以用采 315、433、868/900 MHz 频段，支持的频率范围多。

在图 6-2 中，左上所示为 MICA2 系列 MPR4x0 的实物，右下为 MICA2Dot 系列 MPR5x0 的实物。

图 6-3 所示为 MICAz 系列 MPR2400 的实物。

图 6-2　MICA2 系列 MPR4x0 的实物（左上）和　　图 6-3　MICAz 系列 MPR2400 的实物
MICA2Dot 系列 MPR5x0 的实物（右下）

图 6-4 的左图所示为 MICA2 多传感器模块 MTS300/310，右图所示为 MICA2Dot 多传感器模块 MTS510。MTS310 多传感器板包含光、温度、传声器、声音探测器、两轴加速计、两轴磁力计等探测设备，与 MICA、MICA2 相兼容，可以集成在一起使用。MTS510 传感器板包含光传感器、传声器、两轴加速计，只与 MICA2Dot 兼容，它可以应用在有关声音目标的跟踪、机器人技术、地震监测、事件检测和普适计算等领域。

a）MICA2 多传感器模块 MTS300/310　　　　b）MICA2Dot 多传感器模块 MTS510

图 6-4　多传感器模块 MTS300/310 和 MTS510

图 6-5 所示为串行网关 MIB510，这种编码和串行接口板用作 MICA2 和 MICA2Dot 的

编程连接器。例如，将 MICA2 插入 MIB510，具有 RS232 串行接口，可以采用交流电供电，通过 115 Kb 串行端口，能将程序快速载入网络节点。

图 6-6 所示为 Stargate 网关 SPB400，由母板和子板组成，下层为母板，上层为子板。Stargate 是 Crossbow 公司的一款较为高端的产品，提供了非常齐全的接口，主要作为无线传感器网络的网关节点，负责网络数据的汇聚和与计算机等设备的连接，也可以作为普通传感器节点使用，具有较强的计算与处理能力。

图 6-5　串行网关 MIB510 的实物　　　　图 6-6　Stargate 网关 SPB400 的实物

Stargate 作为一款高性能的单片机，具有较强的通信和传感器信号处理能力，采用 Intel 公司新一代的 X-Scale 处理器（PXA255）。Stargate 是 Intel 普适计算研究小组的研究成果，授权 Crossbow 生产。Stargate 板有 32 MB 的 Intel StrataFlash 用于存储操作系统和应用程序，有 64 MB SDRAM 内存支持较大的操作系统和应用程序，并可扩展包括串口、USB、以太网接口、WiFi、JTAG 等在内的多种接口形式。

6.1.2　MICA 系列处理器 / 射频板

MICA 系列节点均采用处理器外接射频芯片的硬件设计方案，与射频处理器 IC（如 TI 公司 CC2530）相比，MICA 分立的硬件设计架构具有处理能力强、可扩展性好以及功能灵活等优点，不足为体积较大、可能会产生接口兼容等问题。下面分别就 MICA 系列节点的处理器以及射频板展开介绍。

（1）微处理器电路

MICA 系列产品的处理器均采用 Atmel 公司的 Atmega128L。Atmega128L 为基于 AVR RISC 结构的 8 位低功耗 CMOS 微处理器。由于其先进的指令集以及单周期指令执行时间，Atmega128 的数据吞吐率高达 1 MIPS/MHz，从而可以缓解系统在功耗和处理速度之间的矛盾。它的主要特点如下：

1）先进的 RISC 架构，内部具有 133 条功能强大的指令系统，而且大部分指令是单周期的；具有 32 个 8 位通用工作寄存器和外围接口控制寄存器。

2）内部具有 128 KB 的在线可重复编程 Flash、4 KB 的 EEPROM 和 4 KB 的 SRAM。

3）具有 53 个 I/O 引脚，每个 I/O 口分别对应输入、输出、功能选择、中断等多个寄存器，使功能口和 I/O 口可以复用，大大增强了端口功能和灵活性，提高了对外围模块的控制能力。

4）内部具有 2 个 8 位定时器 / 计数器和 2 个具有比较 / 捕捉寄存器的 16 位定时器 / 计数器；1 个具有独立振荡器的实时计数器；1 个可编程看门狗定时器；2 通道 8 位 PWM 通道；8 路 10 位 A/D 转换器；双向 I²C 串行总线接口；主 / 从 SPI 串行接口；可编程串行通

信接口；片内精确的模拟比较器等。

5）功耗低。具有 6 种休眠模式：空闲模式、ADC 噪声抑制模式、省电模式、掉电模式、Standby 模式以及扩展的 Standby 模式。

在空闲模式时，CPU 停止工作，SR_AM、T/C、SPI 端口以及中断系统继续工作。在 ADC 噪声抑制模式时，CPU 和所有的 I/O 模块停止运行，而异步定时器和 ADC 继续工作，以降低 ADC 转换时的开关噪声。在省电模式时，异步定时器继续运行，以允许用户维持时间基准，器件的其他部分则处于休眠状态。在掉电模式时，晶体振荡器停止振荡，所有功能除了中断和硬件复位之外都停止工作，寄存器的内容则一直保持。在 Standby 模式时，振荡器工作而其他部分休眠，使得器件只消耗极少的电流，同时具有快速启动能力。在扩展 Standby 模式时，允许振荡器和异步定时器继续工作。

Atmega128L 的软件结构也是针对低功耗而设计的，具有内外多种中断模式。丰富的中断能力减少了系统设计中查询的需要，可以方便地设计出中断程序结构的控制程序、上电复位和可编程的低电压检测。

6）自带 JTAG 接口，便于调试。JTAG 仿真器通过该接口，可以很方便地实现程序的在线调试和仿真。编译调试正确的代码通过 JTAG 口直接写入 Atmega128L 的 Flash 代码区中。

另外，它还支持 Bootloader 功能，即 MCU 上电后，首先通过驻留在 Flash 中的 BootLoader 程序，将存储在外部媒介中的应用程序搬移到 Atmega128L 的 Flash 代码区。搬移成功后自动去执行代码，完成自启动。这为产品化后程序的升级和维护提供了极大的方便。

7）电源电压为 2.7 ～ 5.5 V，动态范围非常大，能够适应恶劣的工作环境。

Atmega128L 的上述特点非常适应于传感器节点，尤其是其低功耗特性有利于延长节点寿命。

（2）射频板

MICA 节点的无线通信射频芯片采用 Chipcon 公司的 CCXXXX 系列射频产品。该系列产品是专门为低功耗、低速率的无线传感器应用开发的。例如，MICAz 节点采用了 CC2420 通信芯片。

CC2420 是 Chipcon 公司推出的首款符合 2.4 GHz IEEE 802.15.4 标准的射频收发器。该器件是第一款适用于 Zigbee 产品的 RF 器件。CC2420 的选择性和敏感性指数超过了 IEEE 802.15.4 标准的要求，可确保短距离通信的有效性和可靠性。

CC2420 的主要性能参数如下：工作频带范围是 2.400 ～ 2.4835 GHz，共有 16 个可用信道，单位信道带宽是 2 MHz，信道间隔 5 MHz；采用 IEEE 802.15.4 规范要求的直接序列扩频方式；数据速率达 250 Kb/s，码片速率达 2 MChip/s，可以实现多点对多点的快速组网；采用 O-QPSK 调制方式；超低电流消耗（RX：19.7 mA，TX：17.4 mA）；高接收灵敏度（-94 dBm）；抗邻频道干扰能力强（39 dB）；内部集成有 VCO、LNA、PA 以及电源整流器；采用低电压供电（2.1 ～ 3.6 V）；输出功率编程可控；IEEE 802.15.4 MAC 层硬件可支持自动帧格式生成、同步插入与检测、16 bit CRC 校验、电源检测和完全自动 MAC 层安全保护（CTR、CBC-MAC，CCM）。

CC2420 只需要极少的外围元器件，外围电路包括晶振时钟电路、射频输入输出匹配电路和微控制器接口电路三个部分。芯片本振信号既可由外部有源晶体提供，也可由内部电路提供。由内部电路提供时，须外加晶体振荡器和两个负载电容，电容的大小取决于晶体的频率和输入容抗等参数。射频输入输出匹配电路主要用来匹配芯片的输入输出阻抗，使其输入输出阻抗为 50 Ω。

6.1.3 MICA 系列传感器板

MICA 系列传感器板是较早实现商用的无线传感器节点部件，它的电路原理图设计是公开的。这里简要介绍部分主要的电路设计内容。

（1）传感器电源供电电路

一些传感电路的工作电流较强，应采用突发式工作的方式，即在需要采集数据时才打开传感电路进行工作，从而降低能耗。由于一般的传感器都不具备休眠模式，因而最方便的办法是控制传感器的电源开关，实现对传感器的状态控制。

对于仅需要小电流驱动的传感器，可以考虑直接采用 MCU 的 I/O 端口作为供电电源，这种控制方式简单而灵活。对于需要大电流驱动的传感器，宜采用漏电流较小的开关场效应管控制传感器的供电。在需要控制多路电压时，还可以考虑采用 MAX4678 等集成模拟开关实现电源控制。

（2）温湿度和照度检测电路

MTS300CA 使用的温湿度和照度传感器，分别是松下公司的 ERT-J1VR103J 和 Clairex 公司的 CL9P4L。由于温湿度传感器和照度传感器的特性曲线一般不是线性的，因而信号经过 A/D 转换并被 MCU 采集后，还需根据器件特性曲线进行校正。

（3）磁性传感器电路

磁性传感器可用于车辆探测等场合。在嵌入式设备中，采用的最简单的磁性传感器是霍尔效应传感器。霍尔效应传感器是在硅片上制成，产生的电压只有几十毫伏/特[斯拉]，需要采用高增益的放大器，把从霍尔元器件输出的信号放大到可用的范围。霍尔效应传感器已经把放大器与传感器单元集成在相同的封装中。

当要求传感器的输出与磁场成正比时，或者当磁场超过某一水平时开关要改变状态，此时可以采用霍尔效应传感器。霍尔效应传感器适用于需要知道磁铁距离传感器究竟有多远的场合，最适宜探测磁铁是否逼近传感器。

图 6-7 是 Crossbow 公司生产的 MTS300CA 传感器板设计框图，该传感器板采用美国 Honeywell 公司生产的双通道磁性传感器 HMC1002。传感器输出经放大后送给两个 A/D 转换器，放大器增益的控制通过 I^2C 总线控制数据字电位计（D/A 转换器）的输出电压来实现。HMC1002 的磁芯非常敏感，容易发生饱和现象，而 MTS300/310 的电路中没有设计自动饱和恢复电路，因而不能直接应用在罗盘等需要直流输出电压信号的应用中。MTS310 的 PCB 上预留了 4 个用于连接外部自动饱和恢复控制电路的引脚。

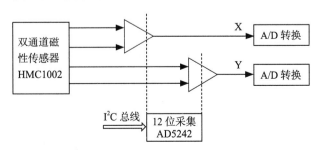

图 6-7 MTS300CA 传感器板的磁阻传感器电路设计框图

6.1.4 编程调试接口板

MICA 系列节点在很大程度上是作为教学和研究试验使用的，人们通过在由多个 MICA 节点组成的实验床验证自己的算法和体验多跳自组网的特性。为了方便开发，Crossbow 公司开发了一系列的编程调试工具，比较常见的是 MIB510 和 MIB600 接口板。

（1）MIB300/MIB500/MIB510/MIB520 接口板

MIB300/MIB500 系列接口板是最早开发的编程调试工具，现在这两种开发工具已经由 MIB510 取而代之。使用 MIB510 串行接口板可以编程调试基于 Atmega128 处理器的 MICAz/MICA/MICA2/MICA2Dot 节点。

MIB510 接口板提供了与不同种类 MICA 节点连接的接口，另外还有一个系统板载处理器（In-System Processor，ISP）Atmega16L，它用于编程 Motes 节点。主机下载的代码首先通过 RS-232 串口下载到 ISP，然后由 ISP 编程 Motes 节点。ISP 和 Motes 共享同一个串口，ISP 采用固定的 115.2 Kb/s 的通信速率与主机通信。它不断监视串口数据包，一旦发现了符合固定格式的数据包（来自主机的命令），则立刻关闭 Motes 节点的 RX 和 TX 串行总线，并接管串口，传输或转发调试命令。

MIB510 支持基于 JTAG 接口的在线调试。在编程 Motes 节点的过程中，要求主机中安装 TinyOS 操作系统。有关 TinyOS 的内容请参阅本章的后续内容。

例如，MIB510CA 型号的接口板可以将传感器网络数据汇总，并传输至 PC 或其他计算机平台。任何 IRIS/MICAz/MICA2 节点与 MIB510 连接，均可作为基站使用。除了用于数据传输，MIB510CA 还提供 RS-232 串行编程接口。

由于 MIB510 带有一个板载处理器，可运行 Mote 处理器 / 射频板。处理器还能监测 MIB510CA 的电源电压，如果电压超出限制，则通过编程将其禁止。

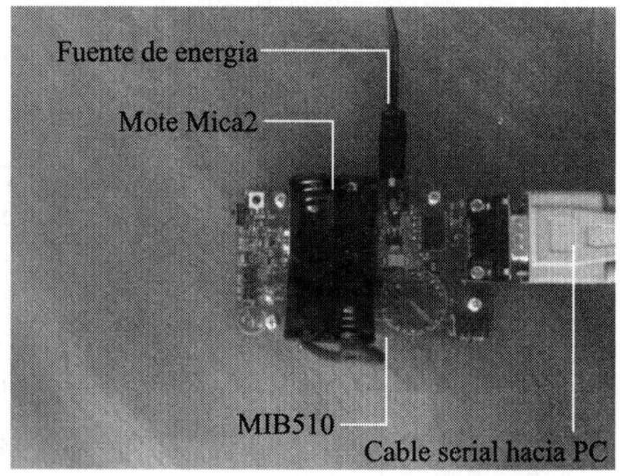

图 6-8　MIB510 的连线和节点的装配

总之，MIB510 的作用在于：①编程接口；② RS-232 串行网关；③可连接 IRIS、MICAz 和 MICA2。它的连线和节点装配如图 6-8 所示。

在使用 MIB510 烧入程序时，需要指明编程板型号和串口号，如：

```
bash% MIB510 = /dev/ttyS1 make install MICA2
```

在 Linux 中串口对应的设备文件为 /dev/ttyS*，如果是 COM1 口，则对应 /dev/ttyS0。如果不知道连接的是哪一个 COM 口，可以用以下命令测试：

```
bash% AT > /dev/ttyS1
```

若该端口不存在，会提示找不到相应的文件。

在 Windows 命令行中也可以使用"mode"命令查看串口信息。

MIB520 采用了 USB 总线与主机连接，使用更加方便。

（2）MIB600

MIB600 与前面的 MIBXXX 接口板的主要区别在于，它提供了与以太网直接互联的能力，即 MIB600 可作为以太网和 Motes 网络之间的网关。MIB600 的另一个特点是实现了局域网接口的供电协议，在连接支持供电功能的交换机时可以直接从交换机取电。

由于具有上述两个特点，MIB600 不仅可以作为一般的编程接口板使用，而且可以通过以太网对远程节点配置、编程、收集数据或调试，大大方便了开发过程。另外，MIB600 可以配合 MICA2 节点，直接作为无线传感器网络的汇聚节点（Sink）使用。

6.1.5　国内外其他典型的无线传感网节点

国外的许多机构由于对无线传感器网络的研究起步较早，因此已开发成功的传感器节点较多。比较典型的有 UC Berkeley 的 Smart Dust（见图 6-9）、MoteIV 公司的 Tmote 系列节点（见图 6-10）及 Intel 公司的 Intel Mote（见图 6-11）[2]。国内一些科研机构由于对无线传感器网络的研究起步较晚，因此已成功开发的节点不多，主要有中科院计算所宁波分所研发的 GAINS（见图 6-12）和 GAINZ 系列节点、UbiCell 系列节点（见图 6-13）以及由西北工业大学计算机学院研发的 NPUMOTE 系列节点（见图 6-14）[3] 等。

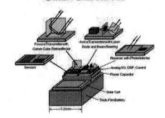
图 6-9　Smart Dust 系列节点

图 6-10　Tmote 系列节点

图 6-11　Intel Mote 系列节点

图 6-12　GAINS 系列节点

图 6-13　UbiCell 系列节点

图 6-14　NPUMOTE 系列节点

（1）Smart Dust

Smart Dust 是较早出现的具有现代无线传感器网络意义的节点。它是美国 DARPA/MOT MEMS 支持的研究项目。Smart Dust 的主要特点如下[4]：

1）采用 MEMS 技术，体积微小，整体传感器节点可以控制在 1 mm³ 左右。

2）使用太阳能作为工作能量的来源，具有长期工作的潜力。

3）采用光通信方式。一方面功耗比无线电小，另一方面不需要长长的天线，在体积上也可以做得更小。另外，通信信道空分复用，所有基站可以同时与多个节点通信。

4）光通信方式降低了节点功耗，但是其传输的方向性、无视距阻碍的要求给节点的部署带来很大挑战。

（2）Tmote Sky

Tmote Sky 是 MoteIV 公司生产的超低功耗的、高数据传输率的下一代无线传感器网络平台，是由 Moteiv's Telos Revision B 版本改进而来，使用 TI 公司的超低功耗微处理器芯片 MSP430，通信模块采用了 Chipcon 公司支持 IEEE 802.15.4 协议的 CC2420 芯片，可与其他 IEEE 802.15.4 的设备协同工作，250 kbit/s 的数据收发速率可以使节点更快完成通信事件的处理，快速休眠，节省系统能量。而且标准化的通信协议有利于实现节点之间的互通，编程和数据获取通过 USB 接口，最大特点是具有 10 kbit/s 的片上 RAM 作为数据处理使用，1 Mbit/s 的外部数据存储器，集成了湿度、温度、光等传感元件，能够独立作为传感器节点使用，无需外接传感器板，但内部的 Flash 空间较少。

（3）GAINS 和 GAINZ 系列

GAINS 和 GAINZ 系列节点是近几年由中科院计算所研发成功的一种无线传感器网络节点。以 GAINS3 节点为例，该节点是基于低功耗微处理器芯片 Atmega128，射频部分采用 Chipcon 公司的 CC1000 芯片，扩展存储采用容量达 512 KB 的低功耗 Flash 存储器。整个系统采用了通用的接口插槽，将传感、处理和通信模块进行分离，可以实现按照不同的应用需求进行不同的扩展。

（4）NPUMOTE 系列

NPUMOTE 系列传感器节点由西北工业大学计算机学院无线传感器网络实验室研发，目前已发展到第三个版本。该系列传感器节点采用了 AVR 8 位单片机系列中较高端的 Atmega128rfa1 芯片作为处理器，该处理器采用先进的 RISC 架构，并且集成了符合 IEEE 802.15.4 标准的射频收发器，性能与独立的射频芯片 AT86RF230 相当。该系列节点所设计的 USB 接口不仅可以与主机进行通信，还可以通过同一个 USB 接口进行程序的下载，大大方便了用户的使用 [3]。

6.2 nesC 语言基础

6.2.1 简介

nesC 是对 C 语言的扩展，它是基于体现 TinyOS 的结构化模型和基于事件的执行模型而设计的。TinyOS 是特别为无线传感器网络节点设计的一款基于事件驱动的操作系统，最初是用汇编和 C 语言编写的，但科研人员的进一步研究发现，C 语言不能有效、方便地支持面向传感器网络的应用和操作系统的开发。为了解决以上问题，科研人员提出了 nesC 语言，把组件化 / 模块化思想和基于事件驱动的执行模型结合起来，并用 nesC 语言对 TinyOS 操作系统进行了重写 [5]，利用 nesC 语言本身的优势，在设计时强调组件化的编程思想，提高开发的方便性和代码的有效重用性。如今，基于 TinyOS 的应用基本上是用 nesC 编写，通过学习本节内容，有助于了解 nesC 基本语法以及应用程序的编写方式，为加快传感器网络的应用开发打好基础。

nesC 语言在设计中的基本概念主要包括以下几点 [6]：

1）程序构造与程序组合相分离的机制。基于 nesC 语言的程序由多个组件"连接（wired）"而成。组件定义了两个范围，一个是为其接口定义的范围，另一个是为其实现定义的范围。组件可以以任务的形式存在，并具有内在并发性。线程控制可以通过组件的接口传递给组件本身。这些线程可能源于一个任务或一个硬件中断。

2）组件的行为规范由一组接口来定义。接口或者由组件提供，或者被组件使用。组件提供给用户或其他组件的功能由它所提供的接口来体现，而被组件使用的接口体现该组件为了完成其任务而需要的其他组件所提供的功能。

3）接口具有双向性。接口一方面叙述了一组接口供给者需要实现的函数（即命令），另一方面叙述了一组由接口使用者实现的函数（即事件），这样允许了一个单一的接口能够表达组件之间复杂的交互关系。例如，用户需要对某些感兴趣的事件进行相应操作，而用户不允许阻塞等待该事件的发生。此时可以通过对该事件注册相应操作，并在事件发生时回调这些操作。这一点至关重要，在 TinyOS 中需较长时间运行的命令（如发送数据包命令）是非阻塞的，它们完成后会触发相关事件（如发送完成事件）来通知上层应用。通常，命令的调用是自上而下的，而事件触发则是自下而上的。

4）组件通过接口彼此静态地相连。这种连接方式提高了程序的运行效率，避免在程序运行时由于组件间的连接错误而出错，同时有利于程序的静态分析工作。

下面以图 6-15 来说明上述几个基本概念。可以把 TinyOS 和在其上运行的应用程序看成是一个大的"程序"，该程序由许多功能独立且有相互联系的软件组件（component）构成。一个组件（假定名为 ComA）一般会提供一些接口（interface）。接口可以看作是这个软件组件实现的一组函数的声明。接口既可以是命令和事件，也可以是单独定义的一组命令事件。其他组件通过引用该组件的接口声明，就可以使用组件的函数，从而实现组件间功能的相互调用。值得注意的是，组件的接口是组件间相互联系、通信的通道，如果组件实现的函数没有在它的接口中声明，其他组件就不能调用该函数，体现了组件化编程的思想。在 nesC 语言中，存在两种不同功能的组件：不同组件接口之间的关系是通过称为配件（configuration）的组件文件来描述的；而组件提供的接口中的函数功能在称为模块（module）的组件文件中实现。

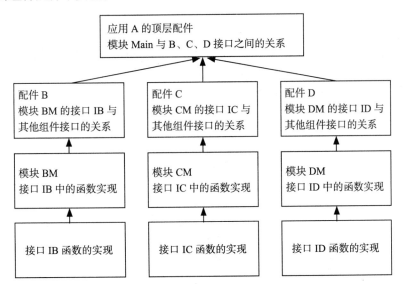

图 6-15　基于 nesC 语言的一般应用程序框架

对于每一个具体的程序而言，通常由顶层配件（top-level configuration）、核心处理模块和其他组件组成。每个应用程序有且仅有一个顶层配件，通常以"应用程序名称＋AppC"命名，例如 BlinkAppC 配件。顶层配件负责说明该应用程序所有使用的组件（包括系统组件和用户自定义组件）以及组件间的接口关系。通过配件中的接口连接，可以把许多功能独立且相互联系的软件组件构建成一个应用程序，而模块负责实现具体的逻辑功能。一般而言，与应用的顶层配件相对应的存在一个模块，称为核心处理模块，通常以"应用

程序名称 +C"命名，例如 BlinkC 模块。如果一个应用程序只需要顶层配件将几个系统组件装配起来就可以实现所需的功能，那么就没有必要自定义其他的处理模块，但应用系统中必有一个核心处理模块存在，如图 6-16 所示。

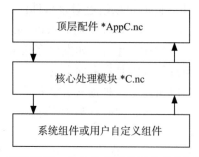

图 6-16　顶层配件、核心处理模块以及其他组件的关系

6.2.2　术语

为了更准确地理解 nesC 语言的内涵，首先需要了解它所定义的一些术语。这些术语将在本书后面频繁出现，读者可以在读到相关术语时参考本节的定义。表 6-3 列出了 nesC 语言中的主要术语及其解释。图 6-17 和图 6-18 给出了各种术语在配件和模块中的具体指代内容。

表 6-3　nesC 语言术语表

术　语	说　明
组件规范（specification of component）	组件定义的接口名称、行为实现和使用范围，组件规范包含一系列规范元素
规范元素（specification element）	是组件规范的组成元素，包含接口实例、命令和事件等。它可由组件提供，也可以被组件使用
范围（extent）	一个规范元素的生命周期。nesC 采用标准 C 语言定义的生命周期：识别符、函数以及块
命令（command） 事件（event）	组件定义的一个函数，是一个规范元素，可位于一个组件接口实例中。当作规范元素使用时，命令和事件有角色（提供者，使用者）并且可以有接口参数。当有接口实例时，要区分没有接口参数的简单命令（事件）和有接口参数的参数化命令（事件）
组件（component）	nesC 程序的基本单元。组件分为两种：模块（module）和配件（configuration）。一个组件包括定义和实现两部分
绑定 / 连接（wiring）	配件定义的组件规范元素之间的联系
模块（module）	具体描述实现逻辑功能的组件
配件（configuration）	具体描述组件间连接关系的组件
终点 / 端点（endpoint）	组件的连接语句中的一个特定规范元素。一个参数化 endpoint 对应一个参数化规范元素
内部的（internal）规范元素	在一个配件 C 中，描述在配件 C 的组件列表中的一个组件的规范元素
外部的（external）规范元素	在一个配件 C 中，描述在配件 C 的定义中的一个规范元素。参见内部的规范元素
扇入（fan-in）命令或事件	描述由组件提供的命令 / 事件，此命令 / 事件可在多个地方被调用 / 触发
扇出（fan-out）命令或事件	描述被组件使用的命令 / 事件，此命令 / 事件被调用时，会进一步调用其他相关组件接口的相关命令 / 事件函数，且结果会通过组合函数进行组合

（续）

术　　语	说　　明
组合函数（combining function）	对扇出命令 / 事件调用的多个结果的组合函数。一个组合函数可以用来组合（进行某种逻辑操作）对这些被使用命令或事件调用的结果
接口（interface）	是一系列有名函数声明的集合。一般使用接口来指向（refer to）一个接口类型或接口实例
接口实例	组件定义中一个特定接口类型的实例。接口实例由实例名、角色（提供者或使用者）和实例类型以及可选的接口参数构成。没有实例参数的接口是一个简单接口实例；有实例参数的接口是一个参数化接口实例
接口参数	接口参数包含一个接口参数名而且必须是整型（integral type）的。参数化接口实例的每个不同的参数值列表都有（概念上）一个不同的简单的接口实例
接口类型	接口类型定义了提供者和使用者组件之间的交互。此接口类型定义有一系列命令和事件的形式。每个接口类型都有不同的名字
接口的双向性	一个接口的提供者（provider）组件实现接口的命令；一个接口的使用者（user）组件实现接口的事件
中间函数	一个代表组件命令和事件行为的伪函数
名字空间（name space）	nesC 有标准 C 语言定义的名字空间。另外，nesC 还针对组件和接口类型，定义了组件和接口（component and interface）类型名字空间
范围（scope）	nesC 有像标准 C 那样的全局、函数参数和块范围。nesC 中的组件规定了规范和实现（specification and implementation）范围，每个接口都有自己的接口类型（pre-interface-type）范围
任务	TinyOS 中的可调度执行实体，类似于操作系统中的线程
被使用者 / 提供者（provider）使用者（user）	组件使用接口的一种描述。接口实例的使用者必须实现接口中的事件。接口实例的提供者必须实现接口中的命令
组件提供的命令	组件通过 provides 关键字提供给其他组件使用的接口命令
组件使用的命令	组件通过 uses 关键字声明其要使用的由其他组件提供的接口命令
组件使用的事件	组件通过 uses 关键字声明的且需要在本组件中实现的事件
编译错误（compile-time error）	nesC 编译器在编译时必须报告的错误

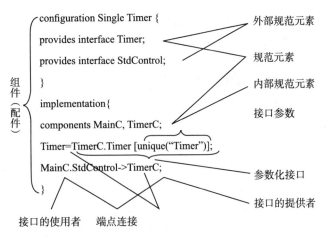

图 6-17　配件中的概念

```
module SingleC{
  provides{                          } 提供给外部组件 / 被
  interface StdControl;              } 外部组件使用的接口
    }
  uses{                              } 本组件中使用的 /
  interface Timer;                   } 被提供的接口
    }
  }
  implementation{
  command error_t StdControl.start(){ } 提供给外部的命令
    …
    }
    …
  event void MilliTimer.fired(){
    …                                } 使用的外部事件
    }
  }
```

组件（模块）

图 6-18　模块中的概念

6.2.3　接口（interface）

nesC 的接口实际上是一系列声明的有名函数集合，是连接不同组件的纽带。接口具有双向性，是提供者组件和使用者组件之间的多功能的交互通道。接口提供者实现了接口的一组功能，称为命令；接口使用者同样需要实现一组功能函数，称为事件。对于一个组件而言，若该组件需要使用某个接口的命令，那么它必须实现这个接口的事件。这样有利于传感器网络复杂应用的设计，例如，当一个组件 ComA 使用了由定时器组件 ComB 提供的定时器接口时，组件 ComA 调用定时器接口里开启定时器的命令，该命令函数的具体内容由组件 ComB 负责编写。同时，ComA 只需要负责编写该定时器接口的相关事件，而不需要阻塞等待定时器的触发。当定时器被触发时，系统会回调组件 ComA 中的事件处理函数，有效提高了系统运行效率，如图 6-19 所示。同时可以看出，一般情况下，命令调用是向下的，即由应用组件调用那些与硬件结合紧密的组件，但是事件调用正好相反。

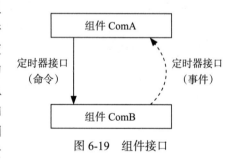

图 6-19　组件接口

接口由 interface 类型定义，interface 语法定义如下：

```
nesC-file:
    includes-listopt interface
      …
interface:
    interface identifier { declaration-list }
    storage-class-specifier: also one of command event async
```

包含列表（includes-listopt）允许接口选择性地包含 C 文件。紧接着是接口类型标识符（interface identifier）的声明。该标识符有全局的作用范围，并且属于分开的命名空间，即组件和接口类型命名空间。所以各个接口和各个组件应该具有不同的名称，以避免名字冲突。接口标识符后面的声明列表（declaration-list）给出了相应接口的定义，声明列表必须由有 command 或 event 存储类（storage class）的功能描述组成，否则会发生编译时错误。可选的 async 关键字表明该命令或事件可以在一个中断处理程序中执行。下面给出了一个简单接口的例子：

```
interface AMSend {
  command error_t send(am_addr_t addr, message_t* msg, uint8_t len);
  command error_t cancel(message_t* msg);
  event void sendDone(message_t* msg, error_t error);
  command uint8_t maxPayloadLength();
  command void* getPayload(message_t* msg, uint8_t len);
}
```

从上面的定义可知，AMSend 接口包括 4 个命令（send、cancel、maxPayloadLength、getPayload）和一个事件（sendDone）。提供接口的模块必须实现接口的命令，而使用接口的模块必须实现事件处理函数。

接口可以带有类型参数，例如下面的 Read 接口：

```
interface Read<val_t>{
    command error_t read();
    event void readDone( error_t result,val_t val );
}
```

接口的类型参数放在一对尖括号里，Read 接口只有一个参数，该参数定义了它所要处理的数据的类型。

如果提供者和使用者的接口都带有类型参数，在连接时，它们的类型必须匹配。例如，不能把接口 Read<uint8_t> 连接到 Read<uint16_t>。编译器在连接时会对参数进行强制类型检查，寻找在命令和事件中不相称的参数。例如，LocalTime 接口带有一个 precision_tag 参数，如下：

```
interface LocalTime< precision_tag >{
    async command uint32_t get();
}
```

参数 precision_tag 虽然没有在接口的函数中出现，但它在连接时被用于类型检查：该参数指明了最小的时间间隔。三种标准的类型是 TMilli、T32kHz 和 TMicro，分别用于毫秒定时器，32 kHz 定时器和微秒定时器，它们定义如下（定义在 tinyos-2.x\tos\lib\time\Time.h）：

```
typedef struct {} TMilli;//1024 ticks per second
typedef struct {} T32kHz;//32768 ticks per second
typedef struct {} TMicro;//1048576 ticks per second
```

这些参数提供了类型检查。例如，一个组件在其形式声明中声明使用该接口，如下：

```
uses interface LocalTime Timer<T32kHz>;
```

那么配件在连接时必须将这个接口连接到提供如下接口的组件：

```
provides interface LocalTime Timer<T32kHz>;
```

若连接到如下接口，将会发生编译错误：

```
provides interface LocalTime Timer<TMicro>;
```

6.2.4 组件〔component〕

任何一个 nesC 应用程序都是由一个或多个组件连接起来的，从而形成一个完整的可执行程序。在 nesC 中有两种类型的组件，分别称为模块（module）和配件（configuration）。模块提供应用程序代码，实现一个或多个接口，是程序的主要逻辑实现部分；配件则是用来将其他组件装配起来的组件，负责将各个组件所使用的接口与其他组件所提供的接口连接（wiring）在一起。每个 nesC 应用程序都由一个顶层配件所描述，其内容就是将该应用程序所用到的所有组件连接起来，形成一个有机整体。

组件的语法定义如下：

```
nesC-file:
    includes-listopt module
    includes-listopt configuration
    ...
    module:
        module identifier specification module-implementation
    configuration:
        configuration identifier specification configuration-implementation
```

组件名由标识符（identifier）定义。该标识符是全局性的，且属于组件和接口类型命名空间。一个组件可以有两种作用域：一个是规范作用域，属于 C 的全局作用域；另一个是实现（implementation）作用域，属于规范作用域。

通过包含列表（includes-list），一个组件可选择性地包括 C 文件。

规范（specification）列出了该组件所提供或使用的规范元素（接口实例、命令或事件）。就如前面所述，一个组件必须实现它提供接口的命令和它使用的接口事件。

一般情况下，命令向下调用硬件组件，而事件向上调用应用组件。组件间的交互只能通过组件的规范元素来沟通。每种规范元素有一个名字（接口实例名、命令名或事件名）。这些名字属于每个组件特有的规范作用域的变量命名空间。

规范（specification）的语法定义如下：

```
specification:
    { uses-provides-list }
uses-provides-list:
    uses-provides
    uses-provides-list uses-provides
uses-provides:
    uses specification-element-list
    provides specification-element-list
specification-element-list:
    specification-element
    { specification-elements }
specification-elements:
    specification-element
    specification-elements specification-element
```

一个组件规范可以有多个 uses 和 provides 指令。多个 uses 和 provides 指令的规范元素可以通过使用"｛"和"｝"符号在一个 uses 或 provides 命令中指定。例如，下面两个定义是等价的：

```
module A1{
    uses interface X;
    uses interface Y;
}…
module A1{
    uses{
        interface X;
        interface Y;
        }
}…
```

组件规范也可以描述一个接口实例：

```
specification-element:
    interface renamed-identifier parameters
        …
renamed-identifier:
    identifier
    identifier as identifier
interface-parameters:
    [ parameter-type-list ]
```

接口实例声明的完整语法是 interface X as Y，Y 被明确定义为接口的名字。interfaceX 是 interface X as X 的一个简写形式。如果接口参数（interface-parameters）被省略，那么 interface X as Y 声明了对应该组件单一接口的一个简单接口实例。如果给出了接口参数，如 interface SendMsg[uint8_t id]，那么这就是一个参数化的接口实例声明。参数化接口相当于一个接口的数组。可以看出，每个接口对应不同的参数值，因为 8 位整数可以表示 256 个值，所以 interface SendMsg[uint8_t id] 中可以声明 256 个 SendMsg 类型的接口。另外规定，参数化接口的参数类型必须是整数，不允许枚举类型。

通过包含一个标准的 C 函数声明（使用 command 或 event 存储类说明（storage-class-specifier）），命令或事件可以直接作为规范元素被包含：

```
specification-element:
    declaration
        …
storage-class-specifier:also one of command event async
```

如果 declaration 不是使用 command 或 event 存储类说明的函数声明就会产生编译时错误。正如接口定义中说明的那样，async 指出这个命令或事件可以在中断处理程序中执行。作为接口实例，如果没有指定接口参数，命令或事件就只能是简单的命令或简单的事件；如果指定了接口参数，则表示参数化命令或参数化事件。在这种情况下，接口参数放在普通函数参数列表之前，例如：

```
command void send[uint8_t id] (int x):
    direct-declarator:also
        direct-declarator interface-parameters ( parameter-type-list )
            …
```

只有在组件定义中的命令或事件才允许接口定义参数，而在接口类型里面不允许接口参数。下面是一个完整规范的示例：

```
configuration GenericComm{
    provides{
        interface StdControl as Control;
        interface SendVarLenPacket;
        // 该接口以当前消息序号作参数
        interface SendMsg[uint8_t id];
        interface ReceiveMsg[uint8_t id];
        }
    uses{
    event result_t sendDone();    // 发送完成之后为组件作标记
        }
}
```

在这个例子中，配件 GenericComm 提供 StdControl 类型的简单的接口实例 Control；提供 SendVarLenPacket 类型的简单接口实例 SendVarLenPacket；提供 SendMsg 和 ReceiveMsg 类型的参数化接口实例，参数实例分别称为 SendMsg 和 ReceiveMsg。使用了 sendDone 事件。

在组件 K 的规范中提供的命令（或事件）F 称为 K 所提供的命令（或事件）F；同样，组件 K 的规范中使用的命令（或事件）F 称为 K 所使用的命令（或事件）F。

组件 K 提供的接口实例 X 中的命令 F 称为 K 所提供的命令 X.F；组件 K 使用的接口实例 X 中的命令 F 称为 K 所使用的命令 X.F；组件 K 提供的接口实例 X 中的事件 F 称为 K 所使用的事件 X.F；组件 K 使用的接口实例 X 中的事件 F 称为 K 所使用的事件 X.F（注意，由接口的双向性所引起的提供事件和使用事件的双向性）。

当不区分使用和提供时，常常只需要简单地使用"K 的命令 a 或 K 的事件 a"。"K 的命令 a 或 K 的事件 a"可能是参数化的，也可能是简单形式的，这取决于其对应的规范元素的参数化或简单状态。

通用组件和类型化接口是 nesC1.2 的新特性[7]。一般来说，组件是单一实例的，这就是说，组件的名字是全局命名空间一个单独的实体。一个组件只可以被实例化一次。当两个不同的组件引用 MainC 时，它们都将会引用同样的代码段和状态。但通用组件不是单一实例的，它在配件内能被实例化。

通用组件与非通用组件原型定义的最大差别有两点[8]：

1）在关键字 component（表示 module 或 configuration）之前有一个 generic 关键字，它表示该组件是通用组件。

2）通用组件在组件名字后必须带有参数列表，从这方面来看类似于函数的定义，若该通用组件不需要参数，那么该参数列表为空。

下面是毫秒定时器通用组件 TimerMilliC 的定义：

```
generic configuration TimerMilliC(){
    provides interface Timer<TMilli>;
}
implementation{
    components TimerMilliP;
    Timer=TimerMilliP.TimerMilli[ unique ( UQ_TIMER_MILLI ) ];
}
```

这个组件不带有任何参数，所以它的组件参数列表为空。目前通用组件支持如下 3 种类型的参数：

1）类型（types）：这些参数可以作为类型化接口的参数，声明时使用 typedef。

2）数值常数（numeric constant）。

3）字符串常数（constant string）。

在使用通用组件时需要在配件中使用关键字 new 实例化一个通用组件，这个实例是配件所私有的。我们每次使用一次 new 便会创建一个实例。在使用关键字 new 实例化通用组件的时候，它使用了代码复制的方式，例如，下面的例子：

```
configuration ExampleVectorC {}
implementation{
    components new BitVectorC( 10 );
}
```

创建了一个大小为 10 的 BitVectorC 组件。同时也实现了对 BitVectorC 的代码的复制，这里每个实例的参数 max_bits 都被常数 10 所替换。

一个通用组件对于初始化它的配件来说是私有的，没有其他的配件能命名它。代码复制既可以被应用到配件，也可以被应用到模块。下面两个小节中我们将分别对通用模块和通用配件作介绍。

6.2.5 模块（module）

nesC 有两种组件：配件（configuration）和模块（module）。配件用于将组件连接在一起从而形成一个新的组件，模块提供了接口代码的实现并且分配组件内部状态，是组件内部行为的具体实现。

模块使用 C 语言实现组件规范，定义如下：

```
module-implementation:
    implementation { translation-unit }
```

（1）模块实现

在 implementation 之后是模块的实现部分。Translation-unit 必须实现模块提供接口声明的全部命令和模块使用接口声明的所有事件。

下面的 C 语言语法定义了这些命令和事件的实现：

```
storage-class-specifier: also one of
    command event async
declaration-specifiers: also
    default declaration-specifiers
direct-declarator: also
    identifier . identifier
direct-declarator interface-parameters ( parameter-type-list )
```

简单命令 a 或事件 a 的实现需要满足具有 command 或 event 存储类的 C 语言函数定义的语法。另外，如果在命令 a 或事件 a 的声明中包含了 async 关键字，那么在实现中必须包含 async。例如，下面是在模块中接口 AMSend 的 send 命令实现的示例：

```
command error_t AMSend.send(am_addr_t addr, message_t* msg, uint8_t len){
    ...
    return SUCCESS;
}
```

具有接口参数 P 的参数命令 a 或事件 a，需要满足具有 command 或 event 存储类的 C 语言函数定义的语法，这时函数的普通参数列表要以 P 作为前缀，并带上方括号（与组件规范中声明参数化命令或事件具有相同的语法）。这些接口参数声明 P 属于 a 的函数参数作用域，而且与普通的函数参数具有相同的作用域。例如，下面是一个 AMSend 接口的 Send[am_id_t id] 命令的示例：

```
command error_t AMSend.send[am_id_t id](am_addr_t addr, message_t* msg, uint8_t
len){
    …
    return SUCCESS;
}
```

（2）调用命令（calling command）或触发事件（signaling event）

下面的 C 语法扩展定义了命令调用和事件触发：

```
postfix-expression:
    postfix-expression [ argument-expression-list ]
    call-kindopt primary ( argument-expression-listopt )
    …
    call-kind:one of call signal post
```

可以使用 call a(...) 调用一个简单的命令 a，使用 signal a(...) 来触发一个简单的事件 a。例如，在模块中调用接口 AMSend 的命令 send：

```
call AMSend.send[0](addr, &msg, len);
```

具有 n 个 T1，…，Tn 类型的接口参数的参数化命令 a（或事件 a）可以使用 call a[e1，…，en](...) 来调用（相应的，可以使用 signal a[e1,…，en](...) 来触发事件）。接口参数表达式 ei 必须匹配类型 Ti；实际的接口参数值是映射到 Ti。例如，在模块中使用 AMSend[am_id_t id] 参数化接口的 send 命令：

```
int x = …;
call AMSend.send[x+1]( addr, &msg, len);
```

调用命令和触发事件后，它们的执行是立即完成的，即 call 和 signal 与函数调用是相似的。被 call 和 signal 表达式实际执行的命令或事件取决于程序配件（configuration）中的连接（wiring）声明。这些 wiring 语句可能指定 0 个、1 个或更多的实现将被运行。当超过 1 个实现被执行时，称此模块的命令或事件有"扇出"（fan-out）特性。

接下来通过下例的传感器数据采集程序来说明命令的调用与事件的触发。

```
module SenseC
{
  uses{
    interface Boot;
    interface Leds;
    interface Timer<TMilli>;
    interface Read<uint16_t>;
  }
}
implementation
{
  #define SAMPLING_FREQUENCY 100
```

```
event void Boot.booted(){
    call Timer.startPeriodic(SAMPLE_FREQUENCY);
}
event void Timer.fired()
{
  call Read.read();
}

event void Read.readDone(error_t result,uint16_t data)
{
    if(result == SUCCESS){
        if(data & 0x0004)
            call Leds.led2On();
        else
            call Leds.led2Off();
        if(data & 0x0002)
            call Leds.led1On();
        else
            call Leds.led1Off();
        if(data & 0x0001)
            call Leds.led0On();
        else
            call Leds.led0Off();
    }
  }
    }
```

该程序周期地读取采集到的数据并根据数据决定点亮哪一个 Led 灯。调用 Timer.
startPeriodic(SAMPLING_FREQUENCY) 将启动定时器，在定时器触发事件 Timer.fired()
中调用命令 Read.read() 并且返回，随后的某个时刻（这段时间依赖于读操作的延时时间），
数据源的程序将通知一个 Read.readDone 事件，并将读取得到的数据作为参数传递。在
Read.readDone 事件中根据读到的数据决定点亮哪一个 Led 灯。

（3）任务

任务是一个延迟执行的过程调用。一个模块可以抛出（post）一个任务给 TinyOS 调度
器。在随后的某一时刻，调度器将会执行这个任务。因为任务不是立即被调用的，所以它
没有返回值。我们知道 nesC 组件使用的是一个纯局部的命名空间，所以任务必在某个组
件的命名作用域内。任务无须带任何参数，只需把任务所需的参数存储在组件中就可以了。
任务其实就是一个无参数也无返回值的函数，但是这个函数前面必须用 task 关键字声明。
post 将任务挂入任务队列中，并立即返回。任务成功提交后，post 返回 1，否则返回 0。

任务的原型如下：

```
task void Taskname();
```

组件使用 post 关键字来抛出一个任务给调度器，如下：

```
post readDoneTask();
```

例如，在上面的传感器数据采集程序中，我们定义一个任务：

```
task void readDoneTask(){
    if(result == SUCCESS){
        if(data & 0x0004)
```

```
                call Leds.led2On();
            else
                call Leds.led2Off();
            ...
        }
    }
```

在 ReadDone 事件中，代码改为如下：

```
event void Read.readDone(error_t result, uint16_t data)
{
    post readDoneTask();
}
```

在 Read.readDone 事件中抛出任务 readDoneTask 后立即返回。在随后的某一时刻，TinyOS 运行该任务。任务的执行是原子的，编程者不用担心任务之间会互相干扰和损坏彼此的数据。但是，这也就要求任务必须相当短小，否则会长时间阻塞其他任务的执行。如果一个组件有一个非常长的计算要做，它应该要把这个计算分成多个任务。通常，如果一个组件需要多次运行一个任务，它应该使得该任务重新 post 它本身。

（4）原子语句

nesC 通过使用原子语句（atomic statements）的方式实现了对临界数据的保护。由于在 TinyOS 中，任务和硬件事件处理程序可能会被其他异步代码所抢占，导致在特定竞争条件下的数据不一致性，因此原子语句是十分有必要的。

原子语句的语法如下：

```
atomic-stmt:
    atomic statement
```

例如：

```
command bool increment(){
    atomic{
    a++;
    b=a+1;
  }
}
```

这个原子的（atomic）代码块保证了这些变量可以被原子写和读。注意，这里并没有保证这个原子的代码块不能被抢占。即使使用了原子代码块，两个不涉及任何相同变量的代码段还是可能互相抢占的。例如下面的命令 a 和命令 c。

```
async command bool a(){
    atomic{
        a++;
        b=a+1;
    }
}

async command bool c(){
    atomic{
        c++;
```

```
        d=c+1;
    }
}
```

在这个例子中，c 可以抢占 a 而且还不违反原子性。但是 a 不能抢占它本身，c 也不能抢占本身。

nesC 除了提供了原子块外，还可以检查变量是否能被合理地保护，在变量不能被合理地保护的情况下会发出警告。例如，变量 b 和 c 没有像上个例子中那样被原子代码块保护，那么 nesC 会产生一个警告，因为这可能存在自我抢占。确定什么时候一个变量需要使用原子保护是比较简单的：如果变量被异步函数访问，那么它必须被保护。

当使用多个原子代码块来消除数据竞争时应该小心。因为，一方面，每一个原子操作都有额外的 CPU 耗费；另一方面，比较短的原子代码块对中断的延迟小，能够改善系统的并发性能。所以一个原子块要运行多长时间是个很棘手的问题，特别是组件还必须调用另一个组件的时候。

（5）通用模块

通用模块有 3 种参数，如果参数是一个类型，那么必须用 typedef 关键字声明，例如通用模块 VirtualizeTimerC（定义在 tinyos-2.x\tos\lib\timer），定义如下：

```
generic module VirtualizeTimerC(typedef precision_tag, int max_timers)
{
    provides interface Timer<precision_tag> as Timer[uint8_t num];
    uses interface Timer<precision_tag> as TimerFrom;
}
implementation
{…}
```

通用模块 VirtualizeTimerC 带有两个参数。第一个参数是定时器精度参数，因为该参数是一个类型，所以使用 typedef 关键字声明，该参数作为参数化接口的参数，而且这个参数也提供了额外的用于检查接口类型的功能；第二个参数表示用户使用（实例化）的最大定时器个数。

下面的组件 HilTimerMilliC 使用了通用模块 VirtualizeTimerC，如下：

```
configuration HilTimerMilliC
{
    provides interface Init;
    provides interface Timer<TMilli> as TimerMilli[uint8_t num];
}
implementation
{
    components new AlarmMilli32C();
    components new AlarmToTimerC(TMilli);
    components new VirtualizeTimerC(Tmilli, uniqueCount(UQ_TIMER_MILLI));
    Init=AlarmMilli32C;
    TimerMilli=VirtualizeTimerC;
    VirtualizeTimerC.TimerFrom -> AlarmToTimerC;
    AlarmToTimerC.Alarm -> AlarmMilli32C;
}
```

在配件 HilTimerMilliC 中，使用 new 关键字生成了通用模块 VirtualizeTimerC 的一个实例。这里的参数 TMilli 表示需要生成一个毫秒定时器，参数 unique(UQ_TIMER_

MILLI) 表示需要生成的定时器的总个数。而且因为 VirtualizeTimerC 是一个模块，所以实例化它就需要为它分配必要的状态，同时会复制通用模块的代码从而生成一个新的模块实例。总之，在上面这个例子中生成了一个 VirtualizeTimerC 代码的副本，并且分配了 uniqueCount(UQ_TIMER_MILLI) 个毫秒精度的定时器。

6.2.6　配件（configuration）

组件之间是完全独立的，只有通过连接才能绑定到一起。配件就是用于实现不同组件的接口之间的连接的组件，它把多个组件连接在一起从而形成一个新的组件，而且它也可以导出接口（另一种形式的连接）。配件的语法定义如下：

```
configuration:
    configuration identifier specification configuration-implementation
configuration-implementation:
    implementation { component-list connection-list }
```

component-list 中列出用来构成配件的组件，connection-list 指出这些组件如何相连接以及如何与配件规范连接在一起。这里把配件规范中的规范元素称为外部（external）规范元素，而把在配件的组件中的规范元素称为内部（internal）规范元素。

配件在语法方面是比较简单的。它使用了 3 个操作 ->、<- 和 =。前面两个是最基本的连接操作，箭头从使用者指向提供者。例如，下面两行是等同的：

```
Sched.McuSleep -> Sleep;
Sleep <- Sched.McuSleep;
```

一个直接的连接总是从使用者指向提供者，箭头的方向决定了调用关系，下面以模块 BlinkTaskC 的部分代码为例说明：

```
module BlinkTaskC
{
    uses interface Timer<TMilli>as Timer0;
    uses interface Leds;
    uses interface Boot;
}
implementation
{

    task void toggle()
    {
        call Leds.led0Toggle();
    }
    ...
    event void Timer0.fired()
    {
        post toggle();
    }
}
```

Leds 组件提供了 Leds 接口：

```
configuration LedsC{
    provides interface Init @atleastonce();
    provides interface Leds;
}
```

在 BlinkTaskC 的任务 toggle 中调用 Leds.led0Toggle 函数。LedsC 提供了函数 Leds. led0Toggle()，在配件 BlinkTaskAppC 中将前者连接到后者：

```
configuration BlinkTaskAppC { }
implementation
{
    components MainC,BlinkTaskC,LedsC;
    components new TimerMilliC as Timer0;
    BlinkTaskC -> MainC.Boot;
    BlinkTaskC.Timer0 -> Timer0;
    BlinkTaskC.Leds -> LedsC;
}
```

这就是说，当 BlinkC 调用 BlinkC.Leds.led0Toggle 时，它实际上调用的是 LedsC.Leds. led0Toggle。配件 BlinkAppC 提供了两个不同组件的全局独立局部命名空间之间的映射。操作符 -> 实现了同一个配件所命名的两个组件间的映射（连接），并且总是从使用者指向提供者。

从使用组件的角度看，组件是模块还是配件是没有大太关系的。和模块一样，配件可以提供和使用接口。但是由于配件没有代码实现，所有这些接口的实现必须依赖其他的组件。

（1）导通连接（pass through wiring）

导通连接是一个配件将两个组件连接在一起，并且必须使用" ="操作符把使用者连接到提供者。" ->"操作符用于在同一个配件所使用的两个组件的接口之间实现映射（连接），而操作符 "="用于在配件自己的接口和配件所命名的组件的接口间实现映射（连接），它将配件内组件的接口导出到配件的命名空间。例如，在 TinyOS 通信部分定义的通用配件 AMReceiverC（定义在 tinyos-2.x\tos\system）：

```
generic configuration AMReceiverC(am_id_t amId){
    provides{
        interface Receive;
        interface Packet;
        interface AMPacket;
    }
}

implementation{
    components ActiveMessageC;
    Receive=ActiveMessageC.Receive[amId];
    Packet=ActiveMessageC;
    AMPacket=ActiveMessageC;
}
```

上面的配件定义中的关键字 generic 表示该配件是一个通用配件，关于通用配件的概念在下面的部分讲解。从上面配件 AMReceiverC 的定义中我们可以看到，该配件只是使用 " ="操作符导出了组件 ActiveMessageC 的三个接口，没有做其他的工作。导通连接通常用于对组件进行重新的"封装"以实现更高层的抽象。

（2）扇入和扇出

上面我们看到的接口之间的连接都是 one-to-one 的关系。其实，接口之间还可以是 n-to-k 的关系，这里 n 是使用者数，k 是提供者数。例如，在 TinyOS 通信部分定义的

AMSnoopingReceiverC 通用组件（定义在 tinyos-2.x\tos\system）：

```
generic configuration AMSnoopingReceiverC(am_id_t AMId){
    provides{
        interface Receive;
        interface Packet;
        interface AMPacket;
    }
}

implementation{
    components ActiveMessageImpl;
    Receive= ActiveMessageImpl.Snoop[AMId];
    Receive= ActiveMessageImpl.Receive[AMId];
    Packet= ActiveMessageImpl;
    AMPacket= ActiveMessageImpl;
}
```

上例中 AMSnoopingReceiverC.Receive 既被映射到 ActiveMessageImpl.Snoop[AMId]，又被映射到 ActiveMessageImpl.Receive[AMId]。这意味着当一个底层组件调用 AMSnooping-ReceiverC.Receive.getPayload() 命令时，它既调用了 ActiveMessageImpl.Snoop[AMId].get-Payload() 命令，又调用了 ActiveMessageImpl.Receive[AMId].getPayload() 命令，并且这两个命令被调用的顺序是不确定的。在这个例子中，当调用一次 AMSnoopingReceiverC.Receive.getPayload() 时，有两个命令会被调用，即它扇出了两个被调用者，这就是扇出的意义。在上面的例子中，由于 nesC 接口是双向的，所以当事件 ActiveMessageImpl.Snoop[AMId].receive 和事件 ActiveMessageImpl.Receive[AMId].receive 中的任何一个被底层通信组件 signal 了，那么 AMSnoopingReceiverC.Receive.receive 便被 signal 了。

扇入用来描述多个人调用同一个函数。例如，有两个组件 A 和 B 都需要使用随机数，此时接口与接口之间是一个 n-to-k 的关系，任何提供者的 signal 将会引起 n 个使用者的事件处理函数，并且任何使用者调用一个命令将会调用 k 个提供者的命令。

（3）参数化连接（parameterized wiring）

根据功能需要，组件有时需要提供同一组件的多个不同实例。例如，主动消息通信组件 ActiveMessageC，这个组件有时需要提供多个 AMSend 接口和 Receive 接口实例，以满足不同的通信协议的要求（如一个接口专用于发送节点采集到的数据，另一个接口专用于发送路由消息），为了满足这种功能需求，可以使用如下的方式：

```
configuration ActiveMessageC{
    provides{
        interface SplitControl;
        interface AMSend as AMSend1;
        interface AMSend as AMSend2;
        interface AMSend as AMSend3;
        interface Receive as Receive1;
        interface Receive as Receive2;
        interface Receive as Receive3;
        ...
    }
}
```

上面的方法虽然能够实现所需的功能，但也有缺点：如果需要提供的接口比较多，则会产生冗余代码，浪费了程序空间，而且还需要给每一个接口起一个别名，这也增加了程序员的负担。所以 nesC 还提供了一种更好的方式：使用参数化的接口。下面是使用参数化接口定义的 ActiveMessageC：

```
configuration ActiveMessageC{
    provides{
        interface SplitControl;
        interface AMSend [uint8_t id];
        interface Receive [uint8_t id];
        …
    }
}
```

参数化接口本质上是一个接口数组，数组的索引就是参数。例如，上例中的 AMSend、Receive 都是使用参数化接口定义的，它们的参数是消息的 AM 类型（协议标志符）。假如应用程序想使用 AMSend 和 Receive 来发送和接收数据，那么它可以使用如下格式的配件：

```
configuration MyAppC{ }
implementation{
    components MainC,MyApp,ActiveMessageC;
    MainC.SoftwareInit -> ActiveMessageC;
    MyApp.AMSend -> ActiveMessageC.AMSend[100];
    MyApp.Receive -> ActiveMessageC.Receive[100];
    …
}
```

这里的接口参数 100 可以由用户自己指定，原则是参数不能重复。为了减轻程序员的负担，使程序员不用担心是否对同一个接口指定了同一参数，nesC 还提供了一个 unique 函数。在上面的例子中，当 MyApp 调用 AMSend.send 时，它实际调用的就是 ActiveMessageC.AMSend[100]，所以数据包的 ID 号就是协议的 ID 号 100。同样，MyApp 也只接收协议 ID 号是 100 的数据包。

当 nesC 编译一个程序时，它将把所有对 unique() 调用变换成整数标志符。Unique 函数需要一个字符串关键字作为参数。例如，在 TinyOS 通信部分定义的配件 AMSenderC 将 AMQueueEntryP 的 Send 接口连接到了 AMQueueP，如下：

```
generic configuration AMSenderC(am_id_t AMId){
    provides{
        …
    }
}
implementation{
    components new AMQueueEntryP(AMId) as AMQueueEntryP;
    components AMQueueP,ActiveMessageC;
    AMQueueEntryP.Send -> AMQueueP.Send[ unique(UQ_AMQUEUE_SEND) ];
    …
}
```

这里的 UQ_AMQUEUE_SEND 是用来标识发送接口的字符串关键字，它定义在 tinyos2.x\tos\types\AM.h 中，如下：#define UQ_AMQUEUE_SEND "amqueue.send"。

对同一个接口调用 unique 函数就可以获得不同的接口实例。如果同一个接口对 unique

有 n 个调用，那么 unique 返回值的范围是 $0 \sim (n\text{-}1)$。

（4）通用配件

通用模块是可执行代码的可重用部分，而通用配件是可重用的用于构成高层次抽象的关系集。所以通用配件构成了更高层次的虚拟化和抽象。使用通用配件与使用通用模块的方法是一样的，下面我们再看一个简单的通用配件 AMSenderC，这个配件在 TinyOS 通信部分定义，如下：

```
generic configuration AMSenderC(am_id_t AMId){
    provides{
        interface AMSend;
        interface Packet;
        interface AMPacket;
        interface PacketAcknowledgements as Acks;
    }
}
implementation{
    components new AMQueueEntryP(AMId) as AMQueueEntryP;
    components AMQueueP,ActiveMessageC;
    AMQueueEntryP.Send -> AMQueueP.Send[ unique(UQ_AMQUEUE_SEND) ];
    AMQueueEntryP.AMPacket -> ActiveMessageC;
    AMSend=AMQueueEntryP;
    Packet=ActiveMessageC;
    AMPacket=ActiveMessageC;
    Acks=ActiveMessageC;
}
```

这个通用配件带有一个参数 AMId，该参数指明了消息（协议）ID，不同的消息必须有不同的 ID，具有某一 ID 的 AMSenderC 只能发送具有相同 ID 的消息。例如，应用程序配件 RadioSenseToLedsAppC（定义在 tinyos-2.x\apps\RadioSenseToLeds）的定义如下：

```
configuration RadioSenseToLedsAppC{}
implementation{
    components MainC,RadioSenseToLedsC as App,LedsC,new DemoSensorC();
    components ActiveMessageC;
    components new AMSenderC(AM_RADIO_SENSE_MSG);
    components new AMReceiverC(AM_RADIO_SENSE_MSG);
    components new TimerMilliC();
    App.Boot -> MainC.Boot;
    App.Receive -> AMReceiverC;
    App.AMSend -> AMSenderC;
    App.RadioControl -> ActiveMessageC;
    App.Leds -> LedsC;
    App.MilliTimer -> TimerMilliC;
    App.Packet -> AMSenderC;
    App.Read -> DemoSensorC;
}
```

这个应用程序周期地采集传感器数据，并将采集得到的数据通过无线电发送出去。其他的节点接收到这个数据包后，会通过 Led 显示它所接收到的数据包中传感器数据的低三位。在这个配件中，通用配件 AMSenderC 参数是 AM_RADIO_SENSE_MSG，它是一个消息 ID。

6.2.7 应用程序样例

Blink 应用程序是学习 nesC 编程的经典范例程序，其源码位于 tinyos-2.x\apps\Blink 目录中。Blink 应用程序的运行效果是，分别按 0.25 s、0.5 s、1 s 的间隔点亮或关闭节点上的 LED0、LED1、LED2 发光二极管。相当于该应用程序利用节点的 3 个 LED 灯显示一个 3 位二进制计数器，每两秒钟，3 个 LED 显示从 0 ～ 7 的计数。

在 apps\Blink 目录下，可以看到两个 ".nc" 为后缀的文件，这是 Blink 应用程序的主要实现文件。Blink 应用程序由两个组件构成：配件 BlinkAppC.nc 和模块 BlinkC.nc，每个 .nc 文件实现了一个组件。所有的应用程序都需要一个顶层配件，也是 nesC 编译器生成可执行文件的本源。BlinkC.nc 模块提供了 Blink 应用程序的具体实现。显然，BlinkAppC.nc 配件只是用来连接 BlinkC.nc 模块和其他所需组件的，例如定时器组件、LED 组件等。

之所以提出模块与配件两个不同的概念，是为了让系统设计者在构建应用程序的时候可以脱离现有的逻辑实现。比如说，一个设计者仅仅负责编写配件部分，只需把一个或多个组件简单地连接在一起，而不涉及其中某个组件的具体逻辑实现。同样，另一些开发者只负责提供组件库，这些组件可以在多个应用程序中被使用到。

虽然 TinyOS 系统允许给应用程序的模块和配件取任意名字，但为了使项目工程更加简单清楚，建议在编写代码的时候采用如表 6-4 所示的约定。

表 6-4 文件命名规范

文件名	文件类型
Foo.nc	接口
Foo.h	头文件
FooC.nc	公共模块
FooP.nc	私有模块

（1）BlinkAppC 配件

当 nesC 的编译器得到含有顶层配件的应用程序时，就会编译这个 nesC 程序。典型的 TinyOS 应用必须带有一个标准的 makefile 文件，该文件允许选择编译平台，并声明哪个组件是顶层配件，然后由编译器采用合适的编译选项对顶层配件进行编译。

Blink 应用程序的 BlinkAppC 配件如下所示：

```
configuration BlinkAppC
{
}
implementation
{
  components MainC, BlinkC, LedsC;
  components new TimerMilliC() as Timer0;
  components new TimerMilliC() as Timer1;
  components new TimerMilliC() as Timer2;
  BlinkC -> MainC.Boot;
  BlinkC.Timer0 -> Timer0;
  BlinkC.Timer1 -> Timer1;
  BlinkC.Timer2 -> Timer2;
  BlinkC.Leds -> LedsC;
}
```

关键字 configuration 声明 BlinkAppC 组件是一个配件。在紧跟后面的花括号里使用 uses 和 provides 从句，指明当前组件使用或提供的接口。必须牢记：模块和配件都可以使用和提供接口。但是，BlinkAppC 是顶层配件，它在应用程序里处于顶层的地位，所以，无须提供接口给其他组件。然而，不是所有的配件都是顶层配件，故有些配件会提供接口给上层组件。

配件的实际实现内容由关键字 implementation 标明，后面紧跟一对花括号。关键字 components 指出了当前配件将要装配的一些组件。在这个例子程序中，有 MainC 组件、BlinkC 组件以及 LedsC 组件，还有 TimerMilliC 组件（这是一个通用组件，在声明时需要通过关键字 new 来实例化）的 3 个实例组件 timer0、timer1 和 timer2。为了避免同名，这里使用了关键字 as 来设定 3 个实例组件的别名。

记住，BlinkAppC 配件和 BlinkC 模块的分工是不一样的。更确切地说，BlinkAppC 组件是由 BlinkC 组件连同 MainC 组件、LedsC 组件以及 TimerMilliC 组件一起构成的。

BlinkAppC 配件中剩余的部分就是这些组件接口之间的绑定工作，从接口的使用者绑定（连接）到其提供者。最后 5 行把 BlinkC 组件使用到的接口绑定到提供这些接口的组件，MainC 组件提供了 Boot 接口，TimerMilliC 组件提供了 Timer 接口，LedsC 组件提供了 Leds 接口。

（2）BlinkC 模块

BlinkC.nc 模块的主要内容：

```
module BlinkC()
{
  uses interface Timer<TMilli> as Timer0;
  uses interface Timer<TMilli> as Timer1;
  uses interface Timer<TMilli> as Timer2;
  uses interface Leds;
  uses interface Boot;
}
implementation
{
  ...
}
```

关键字 module 说明这是一个名为 BlinkC 的模块，并在紧跟其后的一对花括号内的规范说明中声明了该组件提供和使用的接口。BlinkC 模块使用了 3 个 Timer<TMilli> 接口的实例，并通过关键字 as 另命名为 timer0、timer1 和 timer2。当一个组件使用或者提供同一个接口的多个不同实例时，取别名是非常必要的。<TMilli> 指明该定时器通用组件提供的定时精度为毫秒级。最后，BlinkC 模块还使用了 Leds 接口和 Boot 接口。这意味着，BlinkC 模块可以调用这些接口的任何命令，但在调用的同时，必须实现这些接口命令相应的事件。例如，定时器的开启命令，必须实现定时器的触发事件。当然，有些命令可能没有对应的触发事件，比如 Leds 接口的命令。

现在，回过头来看 BlinkAppC 配件。

BlinkC.Timerx -> Timerx（x=0，1，2）把 BlinkC 模块使用到的 3 个 Timer<TMilli> 接口绑定到 TimerMilliC 组件提供的 3 个 Timer<TMilli> 接口。

BlinkC.Leds -> LedsC 把 BlinkC 组件使用到的 Leds 接口绑定到 LedsC 组件提供的 Leds 接口。

当组件只含有一个接口时，可以省略掉接口的名称。例如，在 BlinkAppC 配件里，BlinkC.Leds -> LedsC，这里就省略了 LedsC 组件的唯一接口名 Leds，其等同于：BlinkC. Leds -> LedsC.Leds。又因为 BlinkC 组件中仅含有一个 Leds 接口，所以也等同于：BlinkC -> LedsC.Leds。同样，TimerMilliC 组件只提供了单一的 Timer<TMilli> 接口，所以也可以省略，具体写法如下：

```
BlinkC.Timer0 -> Timer0;
BlinkC.Timer1 -> Timer1;
BlinkC.Timer2 -> Timer2;
```

　　然而，BlinkC 组件有 3 个 Timer<TMilli> 接口实例，如果左边的使用者省略掉接口名字，就会出现编译错误，因为编译器不知道应该编译哪一个接口实例。

　　如果一个组件使用了一个接口，它可以调用该接口的命令，但必须实现其相应的事件。以 Blink 应用为例，BlinkC 组件使用到 Boot、Leds 和 Timer 接口，这些接口的定义如下：

```
interface Boot{
    event void booted();
}

interface Leds{
    async command void Led0On();
    async command void Led0Off();
    async command void Led0Toggle();
    ...
    async command uint8_t get();
    async command void set(uint8_t val);
}
interface Timer{
    command void startPeriodic(uint32_t dt);
    command void startOneShot(uint32_t dt);
    command void stop();
    event void fired();
    ...

}
```

　　由 Boot、Leds 和 Timer 接口的定义可得知，在 BlinkC 组件使用这些接口命令的同时，必须实现其事件处理函数 Boot.booted、Timer.fired。由于 Leds 接口没有定义任何事件，BlinkC 组件没有必要因为调用 Leds 接口的命令而去实现什么事件。下面是 BlinkC 组件中对 Boot.booted 事件的实现：

```
call Timer0.startPeriodic( 250 );
call Timer1.startPeriodic( 500 );
call Timer2.startPeriodic( 1000 );
```

　　Blink 应用程序使用到 3 个 TimerMilliC 组件的实例，并将它们的定时器接口分别绑定到 Timer0、Timer1 和 Timer2 接口。于是，这个 Boot.booted 事件处理函数启动了以上 3 个定时器实例。startPeriodic(n) 命令中的参数指明定时器周期为 *n* 毫秒，即定时器经过 *n* 毫秒后触发事件。定时器通过 startPeriodic 命令启动，在触发 fired 事件后会自动复位，并开始重新计数。于是，fired 事件每 *n* 毫秒循环被触发。

　　接口命令的调用需要关键字 call 修饰，接口事件的触发则需要关键字 signal。BlinkC 组件没有提供任何的接口，也就没有提供接口命令供其他组件使用，所以它的代码里就没有任何 signal 表述语句来触发事件。相反，以 AlarmToTimerC 组件（位于 tinyos-2.x\tos\lib\timer 目录）为例，它提供了 Timer 接口，由 Timer.startPeriodic 命令具体实现，因此也就有 "signal Timer.fired" 语句来触发相应事件。但是，事件函数的具体逻辑实功能由接口的使用者来完成。例如，BlinkC 组件使用定时器接口，就要负责实现 Timer.fired 事件函数。

下面是 BlinkC 组件中 Timer.fired 事件的实现代码：

```
event void Timer0.fired()
{
  call Leds.led0Toggle();
}

event void Timer1.fired()
{
  call Leds.led1Toggle();
}

event void Timer2.fired()
{
  call Leds.led2Toggle();
}
```

由于 Blink 组件有 3 个定时器接口，相应地，须实现 3 个定时器 fired 事件。当实现或者调用一个接口的函数时，函数的命名通常是"interface.function"形式。这里，3 个定时器接口实例被重命名为 Timer0、Timer1 和 Timer2，故须实现 Timer0.fired 事件函数、Timer1.fired 事件函数和 Timer2.fired 事件函数。另外，从上述代码可以看出，事件函数要关键字 event 修饰。类似地，命令函数需要关键字 command 修饰。

综上所述，定时器组件提供定时器接口，实现定时器开启命令的具体内容，并能触发定时器事件；而 BlinkC 组件使用定时器接口，调用定时器的开启命令，因而需要实现定时器事件的具体内容。

6.3 TinyOS 操作系统

TinyOS 是一个典型的无线传感器网络操作系统，能够很好地满足无线传感器网络操作的要求。TinyOS 是由加州大学伯克利分校开发出来的一个开源的嵌入式操作系统。它采用一种基于组件（component-based）的开发方式，能够快速实现各种应用 [9]。TinyOS 的程序核心往往都很小（一般来说，核心代码和数据大概在 400 B），这样能够突破传感器节点存储资源少的限制，让 TinyOS 有效运行在无线传感器网络上。它还提供一系列可重用的组件，可以简单方便地编写程序，用来获取和处理传感器的数据并通过无线电来传输信息。一个应用程序可以使用这些组件，方法是通过连接配件（configuration）将各种组件连接（wiring）起来，以完成它所需要的功能。系统采用事件驱动的工作模式——采用事件触发去唤醒传感器工作 [10]。

TinyOS 操作系统、库程序和应用服务程序均是用 nesC 语言编写的，TinyOS 的很多特性，如并发模型、组件结构等都是由 nesC 语言体现的。nesC 是一种开发组件式结构程序的语言，采用 C 语法风格的语言，其语法是对标准 C 语法的扩展。nesC 支持 TinyOS 的并发模型，也使得组织、命名和连接组件成为健壮的嵌入式网络系统的机制。

目前，TinyOS 官方网站所提供的最高版本是 TinyOS 2.1.2（2.x 与 1.x 并不兼容）。TinyOS 2.x 支持以下平台：eyesIFX、intelmote2、MICA2、MICA2Dot、MICAz、shimmer、telosb、tinynode 等。

6.3.1　组件模型

TinyOS 包含经过特殊设计的组件模型，其目标是高效的模块化和易于构造组件型应用软件。对于嵌入式系统来说，为了提高可靠性而又不牺牲性能，建立高效的组件模型是必需的。组件模型允许应用程序开发人员方便快捷地将独立组件组合到各层配件中，并在面向应用程序的顶层配件中完成应用的整体装配。

TinyOS 的组件有 4 个相互关联的部分：一组命令处理程序句柄、一组事件处理程序句柄、一个经过封装的私有数据帧（data frame）、一组简单的任务。任务、事件和命令处理程序在数据帧的上下文中执行并切换帧的状态。为了易于实现模块化，每个组件声明了自己使用的接口以及其要触发的事件，这些声明将用于组件的相互连接。图 6-20 描述了一个支持多跳无线通信组件的集合和这些组件之间的关系。其中，最底层的组件可以直接与硬件交互，处理实时性较高的操作，上层组件对下层组件发送命令，下层组件向上层组件发送信号以通知上层组件某事件的发生。

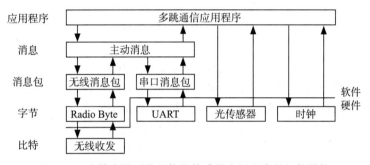

图 6-20　支持多跳无线通信的传感器应用程序的组件结构

在 TinyOS 中，命令是上层组件的非阻塞请求。典型情况下，命令将请求的参数储存到本地的帧中，帧是一种特殊的符合 C 语法的结构体，采用静态分配且只能由其所属的组件直接访问，存储完毕后，命令为后期的执行有条件地产生一个任务（也称为轻量级线程）。命令也可以调用下层组件的命令，但是不必等待长时间的或延迟时间不确定的动作的发生。命令必须通过返回值为其调用者提供反馈信息，如缓冲区溢出返回失败等。

事件处理程序被激活后，就可以直接或间接地去处理硬件事件。对程序执行逻辑的层次定义如下：越接近硬件处理的程序逻辑，则其程序逻辑的层次越低，处于整体软件体系的下层；越接近应用程序的程序逻辑，则其程序逻辑的层次越高，处于整体软件体系的上层，如图 6-21 所示。命令和事件都是为了完成在其组件状态上下文中出现的规模小且开销固定的工作。最底层的组件拥有直接处理硬件中断的处理程序，这些硬件中断可能是外部中断、定时器事件或者计数器事件。事件的处理程序可以存储信息到其所有帧，可以创建任务，可以向上层发送事件发生的信号，也可以调用下层命令。硬件事件可以触发一连串的处理，其执行的方向，既可以通过事件向上执行，也可以通过命令向下调用。为了避免命令 / 事件链的死循环，不可以通过信号机制向上调用命令。

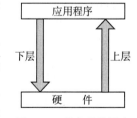

图 6-21　程序逻辑层次

6.3.2　事件驱动的并发执行模型

TinyOS 中采用了基于事件触发的由异步事件（hardware event，硬件事件）和任务

（task）组成的二级并发执行模型。事件分为硬件事件和软件事件，前者通常由硬件中断触发，后者可以在硬件中断处理程序及任务等执行逻辑中由 signal（nesC 关键字）通知产生。最底层的组件直接处理硬件事件，如硬件定时器事件和 I/O 中断事件等。硬件事件将会触发一系列的处理，如通过软件事件向上传递、通过命令向下传递及提交新的任务等，如图 6-22 所示。

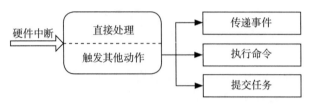

图 6-22　硬件事件处理过程

任务是可以延期执行的函数。一旦调度，任务就必须运行完成且彼此之间不能相互抢占。这表明任务中的代码相对于其他任务而言是同步的。换句话说，任务相对于其他任务具有原子性。由于任务不会被其他任务抢占，TinyOS 中所有的任务共享同一上、下文执行空间，而且不需要任务间的上、下文切换管理。任务可以被硬件事件打断，当中断发生时，中断处理程序（硬件事件句柄）将负责保存上、下文，并进行上、下文切换，如图 6-23 所示。

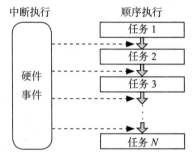

图 6-23　任务与中断的执行关系

相对于基于线程的操作系统，TinyOS 的并发执行模型具有以下两点优势：

1）所有任务共享同一个上、下文执行空间，且不需要上、下文切换管理。因此，TinyOS 能够在较小的存储空间内进行高效的并发处理。

2）与事件相关的执行逻辑，不像线程一样处于睡眠或等待等状态，而是被事件触发执行；同时，任务队列为空时，CPU 置于低功耗状态而不是处于活跃状态，等待其他硬件事件的到来，因此，TinyOS 能够高效地使用 CPU 资源，降低了能量消耗。

任务一般用在对时间要求不是很高的应用中。为了提高系统的响应灵敏性，要求每个任务尽量小。在任务中可以完成调用命令、触发事件或提交其他任务等工作。

6.3.3　通信模型

TinyOS 中的通信遵循主动消息（Active Message，AM）通信模型，它是一个简单的、可扩展的、面向消息通信的高性能通信模式，一般广泛应用在并行分布式处理系统中。主动消息不但可以让应用程序开发者避免使用忙等待（busy-waiting）方式等待消息数据的到来，而且可以在通信和计算之间形成重叠，这可以极大地提高 CPU 的使用率，并减少传感器节点的能耗。在主动消息通信方式中，在发送消息的同时传送处理这个消息的相应处理函数和处理数据，接收方得到消息后可立即进行处理，从而减少通信量。由于传感器网络的规模可能非常大，导致通信的并行程序很高，传统的通信方式无法适应这样的环境。

为了让主动消息更适合于传感器网络的需求，要求主动消息至少提供三个最基本的通信机制：带确认信息的消息传递、有明确的消息地址、消息分发。应用程序可以进一步增加其他通信机制以满足特定需求。如果把主动消息通信实现为一个 TinyOS 的系统组件，则可以屏蔽下层各种不同的通信硬件，为上层应用提供基本的、一致的通信原语，方便应用程序开发人员开发各种应用。在基本通信原语的支持下，开发人员可以实现各种功能的高层通信组件，如可靠传输的组件、加密传输的组件等。这样上层应用程序可以根据具体需求，选择合适的通信组件。在传感器网络中，由于应用千差万别和硬件功能有限，TinyOS 不可能提供功能复杂的通信组件，而只提供最基本的通信组件，最后由应用程序选择或定制所需要的特殊通信组件。

当数据通过网络到达传感器节点时，首先要进行缓存，然后主动消息的分发（dispatch）层把缓存中的消息交给上层应用处理。TinyOS 要求每个应用程序在消息被释放后，能够返回一块未用的消息缓存，用于接收下一个将要到来的消息。由于 TinyOS 操作系统的调度是非抢占的，因此不会出现多个未使用的消息缓存发生冲突，TinyOS 的主动消息通信组件只需要维持一个额外的消息缓存用于接收下一个消息即可。在具体实现中，TinyOS 在主动消息通信组件中保存了一个固定尺寸且预先分配好的缓存队列。如果一个应用程序需要同时存储多个消息，则需要在其私有数据帧（private frame）上静态分配额外的空间以保存信息。

由于 TinyOS 只提供 best-effort 消息传递机制，所以在接收方提供确认反馈信息给发送方以确定发送是否成功是很重要的。接收方的传感器节点在收到消息后，会发送一个同步的确认消息。该确认消息包是 TinyOS 主动消息层的最底层生成的，这样比在应用层生成确认消息包要节省开销，反馈时间短。为了进一步节省开销，TinyOS 仅仅发送一个特殊的立即数序列作为确认消息的内容，适应了传感器网络资源有限的特点，是一种有效的通信手段。

TinyOS 2.x 中每一个主动消息有一个 16 bit 的目的地址和一个 8 bit 的消息类型，消息结构是 message_t，并且仍采用了静态包缓冲区。message_t（定义在 tinyos-2.x\tos\types\message.h 中）定义如下：

```
typedef nx_struct message_t{
    nx_uint8_t header [sizeof (message_header_t)];
    nx_uint8_t data [TOSH_DATA_LENGTH];
    nx_uint8_t footer [sizeof(message_footer_t)];
    nx_uint8_t metadata [message_metadata_t];
}message_t;
```

缓冲区大小可以适合任何节点的通信接口，并且结构中 header、footer 和 metadata 对用户是不透明的，组件不能直接访问结构的各域，所有缓冲区的访问必须通过接口 AMPackage 和 Packet（定义在 tinyos-2.x\tos\interfaces 目录中）实现。不同的链路层需要定义自己的 header、footer 和 metadata 结构。这些结构必须是外部结构（nx_struct），并且它们所有的域也必须是外部结构（nx_*）。这样做有两个好处：第一，外部类型确保了交叉平台的兼容性；第二，它使得结构都对齐了字节边界，解决了包缓冲区对齐和内部的域偏移量的问题。

TinyOS 2.x 提供如下 4 个主动消息通信组件实现无线消息的收发，这 4 个通信组件都实现了虚拟化，它们将 AM 类型作为参数，允许多个协议不相冲突地使用 AM 通信。根据协议分发标志符，每一个消息有单一的包格式 am_id_t。它们定义在 tinyos-2.x\tos\system

目录中。

1）AMSenderC 提供 4 个接口：AMSend 实现消息的发送；Packet 是数据分组层的消息数据类型存储器，用于设置和访问消息的负载域和负载长度等信息；AMPacket 是通信层 AM 的消息存取器，用于访问或设置 AM 消息的目的地址、源地址、消息类型等信息；PacketAcknowledgements 使得组件可以使能或者不使能 ACK 机制。使用 AMSenderC.AMSend.send 发送数据包时只有在如下情况下才会发送失败：AMSenderC 已经有一个包还没有处理完或者无线模块没有处于发送状态。这是因为每一个 AMSenderC 的请求被响应的顺序是不确定的，但一定是公平的。这里的公平是指每个拥有待发送数据包的客户端都平等地共享可使用的发送带宽。

2）AMReceiverC 提供 3 个接口：Receive、Packet 和 AMPacket。当接收到具有相同的 AM 类型并且目的地址是本地节点地址和广播地址的数据包时，会触发（signal）AMReceive.Receive.receive 事件。后面两个接口的功能与 AMSenderC 中的相同。

3）AMSnooperC 提供 3 个接口：Receive、Packet 和 AMPacket。当接收到具有相同的 AM 类型并且数据包的目的地址既不是本地节点地址也不是广播地址时，会触发（signal）AMSnooper.Receive.receive 事件。后面两个接口的功能与 AMSenderC 中的相同。

4）AMSnoopingReceiverC 提供 3 个接口：Receive、Packet 和 AMPacket。当接收到具有相同的 AM 类型并且不管目的地址是什么，都会触发（signal）AMSnoopingReceiverC.Receive.receive 事件。后面两个接口的功能与 AMSenderC 中的相同。

6.4　TinyOS 开发环境搭建

本节将讲述 TinyOS 开发环境的搭建。要开发基于 TinyOS 的无线传感网应用，首先应该具备一系列软硬件条件和工具。其中，软件条件和工具包括 TinyOS 所支持的开发操作系统平台、需要用到的各种程序库、TinyOS 源码及其构建工具三部分；硬件条件和工具主要包括开发用计算机和无线传感器节点及其编程、调试器等。

软件环境方面，本书选用了基于 VMware 虚拟机和 Ubuntu 12.04 Linux 发行版的 TinyOS 软件开发环境。采用以上平台的理由主要有以下几点：1）平台纯净度高，为官方推荐的平台，问题少；2）基于虚拟机，平台可整体迁移，不需要重新搭建；3）软件安装方便，除 TinyOS 本身和 JDK 外，所需的软件包均可从 Ubuntu 软件源下载；4）备份方便。

在系统平台（虚拟机和 Linux 操作系统）搭建完成后，后续的平台搭建步骤也可用于物理机或 Cygwin 平台，但步骤可能有稍许不同。

硬件平台方面，本书选用了 Crossbow 公司推出的 MICAz 节点。MICAz 节点基于 ATmega128 单片机和 TI CC2420 无线收发器，支持 IEEE 802.15.4 标准，工作在 2.4 GHz ISM 频段。MICAz 节点是一款在无线传感网研究中常用的节点，被主流无线传感器网络操作系统（包括 TinyOS、Contiki、MantisOS、SOS 等）广泛支持。著名的无线传感器网络应用案例 "金门大桥结构健康监测" 使用的就是 MICAz 节点。同时，本节使用了 MICAz 节点配套的编程器 MIB520。Crossbow MICAz 节点和 MIB520 编程器如图 6-24 所示。

本节假定读者已经具有基本的 Linux 日常操作技能，包括图形界面和命令行。下面开始介绍 TinyOS 开发环境的搭建步骤。

图 6-24　MICAz 节点（左图）和 MIB520 编程器（右图）

6.4.1　创建 Ubuntu 虚拟机

首先需要建立虚拟机并安装操作系统。本小节基于 VMware Workstation 8.0 讲解虚拟机的建立，其过程具有典型性，基于其他虚拟机软件（如 VMware Workstation 9.0、Virtual Box 等）的建立过程与其基本一致。

打开 VMware Workstation 8.0，单击 File 菜单中的 "New Virtual Machine"（新建虚拟机）命令，打开新建虚拟机向导。

第一步，选择向导类型，在这里选择 "Typical"（标准）。

第二步，选择操作系统安装方式，选择 "I will install the operating system later"。

第三步，选择将来要安装的操作系统。选择 Linux，并选择 Ubuntu 发行版。

第四步，选择虚拟机文件存放位置。虚拟机文件包括虚拟机配置和虚拟硬盘等，所占硬盘空间较大（虚拟硬盘分配的大小一般在 20 GB 以上）。

第五步，设置虚拟硬盘大小。这里按需分配，建议采用推荐的 20 GB。

第六步，定制其他硬件。单击向导中的 "Customize Hardware" 按钮可以打开硬件定制窗口，在这里可以配置虚拟机的内存大小、CPU 数量等。建议将内存大小设为物理内存的一半，将 CPU 数量（或核数）设置为与宿主机实际数量相同。在 "CD/DVD" 选项中选中 "Connect at power on"（上电即连接），并在下方 "Connection" 选项框中选择 "Use ISO image file"（使用光盘镜像文件），并单击 "Browse"（浏览），选择下载好的 Ubuntu 12.04 安装光盘镜像。单击 "Close" 按钮，再单击 "Finish" 按钮，向导结束。

到此为止，虚拟机的建立过程就结束了。此时主界面上会显示刚才建立的虚拟机的一些信息，如 CPU、内存信息等。如果界面不显示或虚拟机选项卡被手动关闭，可以通过文件菜单下的 "打开" 命令重新打开。接下来的步骤是安装 Ubuntu 操作系统。

点击虚拟机选项卡中的 "Power on this virtual machine"，打开虚拟机电源。此时，虚拟机选项卡就会变成虚拟机的屏幕，显示开机自检过程。自检完毕后从光盘引导，进入 Ubuntu 安装程序。进入安装程序之前，是好将虚拟机网络连接断开，以防安装程序与服务器通信，拖慢安装过程。

第一步，选择语言。在屏幕上出现一个 "键盘图标和一个小人图标" 时，按任意键，出现安装过程语言选择菜单。这里选择的是安装程序的语言，选择中文。进入安装向导后，第一步是选择要安装的系统的语言，选择中文。

第二步，选择是否在安装过程中下载更新和是否安装 MP3 插件，均选择否。

第三步，硬盘分区。如无特殊需求，可选择"清空整个硬盘"，单击以继续。之后需要选择安装到的硬盘。因为只有一个虚拟硬盘，所以直接单击"现在安装"。

第四步，设置时区、键盘布局、用户名与密码。时区和键盘布局直接默认。用户名与密码按需求设置。此时建立的用户自动加入"sudoer"用户组，可以使用 sudo 命令获取 root 权限。

第五步，安装完毕。文件复制完毕后单击"现在重启"。按照提示将安装盘从"光驱"中取出。单击虚拟机界面右下角的光盘图标，单击菜单中的 Settings。取消选中 Device status 框中的 Connect at power on。如果这里发生卡死，手动关闭虚拟机电源再打开即可。

截至目前，Ubuntu 的安装过程已经完成。进入 Ubuntu 系统后，还需要安装"VMware Tools"。VMware Tools 安装后，虚拟机就可以全屏使用，还可以与宿主机共用剪贴板，复制文字、文件等，十分方便。

单击 VM 菜单下的"Install VMware Tools"命令，虚拟机的光驱内会插入一张名为"VMware Tools"的光盘。将其中唯一的一个压缩包解压到用户主目录下，会在主目录下生成"vmware-tools-distrib"目录。以管理员权限运行其中的"vmware-install.pl"脚本，打开文字安装向导，不需要改动任何设置即可完成安装。

在使用 apt-get 命令安装软件之前，需要按需设置软件源。默认软件源可能出现速度慢、无法下载等情况。出现这些情况时可以手动设置从镜像软件源下载。目前，国内很多高校都提供了 Ubuntu 的镜像软件源，请读者自行上网搜索源地址。设置方法为将软件源地址（例如"deb http://ubuntu.uestc.edu.cn/ubuntu/ precise main restricted universe multiverse"）放进 /etc/apt/source.list 文件（需要管理员权限），替换原来的内容。之后执行"sudo apt-get update"命令，使新的软件源生效。

至此，Ubuntu 虚拟机的建立就全部完成了。

6.4.2　安装 Java 编译运行环境

TinyOS 中的很多 PC 端工具和例程都是用 Java 语言写成的（如串口转发工具 net. tinyos.sf.SerialForwarder），因此要正常使用 TinyOS 必须首先安装 Java 编译运行环境 JDK（Java Development Kits）。JDK 又分为很多分支，如 SE（Standard Edition，标准版）、EE（Enterprise Edition，企业版）等。截至目前，Java SE 的最新版本为 Java SE 7u25。为了解决潜在的兼容性问题，建议安装 Java SE 6。作者建议到 Oracle 官方网站下载 JDK，网址为 http://www.oracle.com/technetwork/java/index.html。在 Java SE JDK 下载页面的"Previous Releases"链接中可找到 JDK6 的下载页面。下载前需要注意选择合适的系统平台，选择 Linux 32bit 平台，文件名为 jdk-6u45-linux-i586.bin。

将下载的 jdk-6u45-linux-i586.bin 复制到虚拟机中 Ubuntu 系统的用户主目录～（在 Linux 系统中，符号"～"是用户主目录的缩写，与"/home/[USER_NAME]"等效，以下简称主目录）中，打开终端，执行以下命令：

```
cd ~
sudo chmod a+x jdk-6u45-linux-i586.bin
./ jdk-6u45-linux-i586.bin
```

JDK 安装程序开始自解压，完成后在主目录～下生成 jdk1.6.0_45 目录，其中包含 JDK。

下一步需要添加 JDK 所需的环境变量，需要执行以下命令：

```
export JAVA_HOME=～/jdk1.6.0_45
export PATH=$JAVA_HOME/bin:$PATH
export CLASSPATH=.:$JAVA_HOME/lib/dt.jar:$JAVA_HOME/lib/tools.jar
```

完成后，在同一终端中执行命令"javac –version"，如果能正常显示版本信息，说明 JDK 运行正常。以上命令每次打开终端均需要重新输入。将以上命令添加到主目录～下的隐藏文件".bashrc"末尾可使终端在每次被相应用户登录时自动执行这些命令。（关于".bashrc"文件的含义，请参考 Linux 系统相关书籍。）

6.4.3 安装必备工具

作为一个 Linux 世界中的开源软件，TinyOS 使用并依赖于一些其他的开源项目。这既体现了开源世界的分享精神，也增强了代码的重用，减少了"重造轮子"事件的发生。正是由于 TinyOS 自身的开源特性及其优良的架构设计，才能够吸引大量的科研人员在它的基础上进行创新，并分享他们的成果。

要正常编译安装 TinyOS，表 6-5 中的工具必须首先被安装。

表 6-5　需要安装的附加工具

名　　称	说　　明
build-essential	在 Ubuntu 下编译 C/C++ 程序所需的一些必备工具
binutils	GNU 的二进制文件工具集
automake	用来生成符合 GNU 规范的 Makefile 的工具
autoconf2.64	用来制作供编译、安装和打包软件的配置脚本的工具
gperf	GNU 完美哈希函数生成器，用以快速处理命令行参数
bison	GNU bison，用于自动化生成语法分析器，用于 nesC 编译器
flex	自动化生成词法分析器，用于 nesC 编译器
git	一个著名的版本控制工具
python-dev	Python 和 C 结合开发所需要的一些头文件和库
emacs	一款著名的多用途文本编辑器
graphviz	贝尔实验室推出的一款绘图工具，用于生成文档

这些附加工具全部存于 Ubuntu 软件源中。可使用如下命令将其全部安装完毕：

```
sudo apt-get install build-essential binutils automake autoconf2.64 gperf bison
flex git python-dev emacs graphviz
```

6.4.4 下载并编译安装 nesC 编译器

打开终端，进入用户主目录～，执行以下命令：

```
mkdir tinyos                              # 在主目录下创建 tinyos 目录
cd tinyos                                 # 进入 tinyos 目录
git clone git://github.com/tinyos/nesc.git          # 使用 Git 下载 nesC 源码
cd nesc                                   # 进入 nesc 目录（由上一个命令生成，包含 nesC 的源码）
./Bootstrap                               # 检测编译环境，生成 configure
./configure                               # 生成 Makefile
make                                      # 正式开始编译过程
sudo make install                         # 安装 nesC 编译器。因为操作系统路径需要 root 权限
```

这些命令执行完后，若没有报错，nesC 编译器就安装完毕了。输入命令"nescc -v"，若第一行输出为"nescc：[version_number]"，则证明 nesC 编译器正常运行。

6.4.5 下载并安装 TinyOS

打开终端，进入用户主目录～，执行以下命令：

```
cd tinyos                         # 进入刚才创建的 tinyos 目录
git clone git://github.com/tinyos/tinyos-main.git       # 使用 Git 下载 TinyOS 源码
cd tinyos-main                    # 进入刚下载的 tinyos 源码目录
cd tools                          # 进入工具目录，首先需要编译安装 TinyOS 工具
./Bootstrap                       # 检测编译环境，生成 configure
./configure                       # 生成 Makefile
make                              # 正式开始编译过程
sudo make install                 # 安装 TinyOS 工具。因为操作系统路径需要 root 权限，加上 sudo
```

执行完这些命令，若没有报错，则 TinyOS 工具已经编译安装成功，下面要设置 TinyOS 环境变量。用文本编辑器打开隐藏文件"～/.bashrc"，在文件末尾加上如下内容，其中 [USER_NAME] 要替换成你当前的用户名。

```
export TOSROOT="/home/[USER_NAME]/tinyos/tinyos-main"
export TOSDIR="$TOSROOT/tos"
export CLASSPATH=$CLASSPATH:$TOSROOT/support/sdk/java
export MAKERULES="$TOSROOT/support/make/Makerules"
export PYTHONPATH=$PYTHONPATH:$TOSROOT/support/sdk/python
```

6.4.6 下载并安装 AVR 交叉编译工具链

截至目前，TinyOS 本身的安装已经完成。但是 MICAz 节点基于 AVR 单片机，若想为 MICAz 节点编写应用，还必须安装 AVR 工具链，包括 AVR 编译器、调试器等。需要安装的内容见表 6-6。

同样，这些软件包只需一个命令即可安装完成：

表 6-6 需要安装的 AVR 交叉编译工具链

名　称	说　明
gcc-avr	AVR 平台的交叉编译器
gdb-avr	AVR 平台的 GDB 调试器
binutils-avr	AVR 平台的二进制文件工具
avr-libc	AVR 平台的 C 标准库
avarice	AVR 的 JTag 在线调试工具
avrdude	AVR 的编程工具

```
sudo apt-get install gcc-avr gdb-avr binutils-avr avr-libc avarice avrdude
```

至此，TinyOS 开发环境已经全部搭建完毕。下面来对刚搭建的开发环境进行一些测试，以验证它是否可以编译、运行 TinyOS 应用。

6.4.7 测试 TinyOS 开发环境

先对 TinyOS 的构建系统作一个简要说明。打开终端，进入 ～/tinyos/tinyos-main/app/ Blink 目录，执行 make 命令，会见到如图 6-25 的输出。

可见，TinyOS 构建系统的基本命令格式为：

```
make <target><extras>
```

和

```
make <target> help
```

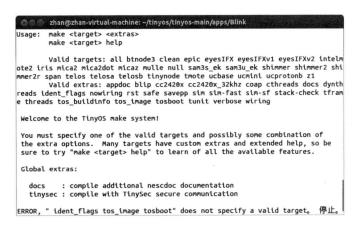

图 6-25　make 的输出

　　<target> 为此次构建的目标硬件平台，可以为 micaz、iris 等值。每次编译必须指定目标平台。

　　<extras> 为附加参数，可以不存在。图 6-25 中的 extras 段中提供一些可用的附加参数，此处不一一分析，请读者有需要时自行查找资料。其中有两个 extras 特别重要，即 install 和 reinstall。它们都是将编译好的镜像编程到节点的意思。install 和 reinstall 的区别在于 install 每次都会重新编译镜像，再编程；而 reinstall 则是将已经存在的镜像直接编程，不存在镜像则会报错。

　　故为 MICAz 编译并编程镜像的命令为"make micaz install"。

　　那么如何指定编程使用的端口呢？"install"附加指令还有一个指定端口的参数。

　　输入命令"make micaz help"可以见到如图 6-26 的输出。

图 6-26　make MICAz help 的输出

　　重点关注"Programmer options"（编程器选项）段，有一项为"mib510,<dev>"。

MIB510 是 Crossbow 推出的基于串口通信的编程器；而 MIB520 则是在其基础上加入了 USB 串口转换器，以满足没有串口的 PC 的使用需求。除此之外，与 MIB510 完全兼容。

故为 MICAz 编译并编程的完整命令格式为"make micaz install mib510,<dev>"。

将 MIB520 插入宿主机的 USB 端口。如果此时虚拟机获得了窗口焦点，则编程器会直接被虚拟机识别，就像在实机上一样。MIB520 在 Linux 中会被识别为两个 USB 串口，分别为"/dev/ttyUSB0"和"/dev/ttyUSB1"。在使用编程器之前，需要使用"sudo chmod 666/dev/ttyUSB*"命令修改串口权限。

TinyOS 提供了检测编程器所在端口的命令 motelist，图 6-27 是执行此命令后的输出。

```
zhan@zhan-virtual-machine:~/tinyos/tinyos-main/apps/Blink$ motelist
Reference   Device              Description
---------   ----------          ----------------------------------
XBU7GSQH    /dev/ttyUSB0        Crossbow Crossbow MIB520CA
```

图 6-27　motelist 的输出

可见，motelist 命令在 /dev/ttyUSB0 串口上识别出了 MIB520 编程器。

首先测试应用编译。打开一个终端，进入主目录，然后执行以下命令：

```
cd tinyos/tinyos-main/app/Blink          # 进入自带的闪灯例程目录
make micaz                               # 以 MICAz 为目标平台构建应用
```

构建系统开始构建应用，成功时的输出如图 6-28 所示。

```
zhan@zhan-virtual-machine:~/tinyos/tinyos-main/apps/Blink
zhan@zhan-virtual-machine:~/tinyos/tinyos-main/apps/Blink$ make micaz
mkdir -p build/micaz
    compiling BlinkAppC to a micaz binary
ncc -o build/micaz/main.exe -Os -fnesc-separator=__ -Wall -Wshadow -Wnesc-all -
target=micaz -fnesc-cfile=build/micaz/app.c -board=micasb -DDEFINED_TOS_AM_GROUP
=0x22 --param max-inline-insns-single=100000 -DIDENT_APPNAME=\"BlinkAppC\" -DIDE
NT_USERNAME=\"zhan\" -DIDENT_HOSTNAME=\"zhan-virtual-ma\" -DIDENT_USERHASH=0xc9c
bdb68L -DIDENT_TIMESTAMP=0x525cc28bL -DIDENT_UIDHASH=0x06c151abL -fnesc-dump=wir
ing -fnesc-dump='interfaces(!abstract())' -fnesc-dump='referenced(interfacedefs,
 components)' -fnesc-dumpfile=build/micaz/wiring-check.xml BlinkAppC.nc -lm
    compiled BlinkAppC to build/micaz/main.exe
            2880 bytes in ROM
              51 bytes in RAM
avr-objcopy --output-target=srec build/micaz/main.exe build/micaz/main.srec
avr-objcopy --output-target=ihex build/micaz/main.exe build/micaz/main.ihex
    writing TOS image
zhan@zhan-virtual-machine:~/tinyos/tinyos-main/apps/Blink$ █
```

图 6-28　Blink 应用构建成功时的输出

下面来验证编程功能是否能正常运行。

1）将虚拟机窗口激活，使其获得输入焦点。

2）将一个 MICAz 节点去掉电池，安装到 MIB520 上。

3）将 MIB520 插到宿主机的 USB 插槽中，此时它会被虚拟机捕获并识别，就像真实机器一样。在虚拟机的 /dev 下会识别出两个 ttyUSB 设备，在没有其他 ttyUSB 设备的情况下为 ttyUSB0 和 ttyUSB1。若有其他 ttyUSB 设备（常见的如 USB 串口转换器等），编号会顺延，所以使用"motelist"命令弄清楚 MIB520 对应哪个 ttyUSB 设备。

4）进入 Blink 应用目录，输入以下命令：

```
sudo chmod 666 /dev/ttyUSB*              # 将所有 ttyUSB 设备设为任意用户可读写
make micaz reinstall mib510,/dev/ttyUSB0 # 将已经编译好的镜像编程进节点
```

编程命令成功执行的输出如图 6-29 所示。

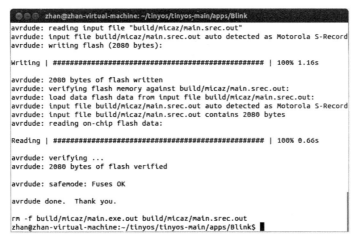

图 6-29　Blink 应用编程成功执行的输出

输出表明，构建系统使用 avrdude 将 build/MICAz/main.srec 编程进节点，并进行了验证。

此时，可见 MICAz 节点和 MIB520 上的 3 个 LED 在闪烁，证明整个 TinyOS 从编译到编程过程均运行正常。

现在以 MICAz 平台为例，总结一下编译和烧写 TinyOS 应用的方法：

1）编译：make micaz。

2）编译并烧写：make micaz install[,ID] mib510,<device>。

3）烧写：make micaz reinstall[,ID] mib510,<device>。

在烧写过程中，可以指定节点 ID 号，也可以不指定。在代码中可以使用 TOS_NODE_ID 宏引用此处指定的 ID 号。

6.5　简单无线传输

BlinkToRadio 是最简单的无线传输例程。BlinkToRadio 位于 apps/tutorials/BlinkToRadio 文件夹下，包含 3 个主要文件，分别是：

1）BlinkToRadioAppC.nc：顶层配件，声明并连接其他所用到的组件和配件；

2）BlinkToRadioC.nc：主逻辑模块，实现了程序逻辑；

3）BlinkToRadio.h：定义了一些常量和本程序专用的消息帧格式。

BlinkToRadio 例程是在 Blink 例程的基础上加入了简单的无线通信，很适合初学者学习。BlinkToRadio 例程的功能如下：每个节点维护一个计数器，并在一个定时器的控制下递增。计数器每递增一次，就通过 ActiveMessage 将自身的 ID 号和计数值发送出去。每当节点接收到一个其他节点发来的数据包，就从其中把其他节点的计数值提取出来，并在 LED 上显示。所得到的运行效果就是节点 A 显示节点 B 的计数值，节点 B 显示节点 A 的计数值。

下面首先介绍一些 BlinkToRadio 所依赖的模块，然后以 BlinkToRadio 为例介绍一个 TinyOS 应用的一般执行流程。

6.5.1 BlinkToRadio 依赖的其他组件

打开 BlinkToRadio 的顶层配件 BlinkToRadioAppC.nc，在其 implementation 块中即可看到本程序所使用的所有其他模块，分别是：

```
implementation {
    // 下面是所有模块的声明
    components MainC;
    components LedsC;
    components BlinkToRadioC as App;
    components new TimerMilliC() as Timer0;
    components ActiveMessageC;
    components new AMSenderC(AM_BLINKTORADIO);
    components new AMReceiverC(AM_BLINKTORADIO);
    // 下面是模块间的连接
    App.Boot -> MainC;
    App.Leds -> LedsC;
    App.Timer0 -> Timer0;
    App.Packet -> AMSenderC;
    App.AMPacket -> AMSenderC;
    App.AMControl -> ActiveMessageC;
    App.AMSend -> AMSenderC;
    App.Receive -> AMReceiverC;
}
```

下面来一一介绍这些模块。

1. MainC

MainC 是控制 TinyOS 启动的配件，同时向应用程序通知启动已经完成，开始进行应用程序初始化。MainC 位于 $TOSROOT/tos/system/MainC.nc 中，其主要代码如下：

```
configuration MainC {
    provides interface Boot;
    uses interface Init as SoftwareInit;
}
implementation {
    components PlatformC, RealMainP, TinySchedulerC;
    RealMainP.Scheduler -> TinySchedulerC;              // 连接调度器接口
    RealMainP.PlatformInit -> PlatformC;                // 连接平台初始化接口
    SoftwareInit = RealMainP.SoftwareInit;              // 将 RealMainP 的软件初始化接口导出
    Boot = RealMainP;                                   // 将 RealMainP 的 Boot 接口导出
}
```

可见，它又包含了 PlatformC、RealMainP、TinySchedulerC 三个组件（配件，下文在不引起歧义的情况下混用）。由名字可以猜出它们的用途分别是进行平台相关的初始化、"真正的 Main" 和调度器初始化。从连接部分可以看出，MainC 包含的其他两个模块都将其初始化接口连接到了 RealMainP，并且 MainC 直接将 RealMainP 的软件初始化和 Boot 接口导出。由此看来，RealMainP 就是 MainC 的核心逻辑。

我们首先来看 RealMainP。学习过 C 语言的都知道，main 函数是一个程序的入口。既然 nesC 是 C 语言的扩展，那么理应包含一个 main 函数作为入口，而它就包含在 RealMainP 模块中。RealMainP 的主要代码如下：

```
module RealMainP @safe() {
  provides interface Boot;
  uses interface Scheduler;
  uses interface Init as PlatformInit;
  uses interface Init as SoftwareInit;
}
implementation {
  int main() @C() @spontaneous() {
    atomic
    {
    platform_bootstrap();  // 进行最基本的平台初始化，仅达到可运行状态
    call Scheduler.init();                    // 进行调度器初始化
    call PlatformInit.init();                 // 进行剩余平台初始化
    while (call Scheduler.runNextTask());     // 将当前产生的任务执行完毕
    call SoftwareInit.init();                 // 进行软件初始化，用户应用可实现此接口
    while (call Scheduler.runNextTask());     // 将当前产生的任务执行完毕
    }
    // 执行到这里，初始化已经执行完毕，通知应用程序启动
    __nesc_enable_interrupt();                // 开中断
    signal Boot.booted();                     // 发出 booted 信号，由应用程序接收
    call Scheduler.taskLoop();                // 调度器开始工作
    return -1;
  }
...
}
```

正如代码所示，其中的 main 函数即为整个系统的 main 函数。在此函数中 TinyOS 进行了软硬件平台的初始化，最后通过 Boot.booted 事件通知应用程序开始运行。具体初始化过程不再赘述，请读者自行查阅资料并参见 $TOSROOT/doc/txt/tep107.txt。

2. LedsC

TinyOS 默认节点提供 3 个 LED，并通过 LedsC 配件提供了对于节点板载 LED 的控制接口。

```
configuration LedsC {
  provides interface Leds;
}
implementation {
  components LedsP, PlatformLedsC;
  Leds = LedsP;
  LedsP.Init <- PlatformLedsC.Init;
  LedsP.Led0 -> PlatformLedsC.Led0;
  LedsP.Led1 -> PlatformLedsC.Led1;
  LedsP.Led2 -> PlatformLedsC.Led2;
}
```

LedsC 又使用了 LED 控制逻辑 LedsP 和平台相关的 LED 具体控制方法配件 PlatformLedsC。PlatformLedsC 提供的 Led0、Led1、Led2 接口连接到 LedsP 的相应接口，使 LED 受 LED 控制逻辑的控制。同时，LedsC 将 LedsP 的 Leds 接口导出，供应用程序使用。

当然，每个硬件平台的实际 LED 数量和接法都不尽相同，所以每个硬件平台都需要提供自己平台对应的 PlatformLedsC.nc。PlatformLedsC 配件又使用了平台对应的 GPIO 控

制模块，在 MICAz 平台上对应 HplAtm128GeneralIOC（由名称可见，这不再是一个抽象的控制模块，而是和 Atmega128 单片机硬件相关的模块）。HplAtm128GeneralIOC 提供了 ATMega128 单片机各个 GPIO 端口的抽象控制。MICAz 的 PlatformLedsC 将 MICAz 上连接了 LED 的 3 个 GPIO 分别以 Led0、Led1 和 Led2 的别名导出。

HplAtm128GeneralIOC 为了进行实际硬件的控制，又使用了 HplAtm128GeneralIOPortP 模块。每个 HplAtm128GeneralIOPortP 对应于单片机上的一个端口，每个端口包含 8 个针。HplAtm128GeneralIOC 将 HplAtm128GeneralIOC 创建了 6 个副本，分别代表 PortA 到 PortF，并将每个 Port 的每个针的接口分别以 Port[X][N] 的别名进行导出（PortG 做了特殊处理）。故 PlatformLedsC 可通过 HplAtm128GeneralIOC 的 PortA0 至 PortA2 接口进行 LED 硬件的控制。

这个例子简要说明了 TinyOS 中的硬件控制流程。LED 的控制属于相对比较简单的硬件操作，代码较为简单，希望读者能自行找出相应文件进行阅读分析，真正领会模块化编程的好处和硬件操作的一般方法。

3. BlinkToRadioC

BlinkToRadioAppC 使用了 BlinkToRadioC 模块，并给与别名 app。BlinkToRadioC 将在讲解执行流程时详细介绍。

4. TimerMilliC

BlinkToRadioAppC 创建了一个 TimerMilliC 的实例，并给与别名 Timer0，并把 App（BlinkToRadioC）的 Timer0 接口（Timer<Milli> 接口的别名）连接到 Timer0。这样，BlinkToRadioC 就可以通过其 Timer0 接口操作这个 TimerMilliC 的实例了。

BlinkToRadioC 主要使用了 Timer<Milli> 接口的 startPeriodic 命令和 fired 事件。startPeriodic 命令的作用是使此接口控制的 Timer 实例以一定周期触发；而 fired 则是 Timer 实例触发时的回调函数。

5. ActiveMessageC

ActiveMessageC 配件是平台相关的 ActiveMessage 控制模块。BlinkToRadioAppC 使用了 ActiveMessageC 配件，并把 App（BlinkToRadioC）的 AMControl 接口连接到了 ActiveMessageC 的 SplitControl 接口，以便在初始化时对 ActiveMessage 层进行初始化。

6. AMSenderC 和 AMReceiverC

AMSenderC 和 AMReceiverC 在通信模型一节已经介绍过。

要开发一种新的通信协议，就要为这种协议寻找一个"主动消息 ID"（ActiveMessage ID）。一般来说，0x00 ～ 0x7F 范围内的 ID 必须经过 TinyOS 网络协议工作组的统一分配才能使用，而 0x80 ～ 0xFF 范围内的 ID 则可以自由使用。BlinkToRadio 的主动消息 ID（AM_BLINKTORADIO，定义在 BlinkToRadio.h 中）为 6，实际上是一种不规范的行为。

BlinkToRadioAppC 对 BlinkToRadio 的 AM ID 建立了一对发送和接收器的实体，并把 BlinkToRadioC 的 AMSend 接口和 Receive 接口连接到它们之上。这样 BlinkToRadioC 就可以通过它的 AMSend 接口和 Receive 接口操作这两个实体对 AM ID 为 6 的消息进行收发。

6.5.2 BlinkToRadio 的执行过程

上一小节中已经介绍了 BlinkToRadio 例程中各模块的连接。我们已经知道了整个

TinyOS 的启动过程是从 MainC 开始的。MainC 中的 main 函数在执行到末尾时会触发 booted 事件。

由于 BlinkToRadioAppC 将 App（BlinkToRadioC）的 Boot 接口连接到了 MainC 的 Boot 接口，所以当 MainC 的 Boot.booted 事件被触发时，BlinkToRadioC 的 Boot.booted 事件处理函数将会执行：

```
event void Boot.booted() {
    call AMControl.start();
}
```

可见，应用启动后做的第一件事情是初始化 ActiveMessage 层，为通信做准备。AMControl 是一个 SplitControl（分阶段控制）接口。分阶段控制是一种异步控制。在发送 start 命令后，booted 函数立即返回。当 ActiveMessage 层初始化完毕时，就会触发 ActiveMessageC 的 SplitControl 接口的 startDone 事件。而 ActiveMessageC 的 SplitControl 接口连接到 BlinkToRadioC 的 AMControl，故 BlinkToRadioC 的 AMControl.startDone 会被调用：

```
event void AMControl.startDone(error_t err) {
    if (err == SUCCESS) {
        call Timer0.startPeriodic(TIMER_PERIOD_MILLI);
    }
    else {
        call AMControl.start();
    }
}
```

在 AMControl.startDone 中，先判断是否成功初始化。如果成功，就通过 Timer0（这是一个 Timer<Milli> 接口，连接到一个 TimerMilliC 实例的相应接口）设置定时器的触发周期为 TIMER_PERIOD_MILLI；而如果 ActiveMessage 初始化失败，则会再次发送 AMControl.start 命令。如果一直初始化不成功，则会发生死循环。

接下来，当定时器实例触发时，会触发一个 Timer.fired 事件，最终会调用 BlinkToRadioC 的 Timer0.fired 事件处理函数：

```
implementation {
  uint16_t counter;                            // 计数器，其值将被发送出去
  message_t pkt;                               // 要发送的 AM 消息
  bool busy = FALSE;                           //pkt 内存所有权是否被转移（是否正被使用）
...
...
event void Timer0.fired() {
    counter++;                                 // 将计数器的值加 1
    if (!busy) {
      BlinkToRadioMsg* btrpkt =                // 获得 AM 消息中的缓冲区指针
    (BlinkToRadioMsg*)(call Packet.getPayload(&pkt, sizeof(BlinkToRadioMsg)));
      if (btrpkt == NULL) {
    return;
      }
      btrpkt->nodeid = TOS_NODE_ID;            // 在缓冲区中放入自身节点 ID
      btrpkt->counter = counter;               // 在缓冲区中放入自身的 counter 值
      if (call AMSend.send(AM_BROADCAST_ADDR,  // 发送到广播地址
```

```
    &pkt, sizeof(BlinkToRadioMsg)) == SUCCESS) {
            busy = TRUE;
        }
    }
}
...
event void AMSend.sendDone(message_t* msg, error_t err) {
    if (&pkt == msg) {
        busy = FALSE;
    }
}
}
```

在 BlinkToRadioC 的 Timer0.fired 事件处理函数中，counter 的值和自身的节点 ID 以 BlinkToRadioMsg 结构体描述的格式发送至广播地址。值得注意的一点是 AM 消息缓冲区 的处理。实际上，AM 消息缓冲区就位于 message_t pkt 中。但是如前文所述，message_t 的 访问必须通过 Packet 接口提供的命令去访问。实际上，载荷缓冲区的长度是存在限制的， 使用 Packet.maxPayloadLength 命令可以取得。所以在发送变长载荷时，需要检查其长度是 否超标。若长度没有超标，则可以按任意格式填充缓冲区，然后使用 AMSend.send 命令将 其发送出去。AMSend.send 需要的参数有目标地址、要发送的消息指针（message_t 格式） 和载荷的长度。

当 AM 层收到主动消息 ID 为 6 的消息时，就会通过 BlinkToRadioAppC 中定义的 AMReceiverC 的那个实体通知应用，并触发其 Receive 接口的 receive 事件。而这个接口被 BlinkToRadioC 的 Receive 接口连接，故此事件会触发 BlinkToRadioC 的 Receive.receive 事 件处理函数：

```
event message_t* Receive.receive(message_t* msg, void* payload, uint8_t len){
    if (len == sizeof(BlinkToRadioMsg)) {          // 检查消息长度是否正常
      BlinkToRadioMsg* btrpkt = (BlinkToRadioMsg*)payload;
      setLeds(btrpkt->counter);              // 从载荷中提取接收到的 counter 值，显示到 LED
    }
    return msg;
}
```

此函数从消息中提取远程节点的 counter 值，并显示到 LED 上，最后返回消息结构体 的指针。

6.5.3 内存所有权

现在来看 sendDone 函数和 receive 函数。sendDone 有一个参数 message_t* msg， 而 receive 同样有此参数，且最后又将其直接返回。这样的安排是有原因的，这是因为 TinyOS 引进了一种称为"内存所有权"（ownership）的机制来防止由于在模块之间传递指 针引起的错误。如果在模块之间不加限制地使用指针，很可能会引起竞争等情况。为了减 少这种 Bug 的发生，TinyOS 不鼓励在模块之间传递指针。但有时传递指针又是必要的，这 就引出了内存所有权。

当一个模块将一个指针传递给另一个模块时，就认为它"放弃"了指针所指向的内存 区域的所有权，这块内存从此就属于传递目标模块了，自己禁止再对它做任何操作。如果 所有模块都遵守这个协定，那么就保证了每块内存都同时只有一个模块访问，也就消除了竞争的危险。所有权转移有 3 种方式。

第一种方式是暂时转移所有权。被调用函数返回后所有权也交还，被调用模块再也不允许访问被传递的内存。这种方式适用于通过指针返回多个结果的情况。例如，函数 void getAB(int *pA,int *pB)。调用此函数后，pA、pB 指向的内存被暂时转移给被调用模块。

第二种方式是所有权永久转移。当调用返回后所有权不交还，用于所谓"分阶段控制"（SplitControl）类型的接口，例如，start 和 startDone、send 和 sendDone。这类接口的特点是其调用后的操作可能相当费时，因此传递的空间所有权不能立即交还（可能还需要在其中做操作）。在这种情况下，所有权的交还被放在操作完成的回调中进行。另外，如果调用返回失败，则所有权立即交还。AMSend.send 和 sendDone 就属于这种情况。

第三种方式就是 Receive.receive 方式。接收到消息时，协议栈将其一块内存通过 Receive.receive 传递给了应用程序。但是应用程序处理这个消息可能需要很长时间，所以它应该立即将一块有效缓冲区通过返回值返还给协议栈，以免使协议栈没有空间为其他模块服务。至于消息的处理，可以复制其内容后使用任务进行。

6.6 简单数据分发

在第 2 章中提到过数据分发协议，并以 Drip 协议为例简要介绍了其在 TinyOS 中的实现。其实，TinyOS 内置了 3 种 Trickle 算法的实现，分别是 Drip、DIP[12] 和 DHV[13]。它们的基本原理相同，但是在实现细节和适用范围上互有差异。在这一节中，我们将继续以 Drip 协议为例，学习数据分发的使用方法。但是我们不会深入讨论 Trickle 算法或 Drip 协议，相关知识请阅读有关的书籍或论文。

6.6.1 数据分发依赖的组件

要使用 TinyOS 内置的分发协议，主要涉及以下两个组件。

（1）DisseminationC

分发协议的最高层组件，实现分发协议。同时，对应用提供一个 StdControl 接口，用以控制分发协议栈的工作。

（2）DisseminatorC

每一个实例代表一个需要分发的数据，应用通过操作它提供的 DisseminationUpdate 接口和 DisseminationValue 接口进行实际的分发操作。创建 DisseminatorC 实例时需要提供两个参数，分别是要分发的数据类型和一个 key。这个 key 用来在生产者和消费者之间进行分发数据的配对。即消费者节点上 key 为 N 的 DisseminatorC 仅接受来自生产者的 key 为 N 的 DisseminatorC 的数据更新。可以认为，一个网络中所有 key 相同的 DisseminatorC 共同代表了一个需要广播同步的变量。

DisseminationUpdate 接口和 DisseminationValue 接口的代码如下：

```
interface DisseminationUpdate<t> {
  command void change(t* newVal);
}

interface DisseminationValue<t> {
  command const t* get();
  event void changed();
}
```

数据生产者主要使用 DisseminationUpdate 接口。在产生新数据时，使用其 change 命令将新数据广播出去。而消费者则使用 DisseminationValue 接口。当接收到一个新的值时，其 changed 事件将会被触发，而后应用程序的事件处理函数可以使用 DisseminationValue 接口的 get 命令将新值取出加以处理。

下面，我们来结合例程，讲解小数据的分发。

6.6.2 数据分发例程

下面，我们来一步步建立简单的数据分发例程。

首先确定例程的需求。整个网络包含一个生产者，N 个消费者。生产者维护一个计数器，每次定时器触发时更新计数器，并将最新值通过分发协议分发出去。每个消费者在得到最新值后，将其最低 8 位显示在其 LED 上。

有了需求，下一步就是概要设计。首先需要确定例程包括什么模块。例程将会分为一个顶层配件和一个逻辑组件。除了自己的逻辑组件外，必须包含 MainC 组件；由于需要定时功能，所以要包含定时器组件，可以使用上一节提到的 TimerMilliC；由于要控制 LED，必须包含 LedsC 模块；由于需要涉及无线传输，需要 AM 控制组件 ActiveMessageC；最后，由于需要使用分发协议，也必须要包含 DisseminationC 和 DisseminatorC。其中 DisseminatorC 要建立一个实例，对应要分发的 counter。

下面要确定模块之间的连接。MainC、LedsC、ActiveMessageC 和 TimerMilliC 的连接方式和 BlinkToRadio 中相同，由主逻辑模块直接使用它们的相应接口。

新增加的 DisseminationC 提供一个 StdControl 接口用于控制分发协议栈，故主逻辑模块需要使用这一接口。StdControl 与之前见到的 SplitControl 不同，它不提供完成时的回调，而是直接返回初始化的结果，适用于耗时较短的操作。新增加的 DisseminatorC 组件提供一个 DisseminationValue 接口和 DisseminationUpdate 接口，主逻辑模块同样必须使用这两个接口。

现在，我们可以画出 SimpleDissemination 例程的模块调用图，如图 6-30 所示。

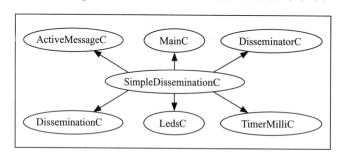

图 6-30 SimpleDissemination 模块关系图

在 apps 目录下建立 SimpleDissemination 目录，它也是我们例程的名字。在 SimpleDissemination 目录下建立 3 个文件，分别是顶层配件 SimpleDisseminationAppC.nc、主逻辑模块 SimpleDisseminationC.nc 和 Makefile。

首先编写主逻辑模块，在模块的接口声明部分声明：

```
module SimpleDisseminationC {
  uses interface Boot;                    // 启动接口
```

```
  uses interface SplitControl as RadioControl;              // 控制 AM
  uses interface StdControl as DisseminationControl;        // 控制分发
  uses interface DisseminationValue<uint16_t> as TargetValue;  // 分发值接口
  uses interface DisseminationUpdate<uint16_t> as TargetValueUpdate;
   // 分发更新接口
  uses interface Leds;                                      //LED 控制接口
  uses interface Timer<TMilli>;                             // 定时器接口
}
...
```

然后，依照例程的执行流程实现业务逻辑。业务逻辑的第一步是上电初始化，与 BlinkToRadio 类似：

```
implementation {
  uint16_t counter;                    // 声明模块私有变量 counter，存放计数值
  event void Boot.booted() {
    counter = 0;
    call TargetValue.set( &counter );     // 上电后将本地分发值初始化为 0
    call RadioControl.start();            // 开启 AM
  }
  event void RadioControl.startDone( error_t result ) {
    if ( result != SUCCESS ) {
            call RadioControl.start();
    } else {
            call DisseminationControl.start();     //AM 成功开启后开启分发协议
            if ( TOS_NODE_ID == 1 ) {              // 如果本节点是生产者节点
            call Timer.startPeriodic( 1000 *3);    // 则以 3 秒间隔开启定时器
            }
    }
  }
  event void RadioControl.stopDone( error_t result ) { }
  ...
}
```

在这里，令 ID 为 1 的节点成为生产者节点，其他节点为消费者节点。生产者以 3 秒间隔更新数据。其他节点不打开定时器。当定时器触发后：

```
event void Timer.fired() {
   if ( TOS_NODE_ID == 1 ) {
     counter++;                             // 若本节点为生产者，则更新 counter
     setLeds(counter);                      // 在本节点显示计数值
     call TargetValueUpdate.change( &counter );// 使用 change 命令分发新数值
   }
}
```

当其他节点接收到分发的新数据时，会触发 TargetValue.changed 事件，调用处理函数：

```
event void TargetValue.changed() {
    const uint16_t* newVal = call TargetValue.get();   // 取得分发的计数值
    setLeds(*newVal);                                  // 将分发的值显示在 LED 上
}
```

最后，从 BlinkToRadio 中将 setLeds 函数复制到 implementation 部分头部，SimpleDisseminationC 的实现就完成了。这个例程的逻辑比较简单，但是已经能演示分发协议的运行

过程。

下面，实现顶层配件 SimpleDisseminationAppC.nc。顶层配件的接口声明部分为空，在实现部分先声明所要用的模块及它们之间的连接：

```
configuration SimpleDisseminationAppC {}
implementation {
  components SimpleDisseminationC;
  components MainC;
  components ActiveMessageC;
  components DisseminationC;
  components new DisseminatorC(uint16_t, 0xABCD) as TargetValueC;
  components LedsC;
  components new TimerMilliC();
  ...
```

然后，将这些模块的接口按照预先的设计进行连接：

```
SimpleDisseminationC.Boot -> MainC;
SimpleDisseminationC.RadioControl -> ActiveMessageC;
SimpleDisseminationC.DisseminationControl -> DisseminationC;
SimpleDisseminationC.TargetValue -> TargetValueC;
SimpleDisseminationC.TargetValueUpdate -> TargetValueC;
SimpleDisseminationC.Leds -> LedsC;
SimpleDisseminationC.Timer -> TimerMilliC;
```

最后，编写 Makefile：

```
COMPONENT=SimpleDisseminationAppC              # 指定顶层配件
CFLAGS += -I$(TOSDIR)/lib/net -I%T/lib/net/drip  # 指定使用 Drip 协议
include $(MAKERULES)
```

至此，使用 Drip 协议的数据分发例程就实现完毕了。

取 3 个以上的任意传感器节点烧写此例程，并分别指定 1-*N* 为其节点 ID。将所有节点按任意顺序上电，当编号为 1 的节点上电后，所有已经上电的节点的 LED 灯就会同步按二进制计数闪烁，证明 Drip 协议运行正常。

6.7 简单数据汇聚

传感器网络最基本的功能就是采集各个监测点的监测数据并将其汇聚到根节点，以供处理分析。因此，汇聚协议可以说是一种非常重要的协议。在第 2 章中，我们已经接触过汇聚协议的基本概念。我们知道现有的汇聚协议常常将节点组织成树状拓扑，提供尽力（best-effort）、多对一、多跳的数据传输。

CTP 协议是一种常用的汇聚协议，并且已经由 TinyOS 内置。CTP 将节点分为 4 种角色，分别为：发送者（sender）、监听者（snooper）、在网处理器（in-network processor）和接收者或根节点（receiver/root）。其中，发送者负责产生数据并通过汇聚协议发送；在网处理器负责转发消息；监听者监听一切消息；接收者顾名思义，负责最终接收消息。各种角色之间可以兼任，在下文中详细介绍。

在这一节中我们将首先介绍 TinyOS 中 CTP 的使用方法及依赖的模块，再通过一个例子了解其简单的使用流程。

6.7.1 数据汇聚依赖的组件

TinyOS 中的汇聚协议都必须提供两个模块：CollectionC 和 CollectionSenderC。
CollectionC 是汇聚服务的主要用户接口，它的接口声明如下：

```
configuration CollectionC {
  provides {
    interface StdControl;
    interface Send[uint8_t client];
    interface Receive[collection_id_t id];
    interface Receive as Snoop[collection_id_t];
    interface Intercept[collection_id_t id];
    interface RootControl;
    interface Packet;
    interface CollectionPacket;
  }
  uses {
    interface CollectionId[uint8_t client];
  }
}
```

其中，StdControl 用来控制汇聚协议栈的运行。

此模块（配件）提供了一个参数化 Send 接口和两个参数化 Receive 接口。这些接口的参数代表着运行在汇聚协议栈更上层的协议，即针对某个 ID 的 Receive 接口只能接收通过相同 ID 的 Send 接口发送的数据，以便有效地解析协议包。

Send 接口（注意与 BlinkToRadio 中出现的 AMSend 不同）被发送者使用，用于发送数据，此数据将被汇聚到一个根节点。任意一个节点均可以是发送者。但值得注意的是，TinyOS 规定不能直接使用 CollectionC 提供的 Send 接口，而必须通过一个代理模块 CollectionSenderC 进行。CollectionSenderC 在实例化时必须提供一个 collection_id 作为参数，并对外提供一个 Send 接口供使用。

Receive 接口供接收者使用，其 receive 事件只在根节点才被触发。在一个 CTP 形成的节点树中，只有在根节点才能触发其 receive 事件。

Snoop 接口供监听者使用。当一个节点监听到一个不应由本节点转发的消息时，触发此接口的 receive 事件。

Intercept 接口之前没有出现过，它的代码非常简单：

```
interface Intercept {
  event bool forward(message_t* msg, void* payload, uint8_t len);
}
```

当一个节点接收到应该由其转发的消息时，触发此接口的 forward 事件。应用逻辑在 forward 事件处理函数中可根据消息内容作出判断，以决定是否继续转发此消息，但是禁止修改消息的内容。此事件返回 TRUE，允许转发；返回 FALSE，禁止转发。

以上 4 类接口就是 TinyOS 汇聚协议提供的有关消息转发的接口。总的来说，Send 用来发送消息；而一个节点在监听到一个类型符合的消息时，总是触发 Receive、Snoop、Intercept 其中的一个的 Receive 或 forward 事件。触发哪个根据自身承担的角色确定。

RootControl 接口用于控制一个节点是否承担根节点的角色：

```
interface RootControl {
  command error_t setRoot();
  command error_t unsetRoot();
  command bool isRoot();
}
```

其中，setRoot 和 unsetRoot 命令分别用于设置和取消根节点角色，isRoot 用于判断当前节点是否是根节点。

Packet 接口提供了访问消息包数据域的命令。CollectionPacket 提供了访问汇聚消息数据域的命令，包括源节点、类型、序列号。

6.7.2 数据汇聚例程

下面，我们来一步步建立简单的数据汇聚例程。

我们假定例程的需求是：编号为 1 的节点为根节点，其他每个节点都产生数据；消息格式由发送节点 ID 和数据组成；除根节点外每个节点间歇都产生随机数据，同时将数据低三位显示在自身 LED 上；根节点收到数据后，将其以某种形式显示出来。

在实际应用中，根节点在收到数据时往往将其通过串口等接口传到与其相连的 PC 上，由 PC 对其进行后期处理。但是本例程为了关注汇聚协议本身，不涉及串口通信等方面。因此，根节点使用节点自带的 3 个 LED 灯进行显示。我们规定 Led0 和 Led1 显示数据的低两位，Led2 显示节点 ID 的最低一位。

为了生成随机数，可以使用 TinyOS 内置的随机数生成器模块 RandomC。我们主要使用它的两个接口，Random 和 SeedInit（ParameterInit 的别名）：

```
interface Random{
  async command uint32_t rand32();
  async command uint16_t rand16();
}

interface ParameterInit <parameter> {
  command error_t init(parameter param);
}
```

其中，使用 Random 接口的 rand16 命令生成随机数，使用 ParameterInit 的 init 命令初始化随机数种子。同时，经过对 CollectionC 的学习，我们已经知道主逻辑模块必须使用 CollectionC 提供的 StdControl、Send、Receive、Snoop、Intercept、RootControl 和 Packet 接口。现在，我们可以画出 SimpleCollection 例程的模块调用图，如图 6-31 所示。

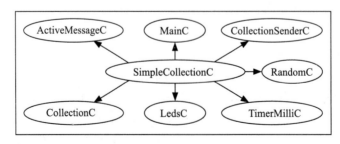

图 6-31　SimpleCollection 例程模块调用图

下面开始实现 SimpleCollection 例程。在 app 目录下建立文件夹 SimpleCollection。

首先建立 SimpleCollection.h 文件，包含消息格式的定义：

```
typedef nx_struct SimpleCollectionMsg{
    nx_uint8_t id;
    nx_uint16_t value;
}SimpleCollectionMsg;
```

下一步，实现主逻辑模块。根据之前的讨论，我们可以首先得出主逻辑模块 SimpleCollectionC 的接口声明部分：

```
#include <Timer.h>
#include "SimpleCollection.h"

module SimpleCollectionC
{
    uses interface Boot;
    uses interface SplitControl as RadioControl;
    uses interface StdControl as RoutingControl;
    uses interface Send;
    uses interface Receive;
    uses interface Leds;
    uses interface RootControl;
    uses interface Timer<TMilli>;
    uses interface Random;
    uses interface ParameterInit<uint16_t> as SeedInit;
}
```

其中，SeedInit 接口用来初始化随机数种子，Random 接口连接到 Random 模块，用来产生随机数。下面按照执行流程一步步实现。当节点启动完成后，Boot.booted 事件被触发，其事件处理函数如下：

```
implementation
{
    message_t packet;
    bool sendBusy=FALSE;

    event void Boot.booted(){
        call SeedInit.init(TOS_NODE_ID);
        call RadioControl.start();
    }
...
}
```

在 Boot.booted 函数中，首先以节点 ID 为种子初始化随机数生成器模块，然后启动无线电（ActiveMessage 模块）。当 AM 初始化完成后，RadioControl.startDone 事件处理函数将被调用：

```
event void RadioControl.startDone(error_t err){
    if(err!=SUCCESS)
        call RadioControl.start();
    else{
        call RoutingControl.start();
        if (TOS_NODE_ID==1)
            call RootControl.setRoot();
        else
```

```
            call Timer.startPeriodic(3000);
        }
    }
    event void RadioControl.stopDone(error_t err){}
```

在 RadioControl.startDone 函数中，首先要保证 AM 初始化成功。然后调用 RoutingControl.start 命令。RoutingControl 接口连接到 CollectionC 的 StdControl 接口。CollectionC 接收到 start 命令后开始组网并构建汇聚树，这个过程对应用是透明的。之后，根据节点 ID 辨别自身的角色：ID 为 1 的节点为根节点，调用 RootControl.setRoot 命令告知 CollectionC 自己的角色；其他节点开启定时器，每 3 秒触发一次。当定时器触发时，Timer.fired 事件处理函数将执行：

```
void sendMessage(){
    SimpleCollectionMsg* msg=(SimpleCollectionMsg *)
        call Send.getPayload(&packet,sizeof(SimpleCollectionMsg));
    msg->id=TOS_NODE_ID;
    msg->value=call Random.rand16();
    setLeds(msg->value);
    if(call Send.send(&packet,sizeof(SimpleCollectionMsg))!=SUCCESS)
        call Leds.led0On();
    else
        sendBusy=TRUE;
}

event void Timer.fired(){
    if(!sendBusy){
        sendMessage();
    }
}

event void Send.sendDone(message_t *msg,error_t err){
    sendBusy=FALSE;
}
```

首先检查当前节点是否正在发送消息。若节点空闲，则调用 sendMessage 函数。在 sendMessage 函数中，首先通过 Packet 访问 message_t packet 的载荷，并将其指针转换为 SimpleCollectionMsg 格式。然后，将节点自身的 ID 和随机生成的一个 16 位数放入载荷，并将此数低三位显示在自己的 LED 上。setLeds 函数的实现与 SimpleDissemination 相同。最后，使用 Send.send 命令将消息发送出去。Send 接口连接到 CollectionSenderC 模块，实际上是通过 CollectionSenderC 将消息发送出去的。在发送结束回调 Send.sendDone 中，将发送忙标志设为 FALSE。

为了简单起见，本例程不使用 Snoop 和 Intercept 接口，而使用 Receive 接口。在根节点，当收到消息时，Receive.receive 事件将被触发，其事件处理函数如下：

```
event message_t * Receive.receive(message_t *msg,void *payload,uint8_t len){
    SimpleCollectionMsg *collectedMsg=(SimpleCollectionMsg *)payload;
    uint16_t temp=0;
    temp|=(collectedMsg->value)&0x03;
    temp|=((collectedMsg->id)&0x01)<<2;
    setLeds(temp);
    return msg;
}
```

Receive 接口的使用方法和在 SimpleDissemination 中基本相同。从 Payload 中取出数据和 ID，分别使用位操作，将数据的低二位放入临时变量的低二位，将 ID 的最低位放入临时变量的第三位。

最后，将 setLeds 函数复制进来，SimpleCollectionC 的实现就完成了。下一步就是按照设计实现顶层配件 SimpleCollectionAppC。在 SimpleCollection 文件夹下新建文件 SimpleCollectionAppC.nc，其内容如下：

```
configuration SimpleCollectionAppC
{}
implementation
{
    components SimpleCollectionC,MainC,LedsC,ActiveMessageC;
    components CollectionC;
    components new CollectionSenderC(0xAB);
    components new TimerMilliC();
    components RandomC;

    SimpleCollectionC.Boot->MainC;
    SimpleCollectionC.RadioControl->ActiveMessageC;
    SimpleCollectionC.RoutingControl->CollectionC;
    SimpleCollectionC.Leds->LedsC;
    SimpleCollectionC.Timer->TimerMilliC;
    SimpleCollectionC.Send->CollectionSenderC;
    SimpleCollectionC.RootControl->CollectionC;
    SimpleCollectionC.Receive->CollectionC.Receive[0xAB];
    SimpleCollectionC.Random->RandomC;
    SimpleCollectionC.SeedInit->RandomC;
}
```

作为顶层配件，SimpleCollectionAppC 的接口声明部分依旧为空。实现部分首先声明要用的各种模块。注意，在这里创建了一个 CollectionSenderC 的实例，其参数为 0xAB。与其对应的，SimpleCollectionC 的 Receive 接口也要连接到 CollectionC.Receive[0xAB] 上。

最后，编写 Makefile：

```
COMPONENT = SimpleCollectionAppC
CFLAGS += -I$ (TOSDIR) /lib/net-I$ (TOSDIR)/lib/net/le-I$ (TOSDIR) /lib/net/ctp
include $(MAKERULES)
```

测试方法：取 3 个任意传感器节点，烧写此例程，其 ID 分别为 1 ~ 3。3 个节点以任意顺序上电。由于节点较少，多跳传输延迟较短，最终会看到 3 个节点的 LED 灯按以下规律闪烁：当节点 1 的 Led2 亮时，其余两个 LED 与节点 3 相同；当节点 1 的 Led2 不亮时，其余两个 LED 与节点 2 相同。这说明节点 2 和节点 3 产生的数据被成功汇聚到节点 1。

若要进行更大规模的数据汇聚实验，最好结合串口通信进行，以便更好地观察实验现象。

6.8 TinyOS 仿真平台——TOSSIM

为了验证所开发的网络协议，有时需要大量的传感器节点搭建"试验床"。但是由于实验室条件限制，往往无法得到所需数量的节点。而且使用大量节点往往有其不便性，例如更改代码时需要批量烧写节点。另外，使用实际节点进行开发往往不方便调试。这些因素决定了仿真平台在无线传感器网络开发中是一个不可或缺的重要工具。

6.8.1　TOSSIM 简介

TOSSIM（TinyOS Simulator）是 TinyOS 自带的仿真程序。TOSSIM 仿真整个 TinyOS 应用，它通过将组件替换为仿真实现来运行。TOSSIM 可以替换各种层次的组件来达到不同的仿真要求。例如，为了仿真包交换层面的网络传输，它可以将 AM 接口以下的所有组件替换为仿真实现；而为了精确模拟代码的执行，也可以只将最底层的硬件模块替换为仿真实现，而保持高层代码不变。

TOSSIM 是基于离散事件模型的仿真器。TOSSIM 内部有一个事件队列，每个事件可能代表一个硬件中断（例如定时器中断），也可能代表高层次的事件（收到一个消息）。TOSSIM 每次从消息队列中取出一个事件并执行，而执行过程中可能又会生成其他事件。例如，定时器事件触发了发送函数，而将一个发送完成事件放入了消息队列中。每个事件之间的时间间隔和先后顺序、数量都是不确定的。

TOSSIM 并不是以完整的应用程序的形态存在，而是一个程序库。用户应用程序直接与仿真代码编译在一起，形成一个库；用户再使用 C++ 或 Python 调用这个库，对 TOSSIM 进行一系列配置并驱动它进行仿真。Python 是一门解释执行的动态类型语言，具有很高的灵活性和较强的性能，也是操作 TOSSIM 的主要语言。这一节的介绍主要基于 Python 语言进行。

6.8.2　仿真库的编译

使用 TOSSIM 首先需要将应用编译成 TOSSIM 库。这一步骤是通过在编译时 make 命令的 extra 项目中加上 sim 选项。例如，原来编译 MICAz 平台的命令为"make micaz"，则对应的编译为仿真平台命令为"make micaz sim"。注意，目前 TOSSIM 仅支持 MICAz 平台的仿真。

编译过程包含几个步骤，由 Makefile 自动完成，如果读者有兴趣，可以自行查找资料，了解编译过程。编译完成后，在应用目录下会生成 _TOSSIMmodule.so 文件和 TOSSIM.py 文件。前者是由应用代码和 TOSSIM 代码编译成的共享库；后者是 TOSSIM 基于 Python 语言的接口，在其底层封装了对 _TOSSIMmodule.so 中代码的调用。

6.8.3　仿真脚本的编写

Python 可以交互式运行，也可以编写成脚本运行。仿真脚本必须与编译生成的 TOSSIM.py 位于同一路径。下面来介绍 TOSSIM 脚本的各个部分。

（1）解释器位置

脚本的第一行将 Python 解释器的可执行文件的绝对路径告诉 Shell，格式为：

```
#! [PATH_OF_PYTHON]
```

Python 解释器一般位于 /usr/bin/python 或 /usr/local/bin/python 中。读者可以将方括号替换为自己机器上 python 的实际绝对路径，也可以替换为 /usr/bin/env python。这条命令告诉 Shell 在环境变量中寻找 python 解释器。

（2）实例化 TOSSIM 对象

首先导入编译生成的 TOSSIM.py，然后实例化其中的 TOSSIM 类。之后即可通过这个实例操作 TOSSIM。

```
from TOSSIM import *
t=Tossim([])
```

（3）配置调试信息输出

在 TOSSIM 中，可以通过在应用代码中插入 dbg 函数的调用来输出调试信息，像使用 printf 一样。dbg 函数类似于 C 语言中的 sprintf 函数，区别在于第一个参数是调试信息的"频道"，为一个字符串字面量。如果在仿真脚本中打开了某个调试频道，则输出到该频道的调试信息就会被导向到指定的输出流中。例如，下面的调用就是向 "SimpleCollectionC" 频道中输出信息"value is 123"：

```
dbg("SimpleCollectionC","value is %d",123);
```

插入 dbg 调用后，还需要在仿真脚本中打开对应的频道。例如，下面的语句就是打开 "SimpleCollectionC" 频道，并将其导向 stdout 输出流。输出流可以是标准输出流，也可以是文件等。

```
t.addChannel("SimpleCollectionC", sys.stdout)
```

dbg 函数的输出默认以节点 ID 开头。它还有几个变种，分别为：

1）dbg_clear：不以节点 ID 开头。

2）dbgerror：输出错误信息，以节点 ID 开头。

3）dbgerror_clear：输出错误信息，不以节点 ID 开头。

（4）配置网络拓扑

首先调用 TOSSIM 实例的无线射频芯片方法，取得无线射频芯片对象的实例；然后调用无线射频芯片实例的 add 方法添加一条无线通信链路。TOSSIM 使用"源 – 目的 – 增益"三元组来描述一条链路。add 方法有 3 个参数，第一个参数是源节点 ID，第二个参数是目的节点 ID，第三个参数是源到目的的增益。例如，下面的代码添加了一条节点 1 和节点 2 间的链路：

```
r=t.radio()                    // 取得无线射频芯片实例
r.add(1,2,-55.0)
r.add(2,1,-54.0)
```

实际使用 TOSSIM 时，往往将网络拓扑关系描述为一个 .txt 文件，每一行代表一条链路。再由仿真脚本读取并自动配置网络拓扑。例如，上面的例子用这种格式表述为：

```
1 2 -55.0
2 1 -54.0
```

TinyOS 还提供了 Java 语言实现的 net.tinyos.sim.LinkLayerModel 工具，可以根据配置文件自动生成网络拓扑文件，有兴趣的读者可以自行学习其使用方法。

（5）生成噪声模型

TinyOS 使用"就近模式匹配"（CPM）[11] 算法来模拟各种干扰源对节点通信的干扰，

使 TOSSIM 的仿真更加贴近实际。CPM 算法需要给每个节点一系列的信道噪声读数，再根据这些读数生成一个统计模型来仿真噪声。TinyOS 自带了一些预先采集好的信道噪声读数文件，位于 tos/lib/tossim/noise 目录。这些文件的格式为每行一个读数，单位为分贝。例如，采集于斯坦福大学 Mayer 图书馆的信道噪声读数文件 mayer-heavy.txt：

```
39
-98
-98
-98
-99
-98
-94
...
```

越大的噪声读数占用的内存也越大，但是能提供更精确的统计模型。对节点生成噪声模型的方法是：调用节点实例的 addNoiseTraceReading 方法，每次传入一个浮点数表示的读数。添加读数完毕后，调用节点实例的 createNoiseModel 方法。每个节点最少需要 100 个读数。例如：

```
n=t.getNode(1)                              // 得到 1 号节点实例
n.addNoiseTraceReading(-90.0)               // 添加噪声读数
n.addNoiseTraceReading(-94.0)
...
n.createNoiseModel()                        // 创建噪声模型
```

（6）启动节点，开始仿真

使用节点实例的 bootAtTime 方法，使节点在指定的仿真时间节点"启动"。然后，循环使用 TOSSIM 实例的 runNextEvent 方法不断驱动事件循环，仿真就运行起来了。期间，可以看到插入的调试输出。

6.8.4 仿真例子

下面，我们以 SimpleCollection 为例，讲解 TOSSIM 仿真的使用。

首先，在应用的适当位置插入一些调试输出。例如，我们要观察每个节点发送的数据是否被根节点成功汇聚，就在根节点的 Receive.receive 函数和其他节点的 sendMessage 函数中插入调试信息：

```
event message_t * Receive.receive(message_t *msg,void *payload,uint8_t len){
    SimpleCollectionMsg *collectedMsg=(SimpleCollectionMsg *)payload;
    uint16_t temp=0;
    dbg("SimpleCollectionC",
            "Receive value %u from %u\n",collectedMsg->value,collectedMsg->id);
...
}
void sendMessage(){
    SimpleCollectionMsg* msg=(SimpleCollectionMsg *)
            call Send.getPayload(&packet,sizeof(SimpleCollectionMsg));
    msg->id=TOS_NODE_ID;
    msg->value=call Random.rand16();
    dbg("SimpleCollectionC","Sending value %u\n",msg->value);
    ...
}
```

这样，发送节点在发送时将自己的 ID 和要发送的数据打印出来，接收节点若打印出相同的信息，则证明汇聚成功。

下一步，在 SimpleCollection 目录下执行命令"make micaz sim"，编译 TOSSIM 库。若成功，目录下将会生成 _TOSSIMmodule.so 和 TOSSIM.py 两个文件。

接下来，选择要用的噪声读数文件。在这里，我们选择 mayer-heavy.txt 文件，将其复制到 SimpleCollection 目录下。

然后，编写网络拓扑文件。这里我们手工编写一个简单的文件作为演示。实际应用时，一般采用实测或自动生成的方法。我们假定有 3 个节点参与仿真，内容保存在 topo.txt 中：

```
1 2 -55.0
2 1 -55.0
1 3 -60.0
3 1 -59.3
2 3 -61.0
3 2 -64.1
```

接下来是最重要的一步，编写仿真脚本。根据之前的介绍，我们可以编写出以下脚本：

```python
#! /usr/bin/env python
from TOSSIM import *
import sys

t=Tossim([])                                         # 创建 TOSSIM 实例
t.addChannel("SimpleCollectionC", sys.stdout)
            # 将 SimpleCollectionC 频道输出到 stdout

f=open("topo.txt","r")                               # 打开拓扑文件
r=t.radio()                                          # 取得 radio 实例
lines=f.readlines()
for line in lines:
    s=line.split()
    if(len(s)>0):
        print s[0]," to ",s[1]," gain ",s[2]
        r.add(int(s[0]),int(s[1]),float(s[2]))       # 添加链路
noise = open("meyer-heavy.txt", "r")                 # 打开噪声读数文件
lines = noise.readlines()
for line in lines:                                   # 将每个读数分别添加到 1～3 号节点
  str = line.strip()
  if (str != ""):
    val = int(str)
    for i in range(1, 4):
      m = t.getNode(i);
      m.addNoiseTraceReading(val)

for i in range(1,4):                                 # 为 1～3 号节点创建噪声模型
    print "creating noise model for node %s"%(i)
    t.getNode(i).createNoiseModel()

print "noise model created"
t.getNode(1).bootAtTime(10000)                       #启动 1～3 号节点
t.getNode(2).bootAtTime(12000)
t.getNode(3).bootAtTime(13000)
```

```
print "start simulation"
for i in range(0,10000):                              # 仿真前 10000 个事件
    t.runNextEvent()
print "simulation done, exit"                         # 仿真结束，退出
```

将以上脚本保存为 simulate.py，并执行以下命令：

```
chmod a+x simulate.py
./simulate.py
```

以上命令将开启仿真，如图 6-32 所示。若输出如图 6-33 所示，则证明仿真成功运行。

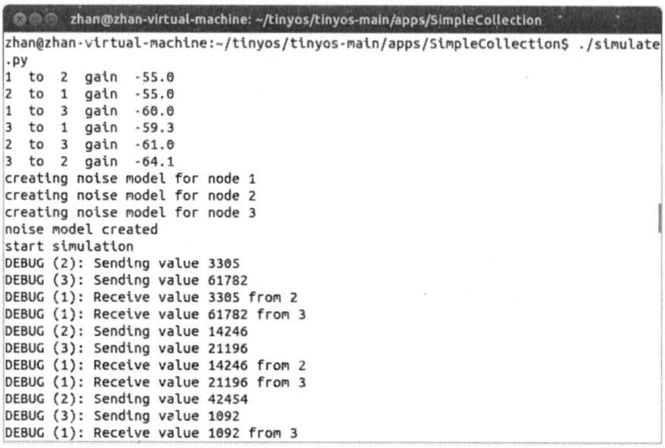

图 6-32　仿真开始

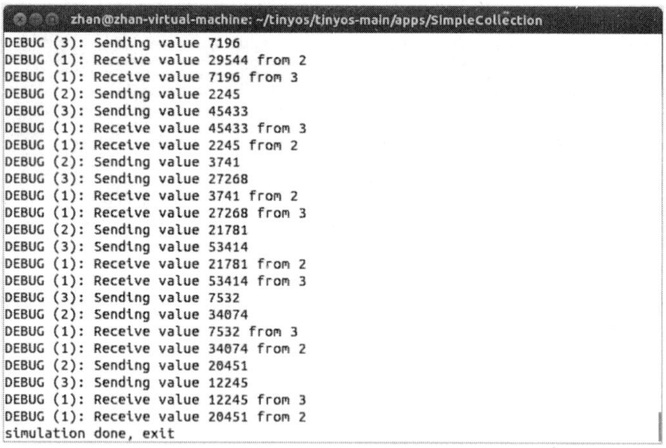

图 6-33　仿真结束

6.8.5　高级功能简介

在这一节中，我们结合例子学习了 TOSSIM 的基本使用方法。其实，TOSSIM 还包含很多其他的功能。这些功能会极大地方便应用的开发调试。具体如下。

（1）变量观察

编译 TOSSIM 时，在应用目录下生成了 app.xml，其中包含了整个应用的结构信息和变量信息。TOSSIM 支持在仿真时通过解析 app.xml 中的变量信息来实时观察变量的值，

例如，可以设置当某个节点的某个变量达到某个值时暂停仿真，或者注入一个消息。

（2）消息注入

可以在仿真脚本中直接向某个节点注入消息。注入的消息会在指定的时间被节点接收。同时，TinyOS 提供了按一定格式生成消息的工具。

（3）调试

由于 TOSSIM 本质上是运行在 PC 上的 C++ 程序，因此可以使用 GDB 对 TOSSIM 及其中运行的应用进行调试。

另外，TinyOS 还拥有庞大的第三方贡献库，可以从 TinyOS 官方网站访问。

6.9 本章小结与进一步阅读的文献

本章首先介绍了典型的无线传感网节点硬件平台以及软件系统。这些硬件平台包括 Smart Dust、MICA、Telos、Mote 和 IRIS 等系列节点。MICAz 是一种应用广泛的无线传感器节点，本书提供的例程是基于 MICAz 节点平台的。本章接下来介绍了 TinyOS 的系统特点及 nesC 语言。TinyOS 是由加州大学伯克利分校开发的开源嵌入式操作系统，采用基于组件的开发方式，适用于资源受限的传感器网络应用环境。nesC 语言是一种在 C 语言基础上扩展的组件化语言，提供了基于事件驱动的应用模型，适合传感器网络应用的开发。接下来，本章介绍了基于虚拟机的 TinyOS 开发环境的搭建，虚拟机运行 Ubuntu 12.04 操作系统。本章介绍的搭建过程同时适用于其他 Linux 发行版和物理机，仅在下载安装软件包的命令上有稍许区别，请依据具体发行版查找相关资料。最后，本章通过 3 个例子介绍了传感网常用操作（无线通信、分发和汇聚），并使读者简要了解了 TinyOS 应用编写的流程和方法。同时，本章介绍了基于 TOSSIM 仿真器仿真运行 TinyOS 应用的方法，为传感网应用的开发提供了有利工具。

为了进一步了解 TinyOS 应用的编写方法，读者可以参阅以下资料：

1）TinyOS 自带文档：位于 TinyOS 中的 doc 目录下。其中包括 TinyOS 代码文档和 TEP（TinyOS Enhancement Proposals）系列文档。阅读 TEP 文档对理解 TinyOS 的工作原理十分有益。同时，通过 nesdoc 生成的文档也存在于此目录中。

2）TinyOS Wiki：http://tinyos.stanford.edu/tinyos-wiki/index.php/Main_Page。

3）TinyOS 官方网站：http://www.tinyos.net/。可以下载最新的 TinyOS 代码，通过邮件列表与全世界的开发者取得联系。

习题 6

1．分析对比当前国内外常用的传感器节点硬件节点，并对各节点的性能参数作出评估，如处理能力、功耗、扩展能力、软件支持能力等。

2．试简述 nesC 语言中组件、模块、配件的概念及其区别。

3．nesC 程序中，"顶层配件"有什么作用？

4．什么是通用组件？使用通用组件可以带来什么好处？

5．TinyOS 操作系统的设计机制中有哪几个模型？

6．什么是主动消息机制？它有什么好处？

7．什么是内存所有权机制？该机制解决了什么问题？还有什么解决办法？

8. 参照例程 BlinkToRadio，编写应用实现以下功能：有 N 个节点；节点 A 不断生成随机数，并将其广播出去；其他节点接收这个随机数，将其低三位显示在 LED。

9. 参照例程 SimpleCollection，编写应用实现以下功能：使用 CollectionC 的 Intercept 接口，实现简单的消息过滤。禁止转发任何 value 超出某一范围的消息。

10. 参照例程 SimpleCollection 和 SimpleDissemination，编写应用实现以下功能：在 SimpleCollection 的基础上加入分发功能，根节点周期性地在一定范围内随机产生新的数据周期，并使用分发协议分发给其他节点。其他节点接收到后按照新的周期生成数据，汇聚到根节点。

11. 参照例程 SimpleCollection 和 SimpleDissemination，编写应用实现以下功能：在 SimpleCollection 的基础上，根节点每收到一个消息，就将消息源节点的 ID 记录下来；然后，根节点周期性地选择一个节点，使用分发将其 ID 分发给所有节点；其他节点收到后，暂时禁止转发来自此节点的消息。

12. 使用 TOSSIM 仿真 SimpleDissemination 例程。

13. 自行查阅资料，了解 TOSSIM 的消息注入功能。然后编写应用，实现以下功能：应用要求每收到一个消息，就将消息内容使用 dbg 调用输出。仿真此应用，建立一个节点实例，向该节点注入消息，观察现象。

14. 自行查阅资料，了解 TOSSIM 的变量观察功能。仿真 SimpleDissemination 例程，不断观察其根节点的 counter 变量。当 counter 达到 100 时暂停仿真。

参考文献

[1] http://baike.baidu.com/view/1149373.htm.

[2] 崔逊学，左从菊. 无线传感器网络简明教程 [M]. 北京：清华大学出版社，2009.

[3] 裴莹，李士宁，吴雯，等. 通用无线传感器网络节点平台设计 [J]. 计算机工程与应用，2012, 48(23): 90-94.

[4] Warneke B, Last M, Liebowitz B, et al. Smart Dust: Communicating with a cubic-millimeter computer[J]. Computer, 2001, 34(1): 44-51.

[5] 孙利民. 无线传感器网络 [M]. 北京：清华大学出版社，2005.

[6] Gay D, Levis P, Von Behren R, et al. The nesC language: A holistic approach to networked embedded systems[C]. ACM Sigplan Notices. ACM, 2003, 38(5): 1-11.

[7] Gay D, Levis P, Culler D, et al. nesC 1.3 Language Reference Manual[J]. 2009.

[8] 李晓维. 无线传感器网络技术 [M]. 北京：北京理工大学出版社，2007.

[9] Levis P, Madden S, Polastre J, et al. TinyOS: An operating system for sensor networks[M]. Ambient intelligence. Springer Berlin Heidelberg, 2005: 115-148.

[10] Levis P, Madden S, Gay D, et al. The Emergence of Networking Abstractions and Techniques in TinyOS[C]. NSDI. 2004, 4: 1-1.

[11] Rusak T, Levis P A. Investigating a physically-based signal power model for robust low power wireless link simulation [C]. Proceedings of the 11th international symposium on Modeling, analysis and simulation of wireless and mobile systems. ACM, 2008: 37-46.

[12] Lin K, Levis P. Data discovery and dissemination with dip [C]. Proceedings of the 7th international conference on Information processing in sensor networks. IEEE Computer Society, 2008: 433-444.

[13] Dang T, Bulusu N, Feng W C, et al. Dhv: A code consistency maintenance protocol for multi-hop wireless sensor networksp [M]. Wireless Sensor Networks. Springer Berlin Heidelberg. 2009: 327-342.

附　录　《传感网原理与技术》实践教学大纲

一、课程性质、目的和任务

传感网原理与技术这门课程着重向学生介绍目前传感网这一新兴技术的发展历程、体系结构、应用领域；同时向学生讲解传感网的基本概念、原理，包括基础协议结构、数据管理和若干关键技术；最后，遴选出几种典型的应用范例将前面介绍的内容实际展示给学生，便于学生理解，轻松掌握。

二、教学基本要求

通过实验培养学生动手设计的能力，使学生在掌握传感网基础实验的基础上学习一些与传感网应用相关的扩展实验，增强学生对传感网的设计能力，让学生熟悉设计过程中需要认真考虑的基本问题。在本实验中，学生还需要组队完成一项综合实验，将前面掌握的知识综合利用起来完成一个简单的应用设计，培养学生勤动手、多思考和团队协作的能力。

三、实验内容及要求

大纲基本内容包括 4 个必做的基础实验、1 个必做的综合应用实验和 4 个选做的扩展实验，在规定的 30 个学时内完成。

实验一　传感网 MAC 层实验（传感网基础实验，2 学时）

1）熟悉传感网 MAC 层协议的帧格式；

2）掌握 S-MAC 的设计原理并动手修改观察运行效果；

3）掌握 B-MAC 的设计原理，比较 B-MAC 和 S-MAC 的运行效果；

通过对几种不同的 MAC 层协议的了解，掌握 MAC 层的基本原理。试着提出自己的观点优化本次实验中观察过的 MAC 层协议。

实验二　传感网路由层、传输层实验（传感网基础实验，2 学时）

熟悉传感网中的路由层协议设计思路，掌握传感网中路由层

的汇聚和分发协议，了解几种传输层协议。

实验三　传感网 6LoWPAN 实验（传感网扩展实验，4 学时）

掌握 6LoWPAN 的设计目的、体系结构。结合实验一和实验二，试着运行现有的几种传感网具有 IPv6 特征的协议栈实现，并比较运行结果。

实验四　传感网数据管理（TinyDB）实验（传感网扩展实验，4 学时）

了解传感器网络的数据管理的目的，学习 TinyDB 的设计方法，使用 TinyDB 的用户界面操作一个实验性数据源。

实验五　传感网拓扑控制（功率控制）实验（传感网扩展实验，4 学时）

拓扑控制就是要形成一个优化的网络拓扑结构。掌握至少一种基于功率控制的拓扑控制方法。

实验六　传感网能量管理（能量优化）实验（传感网基础实验，2 学时）

无线传感器网络中的节点一般由电池供电且不易更换，所以传感器网络最关注的问题是如何高效利用有限的能量。结合其他实验考虑能量如何优化，哪些类型的优化策略适用于哪些实验。

实验七　传感网时间同步（局部 + 全网同步）实验（传感网基础实验，2 学时）

掌握时间同步的目的和原理，学习并掌握至少一种局部同步协议和全网同步协议。

实验八　传感网节点定位（非测距定位）实验（传感网扩展实验，4 学时）

熟悉并掌握几种测距方法，至少掌握一种非测距定位算法。

实验九　传感网综合应用实验（综合性应用实验，6 学时）

结合其他实验，多人协同设计并完成一个完整的应用实例，其中需要使用到前面的实验成果。

四、考核方式

实验报告、实验成果。

推 荐 阅 读

传感网原理与技术

作者: 李士宁 等 ISBN: 978-7-111-45968-2 定价: 39.00元

物联网信息安全

作者: 桂小林 等 ISBN: 978-7-111-47089-2 定价: 45.00元

传感器原理与应用

作者: 郑阿奇 等 ISBN: 978-7-111-48026-6 定价: 35.00元

ZigBee技术原理与实战

作者: 杜军朝 ISBN: 978-7-111-48096-9 定价: 59.00元

物联网工程设计与实施

作者: 黄传河 ISBN: 978-7-111-49635-9 定价: 45.00元

物联网通信技术

作者: 黄传河 ISBN: 978-7-111-52805-0 定价: 49.00元

云计算：概念、技术与架构

作者：Thomas Erl 等 译者：龚奕利 等 ISBN：978-7-111-46134-0 定价：69.00元

"我读过Thomas Erl写的每一本书，云计算这本书是他的又一部杰作，再次证明了Thomas Erl选择最复杂的主题却以一种符合逻辑而且易懂的方式提供关键核心概念和技术信息的罕见能力。"

—— Melanie A. Allison，Integrated Consulting Services

本书详细分析了业已证明的、成熟的云计算技术和实践，并将其组织成一系列定义准确的概念、模型、技术机制和技术架构。

全书理论与实践并重，重点放在主流云计算平台和解决方案的结构和基础上。除了以技术为中心的内容以外，还包括以商业为中心的模型和标准，以便读者对基于云的IT资源进行经济评估，把它们与传统企业内部的IT资源进行比较。

云计算与分布式系统：从并行处理到物联网

作者：Kai Hwang 等 译者：武永卫 等 ISBN：978-7-111-41065-2 定价：85.00元

"本书是一本全面而新颖的教材，内容覆盖高性能计算、分布式与云计算、虚拟化和网格计算。作者将应用与技术趋势相结合，揭示了计算的未来发展。无论是对在校学生还是经验丰富的实践者，本书都是一本优秀的读物。"

—— Thomas J. Hacker, 普度大学

本书是一本完整讲述云计算与分布式系统基本理论及其应用的教材。书中从现代分布式模型概述开始，介绍了并行、分布式与云计算系统的设计原理、系统体系结构和创新应用，并通过开源应用和商业应用例子，阐述了如何为科研、电子商务、社会网络和超级计算等创建高性能、可扩展的、可靠的系统。

深入理解云计算：基本原理和应用程序编程技术

作者：拉库马·布亚 等 译者：刘丽 等 ISBN：978-7-111-49658-8 定价：69.00元

"Buyya等人带我们踏上云计算的征途，一路从理论到实践、从历史到未来、从计算密集型应用到数据密集型应用，激发我们产生学术研究兴趣，并指导我们掌握工业实践方法。从虚拟化和线程理论基础，到云计算在基因表达和客户关系管理中的应用，都进行了深入的探索。"

—— Dejan Milojicic，HP实验室，2014年IEEE计算机学会主席

本书介绍云计算基本原理和云应用开发方法。

本书是一本关注云计算应用程序开发的本科生教材。主要讲述分布式和并行计算的基本原理，基础的云架构，并且特别关注虚拟化、线程编程、任务编程和map-reduce编程。